Revisão 2

MÓDULO 17 • Geografia das indústrias

1. A importância das indústrias

- A atividade industrial é muito importante nos países desenvolvidos e em muitos países em desenvolvimento.
- A contribuição da indústria para o PIB não é suficiente para mostrar a importância da atividade industrial em um país.
- A Unido coleta outros dados que mostram de forma mais abrangente a importância da indústria e seu desenvolvimento tecnológico em diversos países.
- A atividade industrial é de extrema importância para as atividades agrícolas, o comércio e os serviços.
- A crescente automação tem reduzido relativamente o número de pessoas empregadas na indústria: a maioria dos trabalhadores está empregada no setor de serviços.

2. Classificação das indústrias

De acordo com o IBGE, a produção industrial brasileira está classificada em duas grandes categorias:

- indústrias extrativas;
- indústrias de transformação.

Obs.: O que é comumente chamado de indústria da construção civil, o IBGE chama de **construção**.

O IBGE também classifica as **indústrias de transformação** em três categorias:

- indústrias de bens intermediários;
- indústrias de bens de capital;
- indústrias de bens de consumo.

3. Distribuição das indústrias

Os fatores locacionais

Os fatores locacionais são as diversas vantagens que determinado lugar oferece para atrair indústrias.

Os principais fatores locacionais são:

- matérias-primas;
- energia;
- mão de obra;
- tecnologia;
- mercado consumidor;
- logística;
- rede de telecomunicações;
- complementaridade;
- incentivos fiscais.

4. Desconcentração da atividade industrial

- Os avanços nos transportes e nas telecomunicações desobrigaram as indústrias de terem de se instalar próximas ao mercado consumidor.
- O crescimento das grandes cidades tem provocado o aumento dos custos de produção, levando a uma reorganização da distribuição das indústrias.
- Apesar disso, o fenômeno industrial ainda é muito concentrado em poucas regiões do mundo: 80% do valor da produção industrial mundial concentra-se em apenas 17 países (2011).

5. Parques tecnológicos ou tecnopolos

- Têm relação com as indústrias da Terceira Revolução Industrial.
- Oferecem mão de obra com alto nível de qualificação; por isso concentram indústrias de alta tecnologia.
- Constituem os pontos de interconexão da rede mundial de produção de conhecimentos.
- São os principais centros irradiadores das inovações que caracterizam a revolução tecnológica em curso.
- Concentram-se nos Estados Unidos, na União Europeia e no Japão, mas estão presentes também em outros países desenvolvidos e em alguns países emergentes.

6. Organização da produção industrial

A produção fordista

- **Taylorismo**: Frederick Taylor propôs a implantação de um sistema de organização científica do trabalho para controlar os tempos e os movimentos dos trabalhadores (1911).

- **Fordismo**: Henry Ford inovou os métodos de produção ao pôr o taylorismo em prática na Ford; desenvolveu seu próprio método de racionalização da produção (1913).
- **Linha de produção**: nas esteiras rolantes, as peças chegavam até os operários, que executavam sempre as mesmas tarefas.
- **Keynesianismo**: ancorado na intervenção do Estado na economia, viabilizou a produção fordista ao assegurar o pleno emprego e o constante aumento da produtividade e dos salários.
- **Modelo fordista-keynesiano**: criou as condições para o crescimento contínuo das economias capitalistas no pós-Segunda Guerra, principalmente nos países desenvolvidos.

Condições para o Estado de bem-estar

- Com rendimentos em ascensão, os trabalhadores podiam consumir cada vez mais, garantindo maiores lucros e maior arrecadação de impostos.
- Estavam criadas as condições para a melhoria do padrão de vida dos trabalhadores e para o desenvolvimento da sociedade de consumo.
- A elevação das receitas do Estado permitiu que os governos, sobretudo nos países europeus ocidentais, implantassem uma ampla rede de proteção social.
- Crises da década de 1970: tendência de redução dos lucros das empresas, o modelo fordista-keynesiano foi posto em xeque, assim como o Estado de bem-estar.

Produção flexível

- Resposta às crises da década de 1970: introdução de máquinas e equipamentos tecnologicamente mais avançados, como os robôs, e emprego de novos métodos de organização da produção.
- Essas inovações ficaram conhecidas como **produção flexível**, mas também são chamadas de **toyotismo**, porque começaram a ser desenvolvidas na fábrica da Toyota, no Japão.
- O toyotismo está mais associado aos métodos organizacionais no interior das fábricas.
- **Produção flexível**: além das formas de organização produtiva, contempla as relações de trabalho e as políticas econômicas; está associada ao neoliberalismo.
- O desenvolvimento dessa nova organização da produção tem gerado novas relações de trabalho, novos processos de fabricação e novos produtos.

Características mais importantes do toyotismo

- Economia de escopo (por demanda), desenvolvida em fábricas menores e mais flexíveis;
- descentralização da produção em escala nacional e mundial;
- disseminação da prática da **terceirização**;
- redução significativa dos defeitos de fabricação e aumento da automatização.
- implantação do *just-in-time*, em busca de uma sintonia fina entre a fábrica, os fornecedores e os consumidores;
- responsável por seu desenvolvimento: o engenheiro mecânico **Taiichi Ohno** (final dos anos 1950).

Precarização das relações de trabalho

Paralelamente ao toyotismo estão se difundindo novas relações de trabalho, caracterizadas pelos salários mais baixos e direitos trabalhistas mais restritos ou inexistentes.

Em diversos países tem avançado a flexibilização da legislação trabalhista, com a redução dos salários e dos benefícios sociais e previdenciários, levando ao enfraquecimento do movimento sindical.

Vários fatores contribuem para tal situação:

- competição de novas tecnologias e novos processos produtivos;
- desconcentração da produção industrial;
- concorrência do trabalho informal e dos trabalhadores mal remunerados, comuns nos países em desenvolvimento.

Exercícios resolvidos

1. (UEM-PR) Sobre os diferentes tipos de indústrias e a sua dinâmica espacial, assinale o que for correto.

(01) As indústrias de bens de produção ou de base produzem bens para outras indústrias, gastam muita energia e transformam grandes quantidades de matérias-primas. São exemplos desse tipo de indústrias: petroquímicas, metalúrgicas, siderúrgicas, entre outras.

(02) As indústrias de bens de capital ou intermediárias produzem máquinas, equipamentos, ferramentas ou autopeças para outras indústrias, como, por exemplo, as indústrias dos componentes eletrônicos e a de motores para carros ou aviões.

(04) As indústrias de ponta estão ligadas ao emprego de alta tecnologia, elevado capital e de número grande de trabalhadores qualificados. Elas dependem de inovações constantes para que sejam possíveis modificações rápidas no processo de produção.

(08) A partir de 1990, intensificou-se no Brasil o processo de desconcentração industrial, ou seja, muitas indústrias deixaram áreas tradicionais e instalaram unidades fabris em novos espaços na busca de vantagens econômicas, como incentivos fiscais, menores custos de produção, mão de obra mais barata, mercado consumidor significativo e atuação sindical fraca.

(16) As indústrias de bens de consumo estão divididas em duráveis e não duráveis. A primeira se refere à indústria de automóveis, eletrodomésticos e móveis. Já as não duráveis estão ligadas ao setor de vestuário, alimentos, remédios e calçados.

Resposta

Todas as afirmativas estão corretas; portanto, a soma é 31.

2. (UERJ) O capitalismo já conta com mais de dois séculos de história e, de acordo com alguns estudiosos, vive-se hoje um modelo pós-fordista ou toyotista desse sistema econômico. Observe o anúncio publicitário:

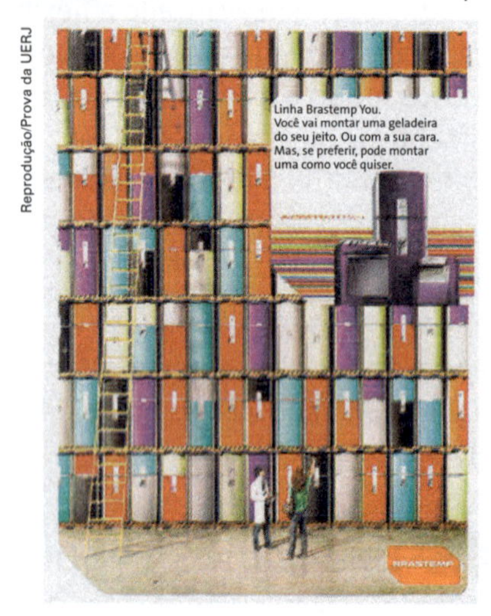

Reprodução/Prova da UERJ

Adaptado de: *Casa Cláudia*, dez. 2008.

Uma estratégia própria do capitalismo pós-fordista presente neste anúncio é:

a) concentração de capital, viabilizando a automação fabril.

b) terceirização da produção, massificando o consumo de bens.

c) flexibilização da indústria, permitindo a produção por demanda.

d) formação de estoque, aumentando a lucratividade das empresas.

Resposta

Uma das características da produção pós-fordista ou flexível é a produção em escopo, isto é, por demanda, personalizada. Isso é possível por conta do ajuste fino entre produção e mercado por meio do *just-in-time*. Portanto, a resposta correta é a alternativa **C**.

Exercícios propostos

Testes

1. (PUC-RS) Com base nas informações a seguir, que tratam da atividade industrial.

Os fatores locais variam ao longo do tempo e em função do tipo de indústria que se quer implantar. Atualmente podemos dizer que ocorre uma descentralização industrial em escala mundial, mas também em escala nacional e local, graças ao desenvolvimento dos setores de transportes, telecomunicações e informações.

Como outros fatores a considerar na atividade industrial, citam-se:

1. fontes de energia
2. mercado consumidor
3. matérias-primas
4. mão de obra

Estão corretamente identificados os fatores

a) 1 e 3, apenas.

b) 2 e 4, apenas.

c) 1, 2 e 4, apenas.

d) 2, 3 e 4, apenas.

e) 1, 2, 3 e 4.

2. (UPF-RS) Observe na figura os diversos modelos locacionais da indústria siderúrgica e analise as afirmativas abaixo.

Modelos locacionais da indústria siderúrgica

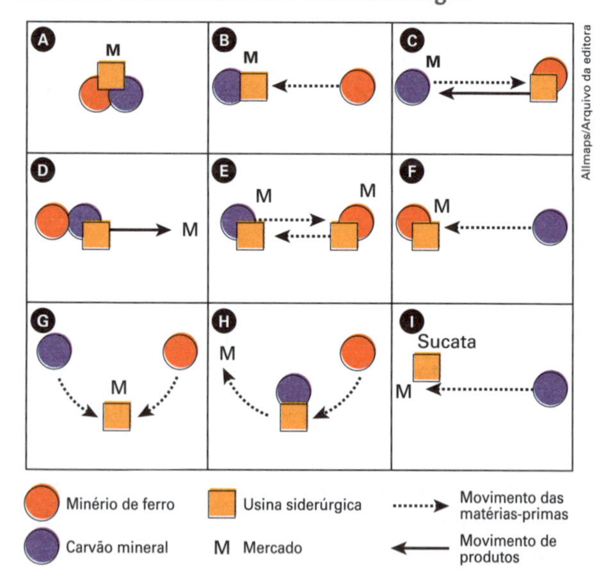

Allmaps/Arquivo da editora

Terra e Araújo, 2008. p. 410.

I. Nos modelos locacionais da figura, a usina é atraída pelas reservas de ambas as matérias-primas (carvão e ferro).

II. Nos modelos locacionais da figura, a usina é atraída pelas reservas de ambas as matérias-primas (carvão e ferro), pelas reservas de uma dessas matérias-primas ou pelo mercado de consumo.

III. No modelo locacional "G", a localização da usina está relacionada à presença de matérias-primas.

IV. Nos modelos locacionais "G" e "I", a localização da usina não está relacionada à presença de matérias-primas, o que acontece com frequência em siderurgias implantadas nas últimas décadas.

São incorretas as afirmativas:

a) I, II e III.
b) I, II e IV.
c) I e III.
d) II e IV.
e) I, II, III e IV.

3. (IFBA) Tendo por referência a dinâmica e o desenvolvimento do modo de produção capitalista em relação à organização do espaço geográfico e aos problemas ambientais, analise:

I. A internacionalização dos problemas ambientais durante a 2ª Revolução Industrial foi uma consequência das disputas interimperialistas ocorridas a partir da unificação alemã e italiana, que se constituíram como novos países capitalistas.

II. O espaço geográfico mundial, após a crise de 1929, teve uma intensa reorganização produtiva, considerando a aplicação da política de bem-estar social, o taylorismo/fordismo e o *just-in-time*, estruturas administrativas que possibilitam a produção/reprodução ampliada do capital.

III. Os problemas da organização do espaço geográfico têm relação direta com as categorias de análise central da geografia, como paisagem, região, espaço, território e lugar, sendo estes, em muitos momentos, adjetivados como meio ambiente.

IV. A produção em série e o consumo de massa, implantados com o *New Deal*, estão na base da crise pela qual passa a economia americana nos dias atuais.

São corretas:

a) I, II, III, IV.
b) II, III, IV.
c) II, IV.
d) II, III.
e) I, II, III.

4. (Udesc) Analise as proposições sobre os tipos de indústrias.

I. As indústrias extrativas minerais (mineração pesada de ferro, alumínio e manganês), as refinarias de petróleo (gasolina, óleo *diesel*, querosene) e as siderúrgicas são exemplos de indústrias de bens de produção ou de base.

II. As indústrias de autopeças (peças para automóveis, caminhões e tratores) e as indústrias mecânicas (máquinas industriais, colheitadeiras e arados mecânicos) são exemplos de indústrias de bens intermediários.

III. As indústrias de confecções (roupas) e as indústrias de cosméticos (xampus, sabonetes e cremes dentais) são exemplos de indústrias de consumo não duráveis.

IV. As indústrias automobilísticas (carros e motocicletas) e as indústrias de eletrodomésticos (fogões, geladeiras, aparelhos de som) são indústrias de bens de consumo duráveis.

Assinale a alternativa **correta**.

a) Somente as afirmativas II e IV são verdadeiras.
b) Somente as afirmativas I e II são verdadeiras.
c) Somente as afirmativas I e III são verdadeiras.
d) Somente a afirmativa III é verdadeira.
e) Todas as afirmativas são verdadeiras.

5. (UFRGS-RS) Considere as seguintes afirmações sobre a globalização mundial.

I. Existe uma grande proteção alfandegária à produção industrial nacional.

II. A produção industrial dirige suas ações para a redução de estoques e pronto fornecimento (*just-in-time*).

III. As unidades da federação praticam a renúncia fiscal para atrair investimentos externos, descentralizando a produção industrial.

Quais estão corretas?

a) Apenas I.
b) Apenas II.
c) Apenas I e III.
d) Apenas II e III.
e) I, II e III.

6. (Aman-RJ)

A guerra da concorrência tem início quando os empresários industriais tomam as decisões relativas à localização das suas fábricas.

Magnoli & Araújo, p. 142, 2005.

Sobre a localização industrial, ao longo dos últimos séculos, leia as alternativas a seguir:

I. Nas últimas décadas do século XX, estabeleceu-se uma nova lógica mundial de localização industrial: a produção em larga escala, com elevada automação, é realizada nos países desenvolvidos e as indústrias de tecnologia de ponta concentram-se nos países subdesenvolvidos, onde a mão de obra é mais barata.

II. Com a Revolução Tecnológica ou Informacional, as grandes indústrias deixaram de ter o espaço local e regional como principal base de produção, ultrapassando as fronteiras nacionais.

III. Ao longo do século XX, acentuou-se o processo de concentração industrial, em consequência da crescente elevação dos custos de transferência de matéria-prima e de produtos industrializados.

IV. Nos países desenvolvidos, as antigas concentrações industriais vêm perdendo terreno para as novas regiões produtivas, as quais são marcadas pela presença de centros de pesquisa e de universidades.

V. As economias de aglomeração presentes nas grandes metrópoles mundiais reforçam a tendência, cada vez maior, de concentração espacial da indústria.

Assinale a alternativa que apresenta todas as afirmativas corretas.

a) I e II.
b) I e V.
c) II e IV.
d) II, III e IV.
e) III, IV e V.

MÓDULO 18 • Países pioneiros no processo de industrialização

1. Reino Unido

Processo de industrialização

- O Reino Unido foi o primeiro país a reunir as condições para o início do processo de industrialização e um dos que mais acumulou **capitais** durante o período do capitalismo comercial (entre os séculos XV e XVIII).
- Foi na Inglaterra que ocorreu a primeira revolução burguesa da História, chamada **Revolução Gloriosa** (século XVII).
- Ancorado em medidas protecionistas e em poderosa frota naval, o Reino Unido tornou-se a maior potência mercantil na fase final do capitalismo comercial.
- Os capitais acumulados foram investidos na ampliação da rede de ferrovias e hidrovias, na extração de carvão e na instalação de indústrias.
- Houve grandes **avanços técnicos** nas indústrias têxteis, siderúrgicas e navais, ramos mais importantes da Primeira Revolução Industrial.
- Havia grandes reservas de **carvão mineral**.
- Os camponeses foram expulsos das terras (Leis dos Cercamentos) e se converteram em mão de obra assalariada.

Recursos naturais e localização industrial

- A localização das primeiras indústrias ocorreu próximo aos portos e às jazidas de carvão.
- As indústrias de material ferroviário e naval localizavam-se em torno das siderúrgicas, próximo às jazidas de carvão, o que atraiu a indústria têxtil.
- As mudanças futuras no padrão tecnológico e energético levaram as "regiões negras" e suas indústrias pioneiras à decadência.
- Outro fator de atração das indústrias foi a existência de portos marítimos e fluviais, principalmente em Londres.
- **Primeira Revolução Industrial**: Londres, que já era o maior porto britânico, tornou-se também o maior entroncamento ferroviário.
- **Segunda Revolução Industrial**: muitas indústrias que não dependiam do carvão se instalaram em torno da metrópole, ampliando sua importância.
- **Terceira Revolução Industrial**: muitas indústrias saíram de Londres, mas a cidade manteve-se como centro comercial e financeiro, reforçando seu papel de comando.
- Setores que entraram em decadência: indústria têxtil, siderúrgica e naval.
- Setores dinâmicos: material bélico, aeronáutico, automobilístico, químico-farmacêutico e biotecnologia.
- Em torno da Universidade de Cambridge foi instalado o parque tecnológico com empresas de setores típicos da Terceira Revolução Industrial.
- Outro polo de alta tecnologia no Reino Unido é a região oeste de Londres, conhecida como Corredor Oeste ou Corredor M4.
- Nas regiões carboníferas são visíveis a desindustrialização, o desemprego e o empobrecimento.
- A gestão da primeira-ministra Margaret Thatcher (1979-1990) foi marcada pelas políticas neoliberais.
- Políticas neoliberais: enfraquecimento do Estado de bem-estar e aumento da concentração de renda.
- A BP (British Petroleum, privatizada no governo Thatcher) é a maior corporação do Reino Unido e a sexta do mundo, de acordo com a *Fortune Global 500 2013*.
- O Reino Unido perdeu poder porque o país não acompanhou o ritmo de crescimento de outras potências econômicas como Estados Unidos, Japão e Alemanha.

2. Estados Unidos

Formação

- **Território**: foi colonizado por britânicos, franceses e espanhóis, mas foram os primeiros que mais influenciaram o novo país.
- **Colonização**: a primeira colônia foi formada em 1607 na Virgínia e ao longo do século XVII totalizaram treze colônias.
- **Independência**: em 4 de julho de 1776, representantes das colônias originais promulgaram a **Declaração de Independência dos Estados Unidos**.
- Bandeira: as treze faixas horizontais simbolizam as primeiras colônias, e as cinquenta estrelas simbolizam os estados da federação atual.

Fatores da industrialização

- Grande fluxo de imigrantes britânicos, principalmente nas colônias do Norte.

- Colônias do Norte: colonização de povoamento com o predomínio do trabalho familiar no campo e do trabalho assalariado nas cidades.
- Colônias do Sul: colonização de exploração com uma sociedade rigidamente estratificada e baseada na exploração do trabalho escravo.
- Independência política: a sociedade nortista desenvolveu interesses próprios que passaram a se chocar com os dos britânicos.
- A maioria dos primeiros imigrantes era britânica, seguidores de religiões cristãs protestantes, principalmente o puritanismo.
- O protestantismo criou as condições culturais favoráveis ao desenvolvimento de um espírito empreendedor e de uma ética do trabalho.
- Fatores de ordem natural que também foram fundamentais no processo de industrialização do Nordeste:
  a) grandes reservas de carvão e importantes jazidas de minério de ferro;
  b) a existência de lagos e rios com desníveis favorece a construção de barragens para gerar energia hidrelétrica e de eclusas, que permitem a simultânea navegação.

A arrancada industrial

- **Guerra de Secessão (1861-1865)**: diferenças econômicas, sociais e culturais entre a sociedade nortista, das colônias de povoamento, e a sociedade sulista, das colônias de exploração.
- Vitória da burguesia nortista, que manteve a unidade territorial do país.
- Ocupação dos territórios tomados dos povos nativos e ampliação do mercado consumidor.
- Doação de terras – 1862 – Lei Lincoln: estímulo à imigração.
- Decretação do fim da escravidão (1863) e disseminação do trabalho assalariado.
- Aceleração do processo de industrialização: entre 1890 e 1929 mais de 22 milhões de pessoas, especialmente europeus, fixaram-se no país.
- Entre 1850 e 2010 os Estados Unidos foram o país que mais recebeu imigrantes no mundo – mais de 74 milhões de pessoas.

Localização industrial

Nordeste: industrialização pioneira

- Apesar da desconcentração recente, a região é a de maior concentração industrial do país.
- Pittsburgh – "capital do aço": abriga grandes siderúrgicas, como a United States Steel.
- Detroit – "capital do automóvel": foi o grande centro da indústria automobilística, mas atualmente muitas de suas antigas fábricas de carros e autopeças fecharam.
- GM: estatizada pelo governo, que passou a controlar 61% de suas ações (no final de 2013 sua participação tinha caído para 7,3%).
- *Manufacturing belt*: diversos ramos industriais em inúmeras cidades do Nordeste; a região de maior concentração urbano-industrial do planeta.
- *Rust Belt*: em virtude da crise de muitos setores industriais, muitos o chamam de "cinturão da ferrugem".

Desconcentração industrial

- O *manufacturing belt* já concentrou mais de 75% da produção industrial do país, mas hoje sua concentração é inferior a 50%.
- Motivos: crescimento das megalópoles, como Boswash, e tendência de elevação dos custos de produção na região.
- Dispersão industrial: novos centros industriais surgiram no Sul e no Oeste do país.

Sul: início da desconcentração

- A industrialização do Sul ganhou impulso no início do século XX após a descoberta de petróleo na região, principalmente no Texas.
- Intensificou-se com as necessidades de defesa e desenvolvimento do programa espacial: fábricas de aviões, Centro Espacial de Houston (sede da Nasa) e Centro Espacial John F. Kennedy.
- No Texas instalaram-se as grandes indústrias petrolíferas, com destaque para a Exxon Mobil.

Oeste: última região a se industrializar

Fatores que contribuíram para a industrialização dessa região:

- disponibilidade de mão de obra desde a época da Corrida do Ouro (1848-1855), que atraiu muitas pessoas;
- existência de outros minérios, como ferro e cobre, além de petróleo e gás natural;
- elevado potencial hidrelétrico disponível.

Distribuição das indústrias:

- Seattle: indústria aeronáutica;
- Portland: indústrias siderúrgicas e metalúrgicas;
- Eixo São Francisco-Los Angeles-San Diego – segunda megalópole do país (San-San): maior concentração industrial do Oeste.

- Industrialização recente, vinculada à indústria bélica e ligada a importantes universidades e centros de pesquisas; destaque para o Vale do Silício.

Principais parques tecnológicos:

- Vale do Silício
  a) Localizado no norte da Califórnia, foi o primeiro parque tecnológico implantado no mundo.
  b) Indústrias de semicondutores, que produzem *microchips*, cuja matéria-prima mais importante é o silício, e indústrias de informática.
  c) Industrialização impulsionada pela Guerra Fria e pela corrida armamentista e aeroespacial.
  d) Stanford Industrial Park: criado em 1951 no *campus* da Universidade Stanford, na Califórnia, teve importante papel no desenvolvimento tecnológico.
  e) Outros fatores que impulsionaram a industrialização: existência de empreendedores, de capitais de risco e de um ambiente favorável à gestação de novas empresas.
  f) Muitas empresas dos setores de microeletrônica e informática foram gestadas na região: Hewlett-Packard, Intel, Apple, Oracle, etc.
  g) Mais recentemente, empresas da internet: Google (1998) e Facebook (2004).
- Rota 128
  a) Tecnopolo localizado na região metropolitana de Boston (Massachusetts).
  b) Vinculado à indústria bélica e ao setor de informática, abriga empresas como a Raytheon e a Lionbridge Tecnologies.
  c) Mais recentemente têm se desenvolvido indústrias de biotecnologia e de equipamentos médicos, como a Biogen Idec e a Genzyme.
  d) Disponibilidade de conhecimento científico-tecnológico: Universidade Harvard e MIT, entre outras instituições.
  e) Além do Vale do Silício e da Rota 128, há diversos outros tecnopolos nos Estados Unidos.

Corporações:

- Em 2013 o país tinha 132 corporações na lista da revista *Fortune* (26,4% das 500 maiores do mundo); em 2001 chegou a ter 197 empresas nessa lista (39,4% das 500).

Exercícios resolvidos

1. (Feevale-RS) A Revolução Industrial, ocorrida na Inglaterra a partir de meados do século XVIII, pode ser compreendida como uma revolução sem precedentes, que resultou em transformações de ordem econômica e social. Sobre essa Revolução, são feitas algumas afirmações.

   I. Implicou um processo de mecanização do campo, alterando costumes e paisagens.
   II. Implicou mudanças de grande amplitude, como a nova organização das relações trabalhistas.
   III. Implicou nova concepção de tempo, vinculada à produção e ao trabalho nas fábricas.

   Marque a alternativa correta.

   a) Apenas a afirmação I está correta.
   b) Apenas a afirmação II está correta.
   c) Apenas a afirmação III está correta.
   d) Apenas as afirmações II e III estão corretas.
   e) Todas as afirmações estão corretas.

Resposta

Alternativa **E**.

I. Houve grande migração para as cidades que se industrializavam, gerando abundância de mão de obra.

II. Disseminou-se o trabalho assalariado.

III. Consolidou-se o tempo de relógio em lugar do tempo da natureza, que vigorava no mundo agrário-rural.

2. (Aman-RJ) Sobre o desenvolvimento industrial dos Estados Unidos, leia as afirmativas abaixo:

   I. O sudeste iniciou o processo industrial do País impulsionado pelos importantes centros comerciais e bancários daquela região e pela mão de obra imigrante de origem europeia;
   II. Com o fim da guerra civil, o eixo industrial se deslocou do sudeste para o nordeste do País, impulsionando o crescimento de importantes centros urbanos como o de Nova York;
   III. No nordeste e na região dos Grandes Lagos, desenvolveram-se as indústrias de bens de produção, baseadas no carvão e no minério de ferro, e nasceu a indústria automobilística;
   IV. Após a Segunda Guerra Mundial, o sul e o oeste do País passaram a receber crescentes investimentos industriais também atraídos pelos campos petrolíferos do Golfo do México e da Califórnia.

   Assinale a alternativa que apresenta todas as afirmativas corretas.

   a) I e II.
   b) I e III.
   c) II e III.
   d) II e IV.
   e) III e IV.

Resposta

Alternativa **E**.

As afirmativas incorretas são:

I. O processo de industrialização dos Estados Unidos originou-se na região nordeste, onde ocorreu a colonização de povoamento.

II. Na época da guerra civil, o sudeste era agrícola e utilizava mão de obra escrava (colonização de exploração), e o nordeste já era a região mais industrializada e utilizava trabalho assalariado.

Exercícios propostos

Testes

1. (Vunesp-SP) Leia.

Todo processo de industrialização é necessariamente doloroso, porque envolve a erosão de padrões de vida tradicionais. Contudo, na Grã-Bretanha, ele ocorreu com uma violência excepcional, e nunca foi acompanhado por um sentimento de participação nacional num esforço comum. Sua única ideologia foi a dos patrões. O que ocorreu, na realidade, foi uma violência contra a natureza humana. De acordo com uma certa perspectiva, esta violência pode ser considerada como o resultado da ânsia pelo lucro, numa época em que a cobiça dos proprietários dos meios de produção estava livre das antigas restrições e não tinha ainda sido limitada pelos novos instrumentos de controle social. Não foram nem a pobreza, nem a doença os responsáveis pelas mais negras sombras que cobriram os anos da Revolução Industrial, mas sim o próprio trabalho.

Adaptado de: Edward P. Thompson. *A formação da classe operária inglesa*, vol. 2, 1987.

O texto afirma que a Revolução Industrial

a) aumentou os lucros dos capitalistas e gerou a convicção de que era desnecessário criar mecanismos de defesa e proteção dos trabalhadores.
b) provocou forte crescimento da economia britânica e, devido a isso, contou com esforço e apoio plenos de todos os segmentos da população.
c) representou mudanças radicais nas condições de vida e trabalho dos operários e envolveu-os num duro processo de produção.
d) piorou as condições de vida e de trabalho dos operários, mas trouxe o benefício de consolidar a ideia de que o trabalho enobrece o homem.
e) preservou as formas tradicionais de sociabilidade operária, mas aprofundou a miséria e facilitou o alastramento de epidemias.

2. (UCS-RS) A indústria é a conjugação do trabalho e do capital para transformar a matéria-prima em bens de produção e consumo.

Analise as proposições abaixo sobre a industrialização.

I. Indústrias de bens de consumo ou leves podem produzir bens não duráveis, semiduráveis ou duráveis. Essa produção destina-se ao grande mercado consumidor.
II. Quarta economia do planeta, a França foi o terceiro país do mundo a se industrializar. Sua arrancada industrial ocorreu no início do século XX, após a consolidação da burguesia no poder, como resultado da Revolução Francesa de 1889.
III. O nordeste dos Estados Unidos é a região de maior concentração urbano-industrial do continente. Ali surgiu um cinturão industrial conhecido como *manufacturing belt*, que abrange a costa leste, a região dos Apalaches, indo até as margens dos Grandes Lagos.

Das proposições acima, pode-se afirmar que

a) apenas I está correta.
b) apenas I e II estão corretas.
c) apenas I e III estão corretas.
d) apenas II e III estão corretas.
e) I, II e III estão corretas.

3. (UERJ)

Matt Wuerker/Reprodução/Prova da UERJ

Adaptado de: nycop.com.

As consequências do processo de globalização e da atual crise econômica nos Estados Unidos têm levado norte-americanos a procurar oportunidade de trabalho em outros países, como o Canadá.

Na charge, a pergunta irônica do empresário expõe a seguinte contradição da atuação das empresas globais nos EUA:

a) criação de rede planetária de transportes – limite à exportação de capitais
b) expansão de produção terceirizada – consumo dependente de empregabilidade
c) prioridade de investimento no setor industrial de base – concentração financeira na Ásia
d) política de ampliação dos benefícios trabalhistas – restrição à mobilidade espacial de imigrantes

MÓDULO 19 • Países de industrialização tardia

1. Alemanha

Unificação territorial e industrialização

- 1815-1871: a Alemanha era uma confederação composta de 39 unidades políticas independentes.
- Fim da Guerra Franco-Prussiana (1870-1871): nascimento da Alemanha como Estado unificado (Segundo *Reich*).
- Unificação política de 1871: um Estado, um mercado; instituição de uma moeda única, padronização das leis e constituição de um amplo mercado interno.
- Concentração de indústrias na confluência dos rios Ruhr e Reno: disponibilidade de carvão mineral (hulha) e facilidade de transporte hidroviário.
- A França, derrotada na Guerra Franco-Prussiana, foi obrigada a ceder à Alemanha as províncias da Alsácia e Lorena.

Guerras: destruição e reconstrução

- Unificação tardia: a Alemanha perdeu a fase mais importante da corrida colonial, o que levou o país a um enfrentamento bélico com o Reino Unido e a França e resultou na Primeira Guerra Mundial.
- Primeira Guerra (1914-1918): os vitoriosos impuseram uma série de sanções à Alemanha (Tratado de Versalhes).
- Ascensão de Adolf Hitler (1933): as sanções do Tratado de Versalhes e a crise de 1929 conduziram a Alemanha a uma profunda crise social e econômica.
- Nazistas no poder: ditadura na qual Hitler era o *Führer*; início do Terceiro Reich (até 1945).
- Espaço vital: teoria que levou o Estado alemão a lançar-se à conquista dos territórios, fato que desembocou na Segunda Guerra Mundial (1939-1945).
- Derrota e perdas territoriais (1945): ao final do conflito bélico, o país foi derrotado e sofreu perdas humanas, destruição material e novas perdas territoriais.
- Fragmentação: a Alemanha teve seu território partilhado pelos países vitoriosos em quatro zonas de ocupação.

Divisão do território (1949)

- República Federal da Alemanha (RFA): zonas de administração norte-americana, britânica e francesa; capital em Bonn.
- República Democrática Alemã (RDA): zona de ocupação soviética; capital em Berlim Oriental.
- Alemanha Ocidental: influenciada pelos Estados Unidos; economia de mercado e democracia pluripartidária.
- Alemanha Oriental: influenciada pela União Soviética; economia planificada e ditadura de partido único, o Partido Socialista Unificado.

Reconstrução e reunificação

- A RFA recebeu ajuda do Plano Marshall (Estados Unidos) e entrou em organizações como a CEE (atual UE): rápida reconstrução econômica e aprofundamento das diferenças com a RDA.
- 1990: com a reunificação política as diferenças sociais, econômicas, políticas e culturais entre os dois sistemas afloraram nitidamente no novo país.

Distribuição das indústrias

- Reconstrução: as indústrias alemãs foram reconstruídas nos mesmos lugares que ocupavam antes da Segunda Guerra, principalmente na confluência dos rios Ruhr e Reno.
- Modernização: após a guerra houve uma rápida modernização do parque industrial e ganhos significativos de produtividade.
- Boa logística: rede de transportes, armazéns e centros de distribuição interligando os principais polos industriais aos maiores portos do país e ao porto de Roterdã.

Concentração industrial no Vale do Ruhr

- Maior concentração no estado da **Renânia do Norte-Vestfália** em cidades como Colônia, Essen, Düsseldorf e Dortmund.
- Setores industriais que se destacam na região: siderúrgico, químico, eletroeletrônico, etc.

Outros centros industriais importantes

- **Hamburgo**: na foz do rio Elba, maior porto da Alemanha, concentra indústrias navais e companhias de navegação.
- **Wolfsburg**: próxima à antiga fronteira com a ex-Alemanha Oriental, abriga a sede do Grupo Volkswagen, a maior corporação alemã.

Parque tecnológico de Munique

- Mais importante parque tecnológico da Alemanha.
- Abriga empresas dos setores eletrônico, TI (tecnologia da informação), automobilístico, biotecnologia e aeroespacial.
- Abriga importantes universidades e centros de pesquisa, entre os quais treze institutos da Sociedade Max Planck.

Chempark de Leverkusen

- Abriga mais de setenta empresas do setor químico-farmacêutico.
- Emprega cerca de 30 mil pessoas e fabrica mais de 5 mil diferentes produtos.

Indústrias do Leste após a reunificação

- As indústrias da antiga Alemanha Oriental estão localizadas principalmente em torno das cidades de Leipzig, Dresden e da antiga Berlim Oriental.
- Defasadas tecnologicamente, não conseguiram concorrer com as indústrias ocidentais.
- Economia planificada da RDA: o Estado era o único empregador e as empresas estatais não se orientavam pela concorrência.
- Para impedir o agravamento das desigualdades, a partir da reunificação o governo despendeu vultosos recursos para modernizar a infraestrutura da ex-RDA.

Alemanha: mineração e indústria

Allmaps/Arquivo da editora

Adaptado de: CHARLIER, Jacques (Dir.). *Atlas du 21e siècle édition 2012*. Groningen: Wolters-Noordhoff; Paris: Éditions Nathan, 2011. p. 73.

Exportações alemãs

- Em 2008, a Alemanha exportou 1,462 trilhão de dólares, mas em 2010 caiu para 1,269 trilhão de dólares, quando o país perdeu para a China a posição de maior exportador do mundo.
- Em 2012, a Alemanha recuperou um pouco suas exportações, que atingiram 1,409 trilhão de dólares, mas perdeu a segunda posição mundial para os Estados Unidos.
- Pauta de exportações: predominam produtos industriais de alto valor agregado; em 2011, 88% das exportações do país eram de bens industrializados, dos quais 72%, produtos de média e alta tecnologia.

2. Japão

- Primeiro contato com europeus (início do século XVI): chegada dos comerciantes e evangelizadores portugueses.
- Ascensão do xogunato Tokugawa (1603): os estrangeiros foram proibidos de entrar no país; e os japoneses, de sair.
- Período de isolamento: 1603-1853.
- 1853: chegada da esquadra da marinha norte-americana marcando o fim do isolamento.
- Os norte-americanos forçaram a abertura do Japão, desintegrando o sistema feudal japonês: em 1868, encerrou-se o domínio do xogunato Tokugawa.

Situação do Japão durante a colonização

O Japão tinha pouco a oferecer aos colonizadores europeus:

- país montanhoso, temperado, insular e muito pequeno, com poucas terras agricultáveis, não oferecia condições para o cultivo de produtos tropicais;
- localiza-se no Círculo de Fogo do Pacífico, zona de contato de três placas tectônicas, o que gera instabilidade geológica e subsolo pobre em minérios e combustíveis fósseis.

O Japão desperta o interesse dos norte-americanos

- No final do século XIX, por sua posição estratégica no Pacífico.
- A partir de então, os japoneses iniciaram seu processo de industrialização, por meio da intervenção do Estado na economia.

Industrialização e imperialismo

Era Meiji (1868-1912)

- Início do processo de industrialização e de modernização do Japão:
  a) construção de infraestrutura (ferrovias, portos, etc.);
  b) investimentos em educação: universalizada e voltada à qualificação de mão de obra;
  c) abertura à tecnologia e aos produtos estrangeiros;
  d) estímulo ao desenvolvimento de grandes conglomerados (*zaibatsus*).
- O Japão se industrializava, mas enfrentava escassez de matérias-primas e energia e limitação do mercado interno: conquista de territórios na Ásia e no Pacífico (imperialismo).

Conquistas territoriais e derrota na Segunda Guerra

- Guerra Sino-Japonesa (1894-1895): ocupação de Taiwan.
- Anexação da Coreia (1910).
- Guerra contra a Rússia (1904-1905): anexação das ilhas Sacalinas.
- 1931: ocupação da Manchúria (China), onde implantaram Manchukuo.
- Segunda Guerra: maior expansão territorial, mas com a derrota ocorreu o fim do imperialismo japonês.
- Após o lançamento das bombas atômicas sobre Hiroxima e Nagasaki, o Japão foi forçado a se render.

Reconstrução após a Segunda Guerra

- Período de ocupação (1945-1952) – profundas reformas foram impostas ao país com o objetivo de modernizá-lo política e economicamente:
  a) 1947: aprovação da lei antitruste; dissolução dos *zaibatsus*.
  b) 1947: elaboração da Constituição, redigida e imposta pelos vencedores, encerrou sua fase militarista ao proibir a intervenção externa do exército japonês.
  c) 1952: a independência política e a soberania foram restabelecidas, mas o imperador deixou de ser considerado uma divindade e passou a colaborar com as reformas.
  d) Imperador Hiroito: no poder de 1926 até sua morte em 1989 – período denominado Era Showa – quando foi substituído por seu filho Akihito.
  e) Recuperação econômica: na década de 1960 o país já tinha conquistado o terceiro lugar na economia mundial e atingiu o segundo na década de 1980 (posição que perdeu para a China em 2010).
  f) Geopolítica: os Estados Unidos elegeram o Japão como o principal suporte asiático na luta contra o comunismo sino-soviético.
- Fatores que contribuíram para a rápida recuperação econômica do país e seus crescentes ganhos de produtividade:
  a) grande disponibilidade de mão de obra relativamente barata, disciplinada e qualificada;
  b) elevados investimentos em educação, que melhoraram ainda mais a qualificação da mão de obra, e em pesquisa e desenvolvimento tecnológico;
  c) aumento da competitividade das empresas: resultado da reconstrução da infraestrutura e dos conglomerados em bases mais modernas e da introdução de novos métodos organizacionais, como o toyotismo;
  d) desmilitarização do país e de seu parque industrial, o que permitiu mais investimentos nas indústrias civis;
  e) reorganização das indústrias japonesas formando os *keiretsus* ("união sem cabeça", em japonês), em substituição aos *zaibatsus*.

Carência de recursos naturais

Apesar de carente de recursos naturais, o Japão se transformou numa grande potência industrial: o país é um dos maiores importadores de combustíveis fósseis e minérios.

- Carvão: reservas de 350 milhões de toneladas (menos de 0,05% do total mundial), a produção anual é de 1,3 milhão de toneladas; importa praticamente 100% do carvão que consome.
- Petróleo: produziu 135 mil barris de petróleo diários (45º produtor mundial) para um consumo de 4,7 milhões de barris/dia (3º consumidor mundial); terceiro maior importador de petróleo do mundo.
- Minérios: importa 100% do minério de ferro que consome e o mesmo ocorre com diversos outros minérios.
- Apesar disso, é grande produtor de aço: em 2012, o Japão produziu 107 milhões de toneladas (2º produtor mundial).

Principais setores industriais e sua distribuição

- O Japão é um país muito industrializado: produz bens intermediários, de capital e bens de consumo de maior valor agregado, predominantes em suas vendas ao exterior.
- Em 2011, 91,7% de sua pauta de exportações era composta de bens industrializados, dos quais 78,9% eram produtos de média e alta tecnologia.
- Distribuição das indústrias no território: condicionada pela dependência em relação ao exterior (importação e exportação), somada ao fato de o país ser insular e montanhoso.
- A configuração insular e a dependência de produtos primários importados condicionaram o desenvolvimento da indústria naval.
- Indústria naval japonesa: já foi a maior e mais competitiva do mundo (em meados dos anos 1980, chegou a responder por quase 60% das encomendas mundiais).
- O país perdeu terreno para seus vizinhos: em 2012, a China foi responsável por 40,9% da produção mundial de navios; a Coreia do Sul, por 32,9%; e o Japão, por 18,3%.
- Na ilha de Honshu fica a segunda maior aglomeração urbano-industrial do mundo; no eixo Tóquio-Osaka encontra-se o trecho mais importante da megalópole.
- Nesse cinturão industrial concentra-se quase 80% da produção do país, e as regiões de Tóquio e Osaka são responsáveis por cerca da metade desse total.

Megalópole japonesa: transporte e indústria

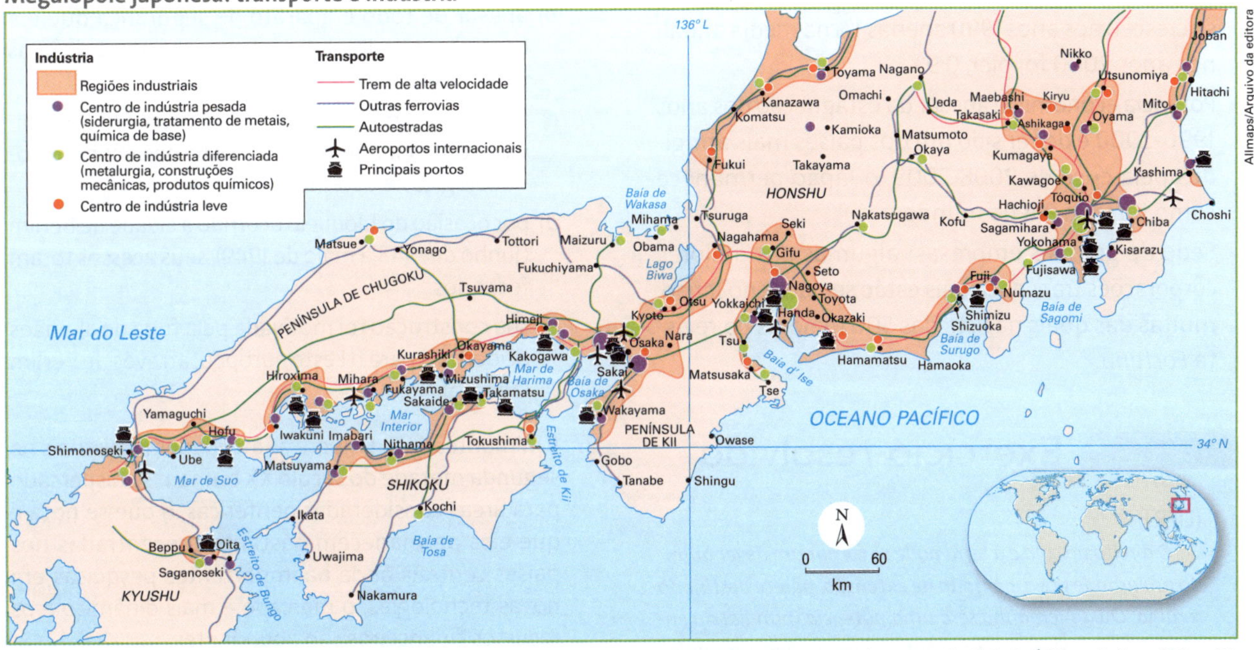

Adaptado de: CHARLIER, Jacques (Dir.). *Atlas du 21e siècle édition 2012*. Groningen: Wolters-Noordhoff; Paris: Éditions Nathan, 2011. p. 121.

Principais parques tecnológicos

Cidade da Ciência de Tsukuba

- Implantação começou em 1963 e hoje é o principal tecnopolo do país e um dos mais importantes do mundo.
- Em 2013, funcionavam mais de 300 instituições de pesquisa, entre institutos públicos e privados, universidades e laboratórios de empresas, nos quais trabalhavam cerca de 22 mil pesquisadores.
- Entre essas instituições se destacam: Universidade de Tsukuba, Agência de Exploração Aeroespacial do Japão, Instituto Nacional de Ciência e Tecnologia Industrial Avançada, entre outros.

Cidade da Ciência de Kansai

- Segundo tecnopolo do Japão; sua implantação começou nos anos 1980.
- Abriga importantes universidades e centros de pesquisa públicos e privados: Universidade de Osaka, Instituto de Ciência e Tecnologia de Nara, entre outros.

Líder mundial em robótica

- A utilização de robôs foi um dos principais fatores que colaboraram para o grande aumento da produtividade e da competitividade do parque industrial japonês.

- Está perdendo espaço: em 2008, 34% dos robôs industriais funcionavam em fábricas japonesas; em 2012 esse percentual caiu para 25%.

Crises econômicas

- O sucesso econômico (do pós-guerra aos anos 1980) resultou de uma eficiente combinação de livre mercado com planejamento estatal.
- A crise econômica (anos 1990) resultou da especulação com ações (enorme alta na Bolsa de Valores de Tóquio) e com os imóveis (atingiram valores estratosféricos).
- Estouro da bolha financeira e imobiliária: os valores das ações e dos imóveis despencaram, propagando a crise pela economia real e provocando o fechamento de empresas.
- Baixo crescimento econômico: a economia japonesa cresceu nos anos 1990 apenas 1% na média anual; nos anos 2000 foi pior, 0,9%.
- Potência econômica: apesar da estagnação dos anos 1990-2000 e de ter sido um dos países mais atingidos pela crise de 2008-2009, o Japão permanece como terceiro PIB do mundo.
- Sede de grandes empresas: algumas das maiores corporações transnacionais estão sediadas no Japão, muitas das quais na lista das 500 maiores da revista *Fortune*.

Exercício resolvido

- (UERJ)

O direito ao solo e à terra pode se tornar um dever quando um grande povo, por falta de extensão, parece destinado à ruína. Ou a Alemanha será uma potência mundial ou então não será. Mas, para se tornar uma potência mundial, ela precisa dessa grandeza territorial que lhe dará na atualidade a importância necessária e que dará a seus cidadãos os meios para existir. O próprio destino parece querer nos apontar o caminho.

Adolf Hitler. *Minha luta*, 1925. Adaptado de: FERREIRA, Marieta de M. e outros. *História em curso*: da Antiguidade à globalização. São Paulo: Editora do Brasil; Rio de Janeiro: FGV, 2008.

As ideias contidas no projeto político do nazismo buscavam solucionar os problemas enfrentados pela Alemanha após o fim da Primeira Guerra Mundial.

Uma dessas ideias, abordada no texto, está associada ao conceito de:

a) xenofobia
b) espaço vital
c) purificação racial
d) revanchismo militar

Resposta

Alternativa **B**.

O conceito geopolítico de "espaço vital" foi proposto no século XIX pelo geógrafo alemão Friedrich Ratzel (1844-1904) e orientou o expansionismo alemão na Primeira e na Segunda Guerra Mundial.

Exercícios propostos

Testes

1. (Aman-RJ) Espesso e perigoso, o Muro de Berlim separou bairros, cortou cemitérios ao meio e fechou entradas de igrejas. Existiu por 28 anos, durante os quais se estima que 125 pessoas morreram ao tentar transpô-lo.

Sobre o Muro de Berlim, é correto afirmar que

a) na noite de 29 de novembro de 1947, o governo da Alemanha Oriental conduziu sua construção.
b) apesar de todo o aparato de segurança que ele continha, não impediu a fuga em massa de seus cidadãos.
c) tornou-se o maior símbolo da Guerra Fria, pois dividia uma cidade nos dois sistemas econômico-ideológicos existentes.
d) por ocasião do bloqueio ocorrido à cidade de Berlim (junho de 1948 a maio de 1949), seus acessos foram fechados.
e) sua construção foi motivada pela fuga de alemães ocidentais para o Leste europeu, através de Berlim Oriental.

2. (Unimontes-MG) Embora as atividades industriais na segunda metade do século XX tenham se dispersado para áreas consideradas periféricas, o que se nota é que elas permanecem bastante concentradas nos países centrais onde há importantes pesquisas em novas tecnologias, o mercado é mais dinâmico e os recursos financeiros são abundantes.

Considerando, nesse contexto, as indústrias nos países do G7, assinale a alternativa incorreta.

a) A política imperialista dos Estados Unidos, através da expansão mundial das empresas multinacionais, fortaleceu a indústria estadunidense.
b) A reunificação das duas Alemanhas, em 1990, revelou que as indústrias da porção oriental operavam com tecnologias arcaicas.
c) A entrada de capitais através do Plano Marshall e a ampliação de mercado consumidor foram decisivos para o desenvolvimento da indústria italiana no pós-Segunda Guerra Mundial.
d) A abundância em recursos naturais e a política protecionista com predomínio de empresas estatais foram fatores determinantes para o crescimento da indústria japonesa, no período de 1950 a 1990.

MÓDULO 20 • Países de industrialização planificada

1. Rússia

União Soviética: origem e colapso da economia planificada

- União das Repúblicas Socialistas Soviéticas (URSS): formada em 1922 após a Revolução Russa de 1917.
- Ditadura de partido único: Partido Comunista da União Soviética (PCUS).

Processo de estatização e planificação

- Estatização dos meios de produção: fábricas, minas, fazendas, etc.
- As metas de produção passaram a ser definidas por **planos quinquenais**, elaborados pelo Gosplan.
- A economia planificada foi bem-sucedida enquanto vigoravam padrões tecnológicos da Segunda Revolução Industrial.

Planos quinquenais

- Primeiro (1928-1932): priorizou a indústria pesada e a implantação da infraestrutura básica e das fazendas coletivas.
- Segundo (1933-1937): priorizou a indústria pesada.
- Terceiro (1938-1942): interrompido pela Segunda Guerra.
- Quarto (1946-1950): direcionado à recuperação da economia e à reconstrução da infraestrutura.
- Planos seguintes: continuaram enfatizando o setor industrial de base e o bélico (no contexto da corrida armamentista).

Terceira Revolução Industrial

- A União Soviética chegou a liderar alguns setores da corrida espacial.
- A partir da década de 1970, não conseguiu acompanhar os Estados Unidos e defasou-se tecnologicamente.

Reformas implantadas por Mikhail Gorbachev

Mikhail Gorbachev, secretário-geral do PCUS em 1985, implantou as seguintes reformas:

- **Perestroika**: medidas voltadas para a modernização da economia.
- **Glasnost**: medidas voltadas para a abertura política.

Fim da União Soviética e ressurgimento da Rússia

- Mikhail Gorbachev tentou firmar um novo Tratado da União concedendo maior autonomia às repúblicas; os comunistas ortodoxos russos não aceitaram e deram um golpe de Estado.
- O golpe fracassou e Gorbachev foi reconduzido a seu cargo, mas o poder soviético se enfraquecera porque as repúblicas proclamaram a independência política.
- Dezembro de 1991: a Rússia, principal sustentáculo da União Soviética, proclamou sua independência política.
- **Comunidade de Estados Independentes (CEI)**: foi instituída em 21 de dezembro de 1991.
- Fim da União Soviética: em 25 de dezembro de 1991, Gorbachev renunciou ao cargo de presidente da União Soviética.
- Rússia (política): ocupou o espaço da antiga União Soviética no cenário internacional, com assento permanente no Conselho de Segurança da ONU.
- Rússia (economia): o fracasso da perestroika e a conturbada transição para a economia de mercado provocaram profunda recessão (nos anos 1990, o PIB russo encolheu 4,7% na média anual).

Industrialização russa

- A Rússia é um dos países mais ricos em recursos minerais:
  a) é o segundo produtor mundial de petróleo;
  b) possui as maiores reservas, sendo o maior exportador mundial de gás natural;
  c) é o sexto produtor mundial de carvão mineral;
  d) é o terceiro produtor mundial de eletricidade;
  e) possui grandes reservas de minérios metálicos e não metálicos.
- A riqueza do subsolo russo, com destaque para o petróleo e o gás natural, tem sido importante para a recuperação da produção industrial e o crescimento econômico.
- As principais concentrações industriais na Rússia são a região dos Montes Urais, de Moscou e da Sibéria ocidental:

a) Urais: indústrias de bens intermediários, como as siderúrgicas, por causa da disponibilidade do minério de ferro e de carvão mineral; há também indústrias de bens de capital, como a de máquinas e equipamentos.
b) Volga-Ural: as principais refinarias e petroquímicas do país estão próximas aos grandes lençóis petrolíferos, principalmente na bacia do Volga-Ural, que fica entre Moscou e os Urais.
c) Moscou: em torno da capital predominam indústrias de bens de consumo e de bens de capital por causa da existência de um amplo mercado consumidor e da boa infraestrutura de transportes e telecomunicações.
d) Sibéria ocidental: em razão da grande disponibilidade de recursos minerais, há importante concentração de indústrias pesadas, como siderúrgicas e metalúrgicas, principalmente na região do Kuzbass.

Privatização e recuperação da economia

- Durante o governo de Boris Ieltsin (1991-1999), uma parte das antigas empresas estatais foi privatizada.
- Presença do Estado: apesar do processo de privatização, diversas empresas continuam tendo participação do Estado. A Gazprom, por exemplo, tinha 50% das ações nas mãos do governo russo (2013).
- Grandes corporações: com a retomada do crescimento econômico surgiram grandes empresas de capital aberto – Gazprom, Lukoil e Rosneft Oil (petróleo e gás natural).

2. China

A formação da China comunista

- No final do século XIX, sob o governo da dinastia Manchu, a China estava decadente.
- Sob a liderança de Sun Yat-sen foi organizado um movimento nacionalista hostil à dinastia Manchu e à dominação estrangeira.
- República da China: sob a direção de Yat-sen foi organizado o Partido Nacionalista, o **Kuomintang** (1912).
- PCCh: a influência da Revolução Russa e o sentimento nacionalista e anticolonial deu origem ao Partido Comunista Chinês (1921); entre os fundadores estava Mao Tsé-Tung.
- Com a morte de Sun Yat-sen, o Kuomintang passou a ser controlado por Chiang Kai-shek, que assumiu a liderança do Governo Nacional da China (1928).
- Em 1934, os japoneses implantaram na Manchúria um país formalmente independente chamado **Manchukuo**.
- Em 1937, os japoneses declararam guerra total à China e chegaram a ocupar cerca de dois terços de seu território.
- Somente nesse período houve um apaziguamento entre comunistas e nacionalistas, empenhados em derrotar os invasores japoneses.
- Depois de 22 anos de guerra civil os comunistas do Exército de Libertação Popular, liderado por Mao Tsé-Tung, saíram vitoriosos.
- **China comunista**: em 1949, foi proclamada a República Popular da China, e o território continental do país foi unificado sob o controle dos comunistas, comandados por Mao, então secretário-geral do PCCh.
- Os membros do Kuomintang, comandados por Chiang Kai-shek, refugiaram-se na ilha de Formosa, onde fundaram a República da China (Taiwan).
- A Revolução Chinesa de 1949 foi um importante divisor de águas na história do país.
- No início do período revolucionário, a China seguiu o modelo soviético:
  a) Política: ditadura de partido único, Partido Comunista Chinês, cujo líder máximo era o secretário-geral (Mao Tsé-Tung, até 1976).
  b) Economia: coletivização das terras (comunas populares), das fábricas e dos recursos naturais; mas o processo de industrialização só deslanchou após 1949.

Processo de industrialização

- Grande Salto à Frente (1957-1961): plano econômico visando à consolidação do socialismo por meio da industrialização.
- Fracasso: desarticulou a incipiente economia industrial do país.
- 1965: **rompimento sino-soviético** e **aproximação sino-americana**.
- República Popular da China recebeu a visita do presidente dos Estados Unidos e foi admitida na ONU, tornando-se membro permanente do Conselho de Segurança.

- 1976: morte de Mao Tsé-Tung e indicação de Deng Xiaoping como secretário-geral do PCCh (até 1990).
- 1978: Deng Xiaoping iniciou um processo de reforma econômica no campo e na cidade, paralelamente à abertura da economia ao exterior – "segunda revolução".
- Conciliação do processo de abertura econômica e adoção de mecanismos característicos da economia de mercado com a manutenção da ditadura de partido único.
- Perpetuação da hegemonia do PCCh apoiando-se em uma economia em crescimento e em moldes capitalistas: repressão aos manifestantes na praça da Paz Celestial em 1989.
- 2012: Xi Jinping eleito para o cargo de secretário-geral (sucedeu a Hu Jintao, que ficara no poder de 2002 a 2012); em 2013, assumiu o cargo de presidente da República (também em substituição a Hu).

Reforma econômica

- País de camponeses: no fim dos anos 1970 eram quase 1 bilhão de habitantes, dos quais 75% camponeses; por isso a reforma começou pela agricultura.
- 1982: iniciou-se o processo de abertura no setor industrial; o governo permitiu o surgimento de pequenas empresas e autorizou a criação de empresas mistas.
- **Zonas econômicas especiais (ZEEs)**: Zhuhai, Shenzhen, Shantou, Xiamen e Hainan.
- O objetivo das áreas abertas era atrair empresas estrangeiras (capitais, tecnologia e experiência de gestão empresarial) – quase todas as empresas com atuação global têm filiais na China.
- Desde os anos 1990, o país tem ocupado a posição de segundo maior receptor de investimentos produtivos do mundo, atrás apenas dos Estados Unidos.
- Fatores que tornam o território chinês favorável ao investimento estrangeiro:
  a) baixos salários e mão de obra razoavelmente qualificada;
  b) política tributária, que favorece as exportações;
  c) controle da taxa de câmbio;
  d) disponibilidade de moderna infraestrutura nas zonas econômicas especiais;
  e) disponibilidade de matérias-primas e fontes de energia;
  f) tolerância com a poluição e a degradação ambiental (isso está mudando);
  g) crescimento e fortalecimento do mercado interno.

A "fábrica do mundo" e suas contradições

- Alto crescimento econômico: de 1980 a 2012 a China foi a economia que mais cresceu no mundo (taxa média de 10% ao ano).
- Mão de obra barata: ainda é o principal fator de competitividade da indústria chinesa; o trabalhador ganha cerca de 1 dólar por hora (em média).
- O governo também tem procurado atrair de volta chineses que vivem no exterior: empresários, engenheiros e cientistas com experiência em empresas ocidentais.
- Outro fator que muito contribui para o desenvolvimento chinês são as enormes reservas de minérios e de combustíveis fósseis.
- O rápido crescimento econômico e a constante elevação do consumo interno têm levado a China a importar cada vez mais recursos minerais.
- Em 2012, a China foi o segundo maior comprador de petróleo do mundo; também tem investido na construção de enormes usinas hidrelétricas e em energias alternativas, como a eólica.
- O governo chinês e as empresas do país têm feito altos investimentos em países em desenvolvimento, especialmente da África subsaariana.
- Diferentemente dos países imperialistas europeus, a China não pretende colonizar a África nem impor seu modelo político-econômico: quer fazer negócios e garantir o acesso a recursos naturais.
- Muitas nações africanas, como Angola e Nigéria, vêm apresentando rápido crescimento econômico, graças, em parte, aos investimentos chineses.

Máquina exportadora

- Os produtos industrializados chineses vêm ganhando cada vez mais mercados no mundo.
- Em 1980, as exportações chinesas somavam 18 bilhões de dólares (25º colocado no mundo); em 2012, tinham atingido 2 trilhões de dólares (1º exportador mundial).
- No período 1980-2012, as exportações chinesas cresceram 11 384%.
- Em 2011, 96% das exportações eram compostas de produtos industrializados; desse total, 59% eram bens de alto e médio valor agregado.

- **Zonas de desenvolvimento econômico e tecnológico**: buscam atrair indústrias de alta tecnologia e aumentar a participação de produtos de alto valor agregado na pauta de exportações.
- O rápido crescimento econômico concentrado nas cidades costeiras provocou o aumento das migrações internas; a maioria dos migrantes busca melhores salários.
- O governo tem procurado interiorizar a economia, estimulando o desenvolvimento de novos centros industriais.
- O crescimento acelerado provocou graves impactos ambientais.
- Vem aumentando a consciência de que o crescimento precisa ser sustentável do ponto de vista econômico e social, como também do ambiental.

Estrutura industrial

- A China dispõe de um parque fabril muito diversificado e já sedia grandes corporações.
- Em 2013, o país tinha 89 empresas na lista das quinhentas maiores do mundo, com destaque para Sinopec Group (maior empresa do país e quarta do mundo).
- Grande parte dos empregados e da produção para a exportação concentra-se em milhões de pequenos empreendimentos espalhados pelo país.
- Em muitos setores industriais, principalmente nos estratégicos, as empresas chinesas são controladas predominantemente pelo Estado.
- O setor privado está em crescimento: em número de empresas, em empregos oferecidos e em patrimônio já superou o setor estatal.
- No setor privado predominam empresas nacionais pequenas e médias, que são também as que mais empregam.
- Há multinacionais brasileiras instaladas no país: Embraco, Embraer, entre outras.
- O acelerado crescimento econômico tirou milhões de pessoas da pobreza: em 1981, 97,8% da população chinesa vivia na pobreza; em 2009, era 27,2%.
- O crescimento acelerado também vem concentrando renda nos estratos mais ricos da sociedade, contribuindo para ampliar as desigualdades sociais.

Exercício resolvido

- (Aman-RJ) Nas décadas finais do séc. XX, a União Soviética passou por uma série de transformações que levaram ao fim do socialismo. Essas mudanças foram marcadas por:

a) acordos de eliminação de mísseis entre as superpotências, interrompidos com a entrada soviética no Afeganistão em 1988.
b) políticas que levaram a uma abertura política e econômica, conhecidas como glasnost e perestroika.
c) aprofundamento do processo de distensão e fortalecimento do Pacto de Varsóvia.
d) fim do monopólio do Partido Comunista, implantação do unipartidarismo e instauração de eleições diretas em 1989.
e) restabelecimento dos Kolkoses e Sovekoses nos campos, abertura do país a empresas estrangeiras e intensificação das alianças geopolíticas bipolares.

Resposta

Alternativa **B**.

O fato de a *perestroika* ser malsucedida contribuiu para o crescimento do descontentamento popular contra a economia planificada e aumentou a resistência contra o domínio russo sobre as repúblicas, favorecendo o fortalecimento dos movimentos separatistas.

Exercícios propostos

Testes

1. (UFRGS-RS) O colapso da União Soviética, reconhecido oficialmente em dezembro de 1991, foi o resultado da introdução de medidas reformistas que visavam modernizar o socialismo soviético. A respeito dessas medidas reformistas, considere as afirmações abaixo.

   I. Resultaram no surgimento de novas repúblicas, outrora submetidas a Moscou, que exigiam autonomia política e territorial.

   II. Decorreram da ascensão de Mikhail Gorbachev, que instaurou as ações conhecidas como perestroika e glasnost.

   III. Tinham um nítido caráter conservador, e foram gestadas por pressão de setores populares insatisfeitos com o rumo do país.

   Quais estão corretas?

   a) Apenas I.
   b) Apenas II.
   c) Apenas III.
   d) Apenas I e II.
   e) Apenas II e III.

2. (Vunesp-SP) O colapso e o fim da União Soviética, no princípio da década de 1990, derivaram, entre outros fatores,

   a) da ascensão comercial e militar da China e da Coreia do Sul, o que provocou acelerada redução nas exportações soviéticas de armamentos para os países do leste europeu.

b) da implantação do socialismo nos países do leste europeu e da perda de influência política e comercial sobre a África, o Oriente Médio e o sul asiático.

c) dos altos gastos militares e das disputas internas do partido hegemônico, e facilitaram a eclosão de movimentos separatistas nas repúblicas controladas pela Rússia.

d) da derrubada do Muro de Berlim, que representava a principal proteção, por terra, do mundo socialista, o que facilitou o avanço das tropas ocidentais.

e) da ascensão política dos partidos de extrema direita na Rússia e do surgimento de um sindicalismo independente nas repúblicas da Ásia.

3. (UFRGS-RS) Assinale com **V** (verdadeiro) ou **F** (falso) as afirmações abaixo, referentes à República Popular da China.

( ) No final da década de 1950, o Partido Comunista Chinês contestou a hegemonia soviética sobre o bloco comunista, mas nunca rompeu diretamente com Moscou.

( ) A Grande Revolução Cultural perseguiu diversos intelectuais e tinha, como objetivo, depurar o Partido Comunista Chinês das propostas revisionistas.

( ) O líder Deng Xiaoping promoveu mudanças a partir de um plano de reformas que reestruturou a economia chinesa.

( ) A China, após as reformas econômicas, entrou em uma fase de crescimento acelerado, tornando-se a segunda potência econômica mundial.

A sequência correta de preenchimento dos parênteses, de cima para baixo, é

a) V – V – F – F.
b) F – V – V – V.
c) F – F – V – V.
d) V – V – F – V.
e) V – F – V – F.

4. (Unioeste-PR) A China é o país mais populoso do planeta e uma potência militar que tem conseguido atrair investimentos estrangeiros em grande proporção, sustentando um crescimento econômico que lhe confere um papel estratégico e de crescente projeção no cenário mundial. Sobre a China, assinale a alternativa INCORRETA.

a) Em 1949 foi proclamada a República Popular da China, sob liderança de Mao Tsé-Tung. O socialismo implantado rompeu a dominação colonial e imperialista que havia explorado a China por quase cinco séculos.

b) A partir do final da década de 1970 o governo toma uma série de medidas econômicas liberalizantes que propiciaram a abertura e a modernização da economia por meio de uma política estatal elaborada e controlada firmemente pelos líderes do Partido Comunista.

c) Em busca de prover a demanda de energia no mesmo ritmo do crescimento econômico do país foi construída, no rio Yangtzé, a usina hidrelétrica de Três Gargantas, que se encontra entre as maiores centrais hidrelétricas do mundo.

d) A China caracteriza-se pela maior concentração populacional na sua extensa faixa litorânea, local de maior dinamismo econômico no país e onde foram criadas as Zonas Econômicas Especiais (ZEEs), áreas específicas para a entrada de capital internacional que, por intermédio de *joint ventures* – associação entre empresas estrangeiras e locais –, produzem para a exportação.

e) No contexto da Nova Divisão Internacional do Trabalho, a China destaca-se por contar com uma mão de obra abundante, altamente qualificada e bem remunerada, o que favorece seu comércio interno.

5. (Fuvest-SP)

Jeff Widener/AP/Glow Images

A fotografia acima, tirada em Beijing, China, em 1989, pode ser identificada, corretamente, como

a) reveladora do sucateamento do exército chinês, sinal mais visível da crise econômica que então se abateu sobre aquela potência comunista.

b) emblema do conflito cultural entre Ocidente e Oriente, que resultou na recuperação de valores religiosos ancestrais na China.

c) demonstração da incapacidade do Partido Comunista Chinês de impor sua política pela força, já que o levante daquele ano derrubou o regime.

d) montagem jornalística, logo desmascarada pela revelação de que o homem que nela aparece é chinês, enquanto os tanques são soviéticos.

e) símbolo do confronto entre liberdade de expressão e autoritarismo político, ainda hoje marcante naquele país.

MÓDULO 21 • Países recentemente industrializados

1. América Latina: substituição de importações

- Brasil, México e Argentina são as maiores e mais industrializadas economias da América Latina.
- O processo de industrialização iniciou-se no final do século XIX e intensificou-se a partir da década de 1930.
- A crise de 1929 provocou redução das exportações, o que dificultou a importação de produtos industrializados: a industrialização de substituição de importações se intensificou.
- A aristocracia latifundiária acumulou muito capital com as exportações de produtos agropecuários: *estancieros* (Argentina), barões do café (Brasil), donos das *haciendas* (México).
- Parte da aristocracia latifundiária se transformou em burguesia industrial e financeira.
- Parte do dinheiro dos fazendeiros depositado em bancos foi emprestada para financiar a instalação de indústrias, muitas das quais fundadas por imigrantes europeus.
- O Estado foi um agente importante no início da industrialização ao investir em indústrias de bens intermediários e em infraestrutura.
- Símbolos desse modelo foram as estatais petrolíferas: Petrobras, Pemex, PDVSA e YPF.
- No pós-Guerra, o modelo de industrialização por substituição de importações mostrou limitações: ocorreu a entrada de capitais estrangeiros (filiais de empresas transnacionais).
- Processo de industrialização assentado no tripé: capital estatal, nacional e estrangeiro.
- Esse modelo de industrialização vigorou também em outros países latino-americanos, como a Venezuela, a Colômbia, o Chile e o Peru.
- Os mais importantes complexos industriais estão concentrados nas grandes regiões metropolitanas:
  a) no triângulo São Paulo-Rio de Janeiro-Belo Horizonte (Brasil);
  b) no eixo Buenos Aires-Rosário (Argentina);
  c) no eixo Cidade do México-Guadalajara e em Monterrey (México);
  d) há concentrações industriais menores na região de Caracas (Venezuela), Bogotá (Colômbia), Lima (Peru) e Santiago (Chile).
- O modelo de substituição de importações:
  a) incentivou a produção interna de muitos bens de consumo;
  b) demandou a importação de produtos que não eram fabricados internamente, como máquinas e equipamentos;
  c) exigiu a implantação de uma infraestrutura de transportes, energia e telecomunicações;
  d) foi muito dependente de capital estrangeiro (os recursos externos entravam como investimento produtivo ou empréstimos);
  e) fomentou o crescimento econômico do Brasil, do México e da Argentina, até o início dos anos 1980.

Crises financeiras dos anos 1970-1980

- **Anos 1970**: houve um aumento do crédito no mercado financeiro internacional porque os bancos dos países desenvolvidos passaram a reciclar os petrodólares.
- **Queda dos juros**: a oferta de dinheiro no mercado financeiro fez as taxas de juros internacionais caírem após 1973 (atingiram o ponto mais baixo em 1975-1977).
- **Juros flutuantes**: os juros não foram fixados no patamar de quando os empréstimos foram tomados; as taxas para a amortização futura da dívida eram flutuantes, atreladas ao mercado norte-americano.
- **Crescimento da dívida**: com a forte elevação das taxas de juros houve uma explosão do endividamento dos países latino-americanos.
- **Moratória do México**: o primeiro sinal da crise foi dado em 1982, quando o país decretou a moratória de sua dívida externa.
- **Crise**: a combinação de altas taxas de juros com os baixos preços de produtos de exportação resultou em crise econômica.
- **Crise da dívida**: atingiu os países em desenvolvimento em geral, mas em particular os latino-americanos, os mais endividados.
- **Anos 1980 – "década perdida"**: as economias dos países latino-americanos sofreram com baixo crescimento e elevada inflação.

Crises financeiras dos anos 1990

- **Década de 1990**: redução da inflação após a implantação de medidas como o controle dos gastos públicos e a privatização de estatais; novas modalidades de endividamento externo.
- **Globalização financeira**: além do mercado acionário, uma das modalidades de investimento especulativo mais difundidas é a compra e a venda de títulos da dívida pública.
- **Títulos públicos**: a emissão desses títulos pelos governos é uma forma de os países tomarem dinheiro emprestado.
- **Capital especulativo**: o problema é que ele é volátil, transferindo-se rapidamente de um setor ou de um país para outro.
- O capital especulativo tende a fragilizar as economias porque seus operadores retiram o dinheiro no momento em que os países mais precisam de capital.

Crise financeira de 2008-2009

- A crise financeira de 2008-2009 atingiu mais intensamente os países desenvolvidos, mas também provocou consequências nos países emergentes.
- Dos três principais emergentes da América Latina, o México foi o mais atingido em razão da dependência econômica em relação aos Estados Unidos.
- O Brasil foi um dos países da América Latina menos atingidos pela crise de 2008-2009 porque apresentava saldos comerciais favoráveis e grande acúmulo de reservas internacionais.

2. Tigres Asiáticos: plataforma de exportações

A origem dos Tigres

Ao final da Segunda Guerra, Coreia do Sul, Taiwan, Cingapura e Hong Kong:

- eram países agrícolas e atrasados;
- tinham população pouco numerosa;
- tinham território reduzido, sem reservas importantes de recursos naturais.

Coreia do Sul

- Após a Segunda Guerra, a península da Coreia foi dividida em Coreia do Norte e Coreia do Sul.
- Após a guerra da Coreia (1950-1953), a península continuou dividida.
- Coreia do Norte (socialista): tornou-se um dos países mais isolados e atrasados do mundo.
- Coreia do Sul (capitalista): transformou-se na maior economia dos Tigres Asiáticos e quarta da Ásia.
- País mais industrializado dos Tigres, a Coreia do Sul tem sua economia controlada por redes de grandes empresas (*chaebols*).
- Os *chaebols* fabricam uma enorme diversidade de produtos: de aço e navios até artigos eletrônicos e automóveis.
- Entre os *chaebols* se destacam: Samsung Electronics, Hyundai Motor, LG Electronics e Hyundai Heavy Industries.

Taiwan

- Constituiu-se como Estado a partir da fuga dos membros do Partido Nacionalista (Kuomintang) após a Revolução de 1949.
- A ONU e a maioria dos países não reconhecem Taiwan como país independente para evitar atrito com a China.
- Atuação no setor microeletrônico com destaque para a Hon Hai Precision Industry: maior fabricante mundial de componentes eletrônicos.
- Essa empresa é detentora da marca Foxconn, que produz *notebooks*, *tablets*, *smartphones*, etc. para diversas marcas ocidentais.

Cingapura

- Pertenceu ao Império Britânico e integrou a Federação da Malásia.
- A independência definitiva ocorreu em 1965.
- Um dos maiores entrepostos comerciais do mundo: melhor índice de logística e o segundo porto mais movimentado do planeta (2012).
- Tem investido em indústrias de alto valor agregado: sedia a Flextronics International, segunda fabricante mundial de componentes eletrônicos.

Hong Kong

- Incorporado ao império britânico em 1842 e devolvido à China em 1997, tornando-se uma região especial chinesa.
- Sua produção industrial é insignificante (0,05% do total mundial); por isso, não foi analisado no capítulo.

Industrialização e crescimento acelerado

- **Pós-guerra:** passaram por um acelerado processo de industrialização.
- **Décadas de 1980-1990:** apresentaram um dos maiores índices de crescimento econômico e ficaram conhecidos como Tigres Asiáticos.
- **Modelo plataforma de exportações:** em 1965, os Tigres detinham uma participação de cerca de 1% do comércio mundial; em 2010, atingiram 9,5% (6,8% excluindo Hong Kong).
- Nos Tigres Asiáticos, o Estado teve papel fundamental no planejamento estratégico para estimular a industrialização e as exportações. Entre outras medidas:
  a) concedeu incentivos às exportações;
  b) manteve uma política de desvalorização cambial;
  c) tomou medidas protecionistas contra os concorrentes estrangeiros;
  d) investiu alto em educação;
  e) impôs restrições aos sindicatos;
  f) fez grandes investimentos em infraestrutura;
  g) restringiu o consumo para elevar a poupança interna.
- No início da industrialização, a mão de obra nesses países asiáticos era muito barata e relativamente qualificada e produtiva.
- O baixo custo, associado às medidas de estímulo, tornava os produtos dos Tigres muito baratos, garantindo elevados saldos comerciais.
- Coreia do Sul: a maior e mais moderna economia entre os Tigres, deu muito valor à educação básica e a tomou como suporte para seu desenvolvimento.
- Os Tigres Asiáticos tiveram um vizinho com um modelo de industrialização bem-sucedido a seguir: o Japão.
- No início esses países exportavam produtos de baixa qualidade, mas hoje estão vendendo produtos sofisticados de alto valor agregado.
- A elevação dos custos da mão de obra e a valorização das moedas nacionais têm levado esses países:
  a) a aprimorar suas indústrias, investindo em setores industriais mais avançados tecnologicamente;
  b) a transferir indústrias tradicionais e intensivas em mão de obra para outros países da região, onde o custo da força de trabalho é menor.
- Diferenças na estrutura industrial: apesar de muitos pontos em comum, principalmente quanto ao processo de industrialização, há grandes diferenças entre esses países.

3. Países do Fórum IBAS

- Fórum de Diálogo IBAS: cooperação trilateral firmada em 2003 entre Índia, Brasil e África do Sul.
- **Objetivo:** aprofundar a cooperação Sul-Sul no âmbito econômico, científico e cultural e aumentar o poder de negociação com os países desenvolvidos.
- **Características comuns:** potências intermediárias, democracias consolidadas e economias em ascensão; mas apresentam fortes desigualdades internas.

Índia

- Enorme mercado consumidor e uma das economias que mais cresce no mundo: entre 2000-2012 cresceu em média 7,6% ao ano.
- Processo de industrialização muito tardio, somente após a libertação do domínio do Reino Unido (1947).
- Independência política: após campanha liderada por Mohandas Gandhi, quando assumiu o partido Congresso Nacional Indiano (primeiro-ministro: Jawarhalal Nehru).
- República parlamentarista: os indianos gabam-se de ser a maior democracia do mundo.
- Teve uma forte participação do Estado no início de seu processo de industrialização (governo de Nehru).
- O Estado investiu na indústria de bens intermediários, na indústria bélica e em obras de infraestrutura.
- As maiores concentrações industriais do país estão na região de Janshedpur e Kolkata (Calcutá), com destaque para indústrias pesadas.
- Há concentrações industriais em outras regiões, inclusive de alta tecnologia, como em Bangalore.
- Dispõe de um parque fabril diversificado e já possui algumas empresas entre as maiores do mundo, com destaque para a Indian Oil (símbolo da intervenção estatal no processo de industrialização).
- Outras grandes empresas indianas: a Tata Motors, maior indústria automobilística do país, e a Tata Steel, ambas pertencentes ao Grupo Tata.
- A Índia ainda é um país rural e agrícola: em 2012, 68% de sua população vivia no campo, e a agricultura ocupava 46% da PEA masculina e 65% da feminina.
- O setor de serviços é o que mais cresce e se moderniza contribuindo com 57% do PIB (a indústria contribui com 26%).
- Ultimamente a Índia tem atraído muitos investimentos externos por causa da mão de obra farta, barata e cada vez mais qualificada e mercado interno em crescimento.

- Um pequeno percentual da população indiana é de fato consumidor: em 2010, 68,7% dos indianos viviam na pobreza e 32,7% em extrema pobreza.
- Ao mesmo tempo sua economia é uma das que mais cresce no mundo e dispõe de indústrias e serviços de alta tecnologia.
- Exporta *softwares* e produtos da área de TI: algumas das mais importantes empresas mundiais desses setores estão instaladas em Bangalore.
- Muitas empresas dos Estados Unidos e do Reino Unido têm terceirizado na Índia seus serviços de atendimento telefônico ao consumidor e de *telemarketing*.
- Bangalore abriga diversas universidades e centros de pesquisa; nesse tecnopolo estão empresas nacionais de alta tecnologia e filiais das maiores transnacionais da área.

África do Sul

- A industrialização da África do Sul se intensificou a partir da independência política (1961), com a entrada de capitais estatais e estrangeiros (norte-americanos e britânicos).
- Os investimentos externos priorizaram a indústria extrativa e os estatais, a indústria de bens intermediários e obras de infraestrutura.
- A África do Sul é a maior economia do continente africano e possui importantes empresas nacionais, mas nenhuma está na lista das 500 maiores do mundo.
- Em 2012, o PIB da África do Sul, apesar de corresponder a 30% do produto bruto de toda a África subsaariana, equivalia a 17% do PIB brasileiro.
- Fatores que no início contribuíram para a industrialização da África do Sul:
  a) entrada de investimentos estrangeiros (com o aumento da pressão internacional contra o *apartheid*, muitas empresas transnacionais deixaram de investir no país);
  b) mão de obra barata (os trabalhadores negros eram superexplorados);
  c) as enormes reservas minerais e energéticas.

Apartheid

- O regime segregacionista se consolidou com a independência política (1961).
- Além das pressões externas, muitos líderes sul-africanos lutaram contra o *apartheid*, entre eles Nelson Mandela.
- Com a introdução do voto secreto e universal (1994), Mandela foi eleito o primeiro presidente negro do país.
- Consequências do *apartheid*:
  a) desigual distribuição de renda: os 10% mais ricos ficam com 52% da renda nacional e os 10% mais pobres, com 1% (uma das piores rendas do mundo);
  b) pobreza: 31% da população vivem na pobreza e 14%, em extrema pobreza;
  c) exclusão social: a maioria da população pobre é composta de negros.
- Compensação das mazelas do *apartheid*:
  a) implantação de políticas de ação afirmativa;
  b) maiores investimentos em educação.

Exercícios resolvidos

1. (IFCE) África do Sul, Brasil, México e Índia, dentre outros, são classificados, por vezes, como países subdesenvolvidos industrializados, países emergentes ou economias de transição. Esses países apresentam, entre si, uma série de características sociais e econômicas comuns. Sobre eles, é **correto** afirmar-se que
   a) têm grandes diversidades étnicas, linguísticas e religiosas.
   b) têm grandes desigualdades sociais e regionais.
   c) têm carência de recursos minerais, sobretudo energéticos.
   d) o ramo industrial mais dinâmico é o petroquímico, face à presença de importantes jazidas de petróleo.
   e) têm moderado processo de urbanização, com tendência à concentração populacional nos médios e pequenos centros urbanos.

   Resposta

   Todos os quatro países mencionados apresentam acentuadas desigualdades sociais e regionais, como indica a alternativa **B**. Atualmente o termo mais usado para defini-los é **países** ou **economias emergentes**; o termo **país subdesenvolvido** caiu em desuso e economia de (ou em) transição é mais usado para se referir aos antigos países socialistas do leste europeu.

2. (Udesc) Nos últimos anos, alguns países conhecidos como "Tigres Asiáticos" superaram o subdesenvolvimento e têm demonstrado forte crescimento econômico caracterizado por uma economia aberta e com grande parte da sua produção destinada ao mercado exterior. Esses países são:

a) Tailândia, Coreia, Cingapura e China.

b) Coreia do Sul, Hong Kong, Formosa e Cingapura.

c) Coreia do Sul, Coreia do Norte, Formosa e China.

d) Jacarta, Hong Kong, Formosa e Cingapura.

e) Formosa, Cambodja, Coreia e China.

Resposta

A alternativa que aponta os Tigres Asiáticos é a **B**, mas há duas ressalvas:

1. Formosa é como os portugueses chamavam a ilha onde fica Taiwan, como é conhecido o país, que, apesar de independente, não é plenamente reconhecido internacionalmente por pressão chinesa.
2. Hong Kong não é um país, como diz o enunciado, ou seja, não é um Estado politicamente independente e sim uma região econômica especial da China.

Exercícios propostos

Testes

1. (ESPM-SP) **Bangalore**, na Índia, **Campinas**, no Brasil e **San Francisco**, nos Estados Unidos, têm em comum:

   a) O fato de serem importantes centros tecnológicos.

   b) A condição de "cidades globais".

   c) A presença da indústria bélica.

   d) Serem importantes centros cinematográficos.

   e) A condição de capitais internacionais de movimentos antiglobalização.

2. (Cefet-MG) Em 1947, foi assinado o Ato de Independência da Índia que pôs fim ao domínio britânico na região. O grande líder da independência indiana, Mahatma Gandhi, baseou sua luta na

   a) adoção da desobediência civil contra a legislação inglesa.

   b) mobilização da população contra os princípios protestantes.

   c) realização de manifestações de apoio à modernização econômica.

   d) convocação do operariado para a defesa armada das fronteiras do país.

3. (UFU-MG)

   O peso econômico dos Brics é certamente considerável. Entre 2003 e 2007, o crescimento dos quatro países representou 65% da expansão do PIB mundial. Em paridade de poder de compra, o PIB dos Brics já supera hoje o dos EUA ou o da União Europeia. Para dar uma ideia do ritmo de crescimento desses países, em 2003, os Brics respondiam por 9% do PIB mundial e, em 2009, esse valor aumentou para 14%. Em 2010, o PIB conjunto dos cinco países (incluindo a África do Sul) totalizou US$ 11 trilhões ou 18% da economia mundial. Considerando o PIB pela paridade de poder de compra, esse índice é ainda maior: US$ 19 trilhões ou 25%.

   Disponível em: <www.itamaraty.gov.br/temas/mecanismos-inter-regionais/agrupamentobrics>. Acesso em: 20 ago. 2014.

   Brasil, Rússia, Índia, China e África do Sul são os países de "economia emergente" que formam o grupo Brics. Este agrupamento de países representa um bloco político-econômico:

   a) formal, constituído por países com interesses e papéis semelhantes na Organização Mundial do Comércio, integrantes de uma contemporânea regionalização globalizada.

   b) informal, composto por países com interesses e papéis semelhantes na nova ordem mundial, integrantes de uma contemporânea regionalização globalizada.

   c) informal, constituído por países do G-8 e com interesses e papéis conflitantes na nova ordem mundial, integrantes de uma contemporânea regionalização globalizada.

   d) formal, composto por países com interesses e papéis semelhantes no Conselho de Segurança da ONU, integrantes de uma contemporânea regionalização globalizada.

4. (UFTM-MG) Hoje, Brasil, Rússia, Índia, China e África do Sul compartilham situações econômicas comuns e já demonstram capacidade para tornarem-se grandes economias no futuro. Assinale a alternativa que apresenta uma característica comum entre esses países.

   a) níveis de importação maiores que os de exportação.

   b) altos investimentos em matriz energética alternativa.

   c) ascensão da classe média.

   d) aumento demográfico na área rural.

   e) moderna organização da rede de transporte hidroviário.

MÓDULO 22 • O comércio internacional e os principais blocos regionais

1. A origem da OMC e os acordos comerciais

- **Acordo multilateral**: quando três ou mais países procuram cooperar conjuntamente em algum tema, como o comércio.
- **Multilateralismo comercial**: envolve negociações entre vários países sobre temas ligados ao comércio internacional de bens e serviços.
- **1947 – Acordo Geral de Tarifas e Comércio (Gatt)**: gênese mais remota do multilateralismo comercial.
- **Princípio de Não Discriminação entre as Nações**: proíbe a discriminação entre países signatários.
- **Rodadas de negociações**: desde a criação do Gatt, sete rodadas buscaram estimular o comércio entre os países-membros, sendo a Rodada Uruguai a mais abrangente.
- **Organização Mundial do Comércio (OMC)**: assinatura da Declaração de Marrakesh em abril de 1994, documento que concluiu a Rodada Uruguai e criou a OMC em substituição ao Gatt.
- **Criação e expansão da OMC**: criada em 1º de janeiro de 1995; em março de 2013 tinha 159 países-membros, que controlavam 95% do comércio mundial.
- **1999 – Rodada do Milênio** (Seattle, Estados Unidos): deveria levar à total liberalização do comércio, mas fracassou por causa das divergências entre países desenvolvidos e em desenvolvimento.
- **2001 – Rodada Doha** (Catar): a liberalização voltou a ser discutida e mais uma vez não houve acordo por causa da intransigência dos países desenvolvidos.
- **2003 – Conferência da OMC em Cancún** (México): os países desenvolvidos mantiveram o impasse nas negociações sobre o fim dos subsídios agrícolas.

G-20 comercial

- **Criação**: bloco de vinte países em desenvolvimento criado para pressionar os países desenvolvidos a reverem suas medidas protecionistas no setor agrícola.
- **Expansão**: a atuação do G-20 está concentrada na agricultura e em 2009 o bloco cresceu, sendo composto de 23 países em desenvolvimento.
- **Legitimidade**: o G-20 abriu perspectivas de mudança na questão dos subsídios para agricultura, além de representar importantes países agrícolas.
- **Rodada Doha**: deveria ter sido concluída em 2005, mas a intransigência dos países desenvolvidos na questão dos subsídios agrícolas vem impedindo um acordo.
- **Impasse**: os países desenvolvidos exigem dos países em desenvolvimento uma abertura de seus mercados para bens não agrícolas, desproporcional às concessões que aceitam fazer no setor agrícola.

Expansão do comércio mundial

- Desde a criação do Gatt o crescimento do comércio tem sido mais rápido que o do PIB mundial.
- **1950-2007**: as trocas comerciais aumentaram 6,2% ao ano, em média, e o PIB mundial cresceu 3,8% ao ano.
- **Crise financeira de 2008-2009**: fez com que tanto o PIB como o comércio mundial reduzissem o ritmo de crescimento.

Expansão do comércio na segunda metade do século XX: fatores

- Avanços tecnológicos na área de logística permitiram o aperfeiçoamento da infraestrutura de transportes e armazenagem.
- Aumento da capacidade de cargas dos transportes e redução do tempo de deslocamento.
- Crescimento e modernização dos transportes terrestres.
- Utilização de aviões, que continuam sendo usados principalmente para transporte de passageiros e de cargas leves, de alto valor unitário, e de perecíveis.
- Avanço tecnológico nas telecomunicações e na informática.

Concentração geográfica

- Os dez principais países exportadores de mercadorias são responsáveis por metade do comércio internacional.
- Os 27 maiores exportadores são responsáveis por 78% das trocas comerciais mundiais.

2. Os blocos regionais

- **Objetivos dos blocos econômicos**: reduzir barreiras aos fluxos de mercadorias, capitais, serviços e até mesmo de mão de obra.
- Até 31 de julho de 2013 o Gatt/OMC recebeu a notificação de 575 acordos de livre circulação de mercadorias e serviços, dos quais 379 estavam em vigor.

Tipos de blocos regionais

- Zona de livre-comércio: gradativa liberalização do fluxo de mercadorias e de capitais entre os países do bloco. Exemplo: Nafta.
- União aduaneira: estágio intermediário entre a zona de livre-comércio e o mercado comum, além da abolição das tarifas alfandegárias é definida uma Tarifa Externa Comum. Exemplo: Mercosul.
- Mercado comum: padronização da legislação, eliminação das barreiras alfandegárias, uniformização das tarifas de comércio exterior e liberalização da circulação de capitais, mercadorias, serviços e pessoas. Exemplo: União Europeia.
- União econômica e monetária: esse estágio foi atingido com a implantação da moeda única, a criação do Banco Central Europeu e a convergência das políticas macroeconômicas. Exemplo: União Europeia.

União Europeia (UE)

- Criada pelo **Tratado de Roma** em 1957 com o nome de Comunidade Econômica Europeia (CEE); o nome atual foi adotado no início da década de 1990.
- Primeiros integrantes: França, Alemanha Ocidental, Itália, Bélgica, Países Baixos e Luxemburgo (Europa dos 6); em 2013 eram 28 países.

Objetivos iniciais

- Recuperar a economia dos países-membros após a Segunda Guerra.
- Conter a ameaça do comunismo.
- Deter a crescente influência econômica norte-americana.

Fatos marcantes

- 1986 – Ato Único: acordo que complementou o Tratado de Roma e deu início à implantação do mercado comum.
- 1991 – assinatura do **Tratado de Maastricht**: decisão de utilizar uma moeda única, o euro, que começou a circular em 2002.
- 1993: fim de todas as barreiras à livre circulação de mercadorias, serviços, capitais; funcionamento do Mercado Comum Europeu.
- 1995: a livre circulação de pessoas começou a valer ao entrar em vigor a Convenção de Schengen.
- A UE tornou-se uma união econômica e monetária: moeda única controlada pelo Banco Central Europeu.
- Dezoito países fazem parte da chamada Zona do Euro.
- Dos dez que não fazem parte, o Reino Unido e a Dinamarca optaram por manter suas moedas nacionais e os oito restantes ainda não tinham preenchido as condições exigidas.

Números da UE (2012)

- População: 509 milhões de habitantes.
- PIB: 16,7 trilhões de dólares.
- Exportações: 5,8 trilhões de dólares (38% desse comércio é intrabloco).

Organização do poder

- Parlamento europeu: representa os cidadãos dos Estados-membros (seus parlamentares são eleitos diretamente e tomam decisões que afetam todo o bloco).
- Comissão Europeia: poder executivo, representa o interesse comum do bloco, é independente dos governos nacionais.

A crise econômica na UE

- A crise financeira atingiu fortemente a União Europeia: no final de 2013 os países dessa região, especialmente os do Mediterrâneo, ainda sofriam as consequências dela.
- Casos mais graves:
  a) Grécia: a dívida pública do país atingiu 170% do PIB em 2011; extrapolou quase três vezes o limite estabelecido em 1992 pelos Critérios de Maastricht (60% do PIB);
  b) Irlanda: o *deficit* público atingiu –31% do PIB em 2010; na maioria dos países os gastos governamentais excederam o limite estabelecido em Maastricht (–3% do PIB).
- Tentativa de solução do *deficit* público e do excessivo endividamento:
  a) corte de investimentos e despesas (corte de gastos com infraestrutura, redução de benefícios sociais e no valor de aposentadorias);
  b) elevação de impostos e tarifas públicas.
- Essas medidas acabaram limitando o consumo e dificultando a retomada do crescimento econômico.

Nafta

- **Tratado Norte-Americano de Livre Comércio (Nafta)**: assinado em 1992 por Estados Unidos, Canadá e México; entrou em vigor em 1º de janeiro de 1994.
- Os norte-americanos viram no regionalismo comercial um meio de expandir seus interesses econômicos na América.
- Tentaram implantar a Área de Livre Comércio das Américas (Alca), mas não foram bem-sucedidos.
- A partir de então passaram a firmar acordos bilaterais com diversos países da América e de outros continentes.

Números do Nafta (2012)

- População: 470 milhões de habitantes.
- PIB: 19 trilhões de dólares (maior do que o da UE, que tem 28 países-membros).
- Exportações: 2,4 trilhões de dólares; importações: 3,2 trilhões (esse enorme *deficit* comercial é quase todo dos Estados Unidos: 790 bilhões de dólares).
- Desde sua criação houve grande crescimento do comércio intrabloco desviando fluxos de mercadorias de outras regiões, sobretudo da UE.
- Sua criação acentuou a dependência do Canadá e do México em relação aos Estados Unidos (84% do produto interno do bloco).
- 1986: 78% das exportações do Canadá e 66% das do México iam para os Estados Unidos; 2005: 84% e 80%, respectivamente.
- Essa dependência foi muito prejudicial aos dois países durante a crise financeira originada nos Estados Unidos em 2008.

Mercosul

- **Mercado Comum do Sul (Mercosul)**: começou a se formar em 1985, nos governos de Raúl Alfonsín (Argentina) e José Sarney (Brasil).
- **Tratado de Assunção**: assinado em 1991, incorporou o Paraguai e o Uruguai e criou o Mercosul.
- Objetivo inicial: estabelecer uma zona de livre-comércio entre os países-membros por meio da eliminação gradativa de tarifas alfandegárias e restrições não tarifárias, liberando a circulação da maioria das mercadorias.
- **Protocolo de Ouro Preto**: assinado em 1994, fixou uma política comercial conjunta dos países do Mercosul em relação a nações não integrantes do bloco, definindo a **Tarifa Externa Comum (TEC)**.
- A TEC transformou o bloco em união aduaneira, estágio em que todos devem cobrar um imposto de importação comum, mas, como há uma extensa lista de exceções, é uma união aduaneira imperfeita.
- Em julho de 2006, foi assinado o protocolo de adesão da Venezuela como membro pleno do Mercosul, mas houve relutância por parte do Congresso paraguaio em aprovar.
- Em junho de 2012 o Congresso paraguaio votou o *impeachment* do presidente Fernando Lugo em rito sumário; em retaliação, o Paraguai foi temporariamente suspenso do bloco até a realização de novas eleições.
- Aproveitando-se dessa suspensão, os outros três membros do Mercosul aprovaram a entrada da Venezuela, o que ocorreu em 31 de julho de 2012.
- A Argentina representa cerca de 80% das exportações brasileiras para o Mercosul.

Números do Mercosul (2012)

- População: 280 milhões de habitantes.
- PIB: 3,2 trilhões de dólares.
- Exportações: 437 bilhões de dólares (cinco vezes menos que o Nafta e treze vezes menos que a UE).
- Brasil: responsável por exportações no valor de 243 bilhões de dólares (56% do comércio exterior do Mercosul).

Asean e Apec

- Apesar do rápido crescimento, a Ásia é o continente que menos avançou no processo de formação de blocos regionais de comércio.
- Rivalidades históricas, sobretudo entre suas maiores economias, dificulta uma integração regional mais profunda.
- Japão e China não lideram nenhum bloco regional de comércio.

Asean

Associação das Nações do Sudeste Asiático (Asean): criado em 1967, é o principal bloco comercial da região; em 2013, contava com dez países-membros.

Números da Asean (2012)

- População: 610 milhões de habitantes.
- PIB: 2,3 trilhões de dólares.
- Exportações: 1,3 trilhão de dólares.

Apec

Apec (do inglês *Asia Pacific Economic Cooperation*): fundado em 1989, é composto de vinte países da bacia do Pacífico e por Hong Kong.

- Atualmente é apenas um fórum, mas com o tempo pretende implantar uma zona de livre-comércio entre seus membros.
- Há problemas para a integração: disparidades econômicas, divergências político-econômicas e disputas comerciais entre as três principais potências.

Números da Apec (2012)

- População: 2,8 bilhões (39% dos habitantes do planeta).
- PIB: 41,7 bilhões de dólares (58% da produção bruta mundial).
- Exportações: 8,8 bilhões de dólares (47% do comércio internacional).
- Se fosse um bloco econômico seria o maior do mundo, superando a União Europeia.

SADC

- África: processos de integração regional são prejudicados pelo grave quadro de desagregação do continente.
- Os blocos econômicos africanos são muito frágeis, espelhando a economia dos países que os compõem; o mais importante acordo regional de comércio é a SADC.
- **Comunidade de Desenvolvimento da África Austral (SADC)**: bloco criado em 1992; em 2014 era composto de quinze países.
- A Área de Livre Comércio da SADC, lançada em 2008, é composta de doze países-membros e três – Angola, República Democrática do Congo e Seychelles – devem aderir posteriormente.
- Propiciou uma ampliação do comércio intrabloco e a valorização das matérias-primas no mercado internacional: as vendas ao exterior dos países da SADC quadruplicaram em dez anos.
- O país-membro mais importante da SADC é a África do Sul.

Números da SADC (2012)

- População: 282 milhões de habitantes.
- PIB: 648 bilhões de dólares (59% correspondem à África do Sul).
- Exportações: 208 bilhões de dólares.
- Para comparação – Suécia: população, 10 milhões de habitantes; PIB, 524 bilhões de dólares; exportações, 172 bilhões de dólares.

Crescimento econômico

- Desde o final do século XX os países africanos têm se beneficiado do aumento da demanda mundial por matérias-primas agrícolas e minerais, sobretudo por parte da China.
- A China tem investido em vários projetos de infraestrutura, produção agrícola e extração mineral em muitos países africanos, contribuindo para suas elevadas taxas de crescimento econômico.
- O dinamismo econômico dos principais países africanos é sustentado por obras de infraestrutura e expansão do mercado interno; neles também tem havido um aumento da classe média.

Exercícios resolvidos

1. (Vunesp-SP) Ao longo dos seus mais de vinte anos de existência, o Mercosul sofreu transformações institucionais e alterações no conjunto de países que compõem o bloco. Além dos países que fundaram o bloco em 1991 (países signatários do Tratado de Assunção), foram posteriormente incorporados ao bloco outros países, qualificados como associados. Podem ser mencionados como exemplos de país fundador e de país associado, respectivamente,

a) Argentina e Paraguai.
b) Bolívia e Brasil.
c) Paraguai e Chile.
d) Venezuela e Uruguai.
e) Chile e Bolívia.

Resposta

Os países fundadores do Mercosul em 1991 foram Brasil, Argentina, Paraguai e Uruguai. Em 2012 a Venezuela também entrou como membro pleno. Os países associados são as nações da Comunidade Andina (Bolívia, Colômbia, Equador e Peru) e o Chile. Portanto, a alternativa correta é a **C**.

2. (FGV-SP) Considere os textos.

I. *[maio de 2011] O governo da presidente Cristina Kirchner aplica uma saraivada de medidas que restringem ou atrasam a entrada de produtos brasileiros no mercado argentino. Segundo a consultoria portenha Abeceb, do total de exportações realizadas pelo Brasil para a Argentina, 23,9% são alvo de barreiras – quase um quarto das vendas.*

Disponível em: <http://veja.abril.com.br/noticia/economia/argentina-aumenta-barreiras-comerciais-contra-o-brasil>. Acesso em: 20 ago. 2014.

II. *[outubro de 2011] A decisão do Brasil de elevar o Imposto sobre Produtos Industrializados (IPI) para veículos importados foi questionada durante reunião do comitê de acesso a mercados da Organização Mundial do Comércio (OMC). Durante o encontro, representantes de Japão, Austrália, Coreia do Sul, Estados Unidos e União Europeia – que abrigam algumas das maiores montadoras do mundo – pediram à delegação brasileira explicações sobre a medida.*

Disponível em: <http://oglobo.globo.com/economia/paises-exportadores-de-veiculos-reclamam-na-omc-do-aumento-do-ipi-2786588>. Acesso em: 20 ago. 2014.

Sobre os textos, é correto afirmar que:

a) ambos expressam medidas protecionistas que visam salvaguardar as indústrias nacionais.

b) ambos têm como objetivo criar *superavits* nas balanças comerciais argentina e brasileira.

c) I mostra uma medida protecionista e II é uma retaliação brasileira aos subsídios agrícolas dos países ricos.

d) I representa o rompimento dos acordos firmados pelo Mercosul e II é uma medida protecionista do Brasil.

e) I é medida fortemente condenada pela OMC e II tem caráter paliativo para balanças comerciais deficitárias.

Resposta

De fato, ambas as medidas, tanto as argentinas como as brasileiras, foram tomadas para proteger suas respectivas indústrias, criando dificuldades para o comércio exterior. A resposta correta é a alternativa **A**.

Exercícios propostos

Testes

1. (FGV-SP) Analise o gráfico para responder à questão.

Exportações mundiais de mercadorias por região – em %

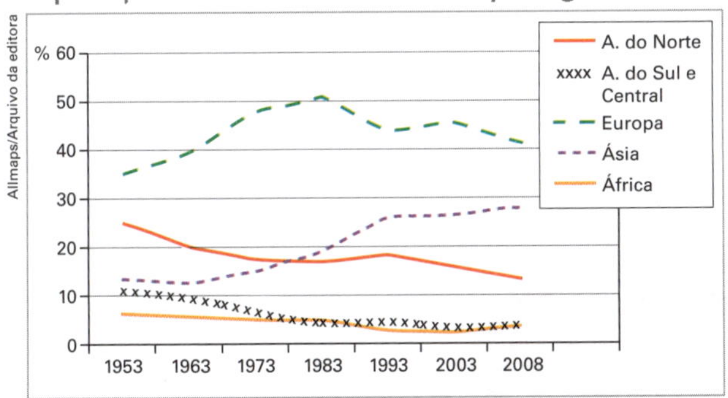

<www.wto.org/french/res_f/statis_f/its2009_f/its2009_f.pdf>.

A análise do gráfico e os conhecimentos sobre o comércio mundial permitem afirmar que, entre 1953 e 2008,

a) as exportações norte-americanas de produtos de baixa tecnologia perderam importância no mundo devido à concorrência com os produtos europeus.

b) os países da América do Sul e Central reduziram o percentual de exportações porque encontraram dificuldades para se integrarem em blocos econômicos.

c) o comércio exterior europeu sofreu oscilações e entrou em declínio quando os países do leste da Europa iniciaram a transição para o sistema capitalista.

d) o crescimento das exportações asiáticas foi expressivo devido à ascensão econômico-industrial dos Tigres Asiáticos e, posteriormente, da China.

e) o continente africano, exportador de *commodities* agrícolas, vem reduzindo a participação no comércio mundial devido aos sérios problemas ambientais que enfrenta.

2. (Unimontes-MG)

Após a Segunda Guerra Mundial, além de se formarem os grandes blocos, diversos países se reuniram em organizações geopolíticas e econômicas, constituindo blocos econômicos regionais de diversos tipos.

TERRA, L. e COELHO, M. de A. *Geografia Geral e Geografia do Brasil*: o espaço natural e socioeconômico. São Paulo: Moderna, 2005.

Considerando a integração econômica que ocorre no interior dos blocos regionais, relacione as colunas.

1 – Mercado comum

2 – Zona de livre comércio

3 – União aduaneira

( ) Circulação de bens com taxas alfandegárias reduzidas ou eliminadas.

( ) Padronização de tarifas para diversos itens relacionadas ao comércio com países que não pertencem ao bloco.

( ) Livre circulação comercial e financeira de pessoas, bens e serviços.

Assinale a sequência correta.

a) 1, 2, 3.

b) 3, 2, 1.

c) 2, 3, 1.

d) 2, 1, 3.

3. (UEL-PR) Com base no mapa abaixo e nos conhecimentos sobre a geografia do Mercosul, considere as afirmativas a seguir.

Núcleo geoeconômico do Mercosul

MAGNOLI, D. *O mundo contemporâneo*: relações internacionais 1945-2000. São Paulo: Moderna, 1996. p. 192.

I. A Bacia do Prata, núcleo geoeconômico do Mercosul, é composta pelos rios Paraná, Paraguai e Uruguai e estende-se pelo Centro-Sul do Brasil, pampa argentino, Uruguai e porção oriental do Paraguai. As principais metrópoles e zonas agroindustriais dos países-membros encontram-se nessa região, além das grandes concentrações demográficas.

II. Além do núcleo geográfico platino, encontram-se duas frentes de expansão do povoamento da área do Mercosul: a Amazônia brasileira e a Patagônia argentina. Apesar das diferenças, esses ecossistemas têm em comum as baixas densidades demográficas e a elevada potencialidade econômica.

III. A região Sudeste do Brasil é o núcleo geoeconômico do Mercosul, polo exportador de café e receptor de imigrantes, devido à produção de manufaturados com tecnologia superior aos demais países-membros.

IV. O Sudeste brasileiro comanda as negociações comerciais, provocando o isolamento dos mercados regionais frente à superioridade de suas forças produtivas.

Assinale a alternativa correta.

a) Somente as afirmativas I e II são corretas.
b) Somente as afirmativas I e IV são corretas.
c) Somente as afirmativas III e IV são corretas.
d) Somente as afirmativas I, II e III são corretas.
e) Somente as afirmativas II, III e IV são corretas.

4. (UFSC) Assinale a(s) proposição(ões) CORRETA(S).

(01) A consolidação e o fortalecimento do Mercado Comum do Sul (Mercosul) têm gerado impactos sobre a gestão do território, criando novos "regionalismos".

(02) Em relação ao processo de integração regional, a organização espacial brasileira atual apresenta-se como centro de uma região virtual em formação.

(04) O Aquífero Guarani, uma das maiores reservas de águas subterrâneas do mundo, localiza-se totalmente na região Sul do Brasil.

(08) A integração brasileira com outros países sul-americanos tem afetado apenas os estados da região Sul do país, devido à proximidade de suas fronteiras.

(16) Não é apenas a integração regional sul-americana que tem transformado o espaço geográfico brasileiro, mas também as transformações pelas quais as economias regionais têm passado nas últimas duas décadas, principalmente.

(32) Assim como o Tratado Norte-Americano de Livre Comércio (Nafta, em inglês), a União das Nações Sul-Americanas (Unasul) estabelece relações comerciais privilegiadas apenas com os Estados Unidos da América.

Questões

5. (UFF-RJ)

No mapa, em termos comparativos, registra-se o comércio entre sete grandes regiões do mundo e no interior de cada uma delas.

a) Apresente duas razões que expliquem a grande magnitude do comércio interno na Europa.

b) Cite duas razões que expliquem a desproporção entre o comércio interno da América do Sul-Central e o comércio mantido por essa região com outras partes do mundo.

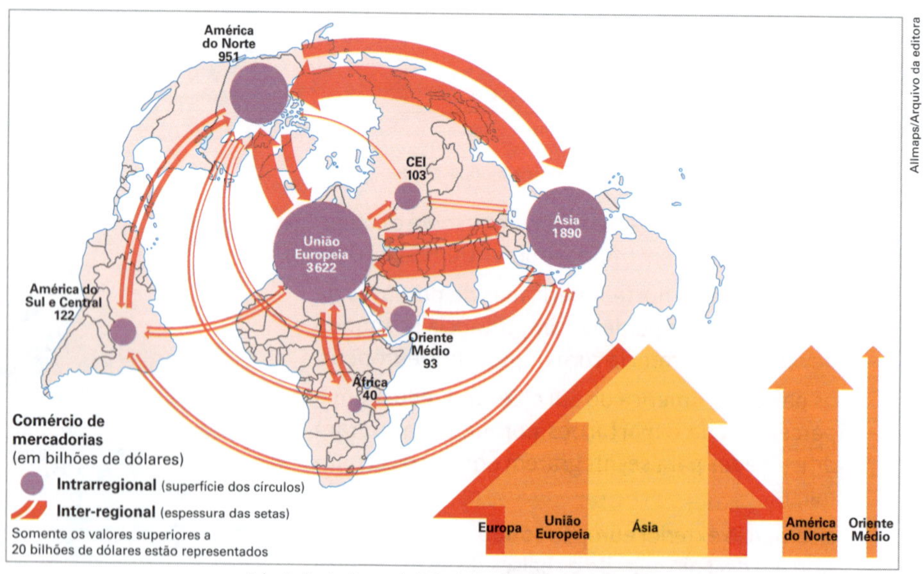

Allmaps/Arquivo da editora

Adaptado de: Durand, M.F. et al. *Atlas da mundialização*. São Paulo: Saraiva, 2009. p. 104.

6. (UFPR) Uma das características geopolíticas e econômicas do mundo atual é a existência de um grande número de associações regionais de países, a exemplo da União Europeia e do Mercosul. Caracterize esses dois blocos, evidenciando as diferenças entre eles.

MÓDULO 23 • Industrialização brasileira

1. Origens da industrialização

- Desde o período colonial, o desenvolvimento econômico e a industrialização foram comandados por grupos e setores da economia que pressionaram os governos para que a política econômica atendesse aos seus interesses.
- A partir da Primeira Guerra Mundial (1914-1918), o país passou por um processo significativo de desenvolvimento industrial e de maior diversificação do parque fabril causado pela redução da entrada de mercadorias estrangeiras no Brasil.
- Em 1919, as fábricas de tecidos, roupas, alimentos, bebidas e fumo (indústrias de bens de consumo não duráveis) eram responsáveis por 70% da produção industrial brasileira.
- Em 1939, no início da Segunda Guerra Mundial, essa porcentagem havia sido reduzida para 58% por causa do aumento da participação de outros produtos, como aço, máquinas e material elétrico.
- Nessa época, a industrialização brasileira ainda contava, predominantemente, com indústrias de bens de consumo não duráveis e investimentos de capital privado nacional.
- A agricultura cafeeira – principal atividade econômica nacional até então – promoveu a construção de ferrovias para escoar a produção do interior para os portos, fortaleceu o sistema bancário e o comércio em geral para atender às necessidades crescentes nas cidades.
- A industrialização brasileira sofreu grande impulso a partir de 1929, com a crise econômica mundial decorrente da quebra da Bolsa de Valores de Nova York.
- A Revolução de 1930 abriu novas possibilidades político-administrativas em favor da industrialização, uma vez que o grupo que tomou o poder com Getúlio Vargas era nacionalista e favorável a tornar o Brasil um país industrial.
- A partir da crise de 1929, as atividades industriais passaram a apresentar índices de crescimento superiores aos das atividades agrícolas por causa dos seguintes fatores:
  a) disponibilidade de capital obtido com as exportações de café, que era aplicado no sistema financeiro e disponibilizado para o financiamento da implantação de indústrias e infraestrutura;
  b) as ferrovias, que, construídas com a finalidade principal de escoar a produção cafeeira para o porto de Santos, interligavam-se na capital paulista e constituíam um eficiente sistema de transporte;
  c) aumento na disponibilidade de mão de obra, já que muitos imigrantes que foram liberados dos cafezais pela crise se somaram aos que já residiam nas cidades;
  d) significativa produção de energia elétrica;
  e) diminuição da entrada de mercadorias estrangeiras, que poderiam competir com as nacionais.
- Nessa época a industrialização brasileira passou a germinar principalmente na cidade de São Paulo e em regiões dos estados do Rio de Janeiro, Rio Grande do Sul e Minas Gerais, e predominava, com raras exceções, o capital de origem nacional, acumulado nas atividades agroexportadoras.

Brasil: participações dos setores no PIB – 1900 a 2000

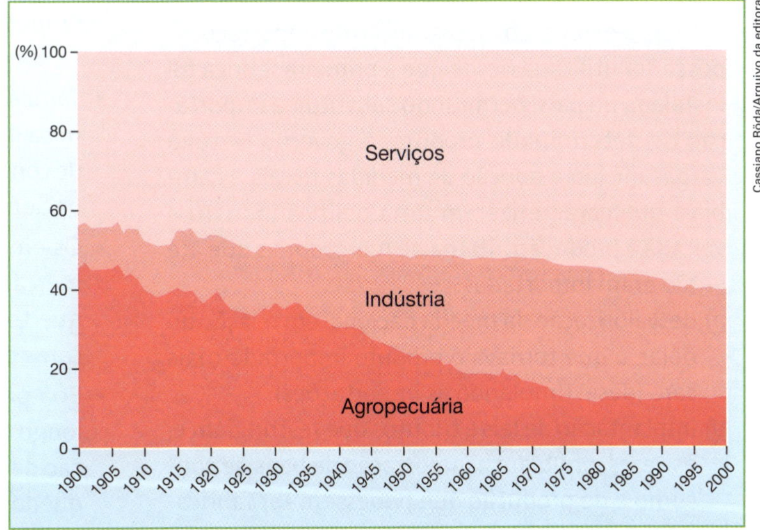

ESTATÍSTICAS do século XX. Rio de Janeiro: IBGE, 2003. p. 373. (CD-ROM).

Observe que, após 1935, a participação do setor primário no total do PIB brasileiro teve uma queda brusca, espaço que passou a ser ocupado pela participação da indústria. Segundo o Banco Mundial, em 2010 a participação da agropecuária no PIB era de 6%; da indústria, 27%; e dos serviços, 67%.

2. O governo Vargas e a política de "substituição de importações"

- Getúlio Vargas governou o país pela primeira vez de 1930 a 1945 e foi o presidente empossado pela Revolução de 1930. Nessa época, o mundo capitalista acreditava no liberalismo econômico: as forças do mercado deveriam agir livremente para promover maior desenvolvimento e crescimento econômico.
- Com a Crise de 1929, iniciou-se o modelo de intervenção estatal proposto pelo keynesianismo.
- De 1930 a 1956, a industrialização no país caracterizou-se por uma estratégia governamental de implantação de indústrias estatais nos setores de bens de produção e de infraestrutura: siderurgia (Companhia Siderúrgica Nacional – CSN), extração de petróleo e petroquímica (Petrobras) e bens de capital (Fábrica Nacional de Motores – FNM, que, além de caminhões e automóveis, fabricava máquinas e motores), e também da extração mineral (Companhia Vale do Rio Doce – CVRD) e da produção de energia hidrelétrica (Companhia Hidrelétrica do São Francisco – Chesf).
- A implantação desses setores industriais e de infraestrutura estratégica necessitava de investimentos iniciais muito elevados. Esses investimentos eram pouco atraentes ao capital privado, fosse ele nacional ou estrangeiro, porque o retorno do capital investido era muito lento.
- O Estado, então, se incumbiu de realizar esses investimentos para garantir a industrialização do país.
- Embora a expressão "substituição de importações" possa ser utilizada desde que a primeira fábrica foi instalada no país, permitindo substituir a importação de determinado produto, o governo Getúlio Vargas iniciou a adoção de medidas fiscais e cambiais que caracterizaram uma política industrial voltada à produção interna de mercadorias que até então eram importadas:
  a) desvalorização da moeda nacional em relação ao dólar, o que tornava o produto importado mais caro (desestimulando as importações);
  b) implantação de leis e tributos que restringiam e, às vezes, proibiam a importação de bens de consumo e de produção que pudessem ser fabricados internamente.
- A constituição de 1934 incluiu a regulamentação das relações de trabalho: a criação do salário mínimo, das férias anuais e do descanso semanal remunerado.
- A constituição de 1937 manteve Getúlio Vargas no poder como ditador até o fim da Segunda Guerra Mundial, em 1945, período que ficou conhecido como Estado Novo.
- Durante o Estado Novo houve forte intervenção estatal no setor de base da economia (petroquímica, siderurgia, energia elétrica e indústria de cimento, por exemplo).
- Durante a Segunda Guerra, o crescimento industrial brasileiro foi de 5,4%, uma média inferior a 1% ao ano.

3. O governo Dutra (1946-1951)

- Getúlio Vargas foi deposto em 1945 e retornou ao poder em 1951, eleito pelo povo.
- Em 1946 o general Eurico Gaspar Dutra assumiu a presidência e instituiu o Plano Salte, destinando investimentos aos setores de saúde, alimentação, transportes, energia e educação.
- O Plano Salte promoveu grande incremento da capacidade produtiva; durante a Segunda Guerra, o país exportou diversos produtos agrícolas, industriais e minerais para os países europeus em conflito, obtendo enorme saldo positivo na balança comercial.
- Essas reservas acumuladas foram utilizadas no decorrer do governo Dutra da seguinte forma:
  a) importação de máquinas e equipamentos para as indústrias têxteis e mecânicas;
  b) reequipamento do sistema de transportes;
  c) incremento da extração de minerais metálicos, não metálicos e energéticos.
- Também houve forte mudança na política econômica do país com a abertura à importação de bens de consumo, contrariando os interesses da indústria nacional.
- Os empresários nacionais defendiam a reserva de mercado, isto é, que o governo adotasse medidas que tornassem as mercadorias importadas mais caras ou mesmo proibissem sua entrada no país.
- Boa parte das reservas cambiais acumuladas ao longo da Segunda Guerra foi utilizada na importação de cremes dentais, geladeiras, chocolates, brinquedos, artigos decorativos e muitos outros produtos que agradavam à classe média.
- Ao utilizar as reservas cambiais, o governo foi obrigado a desvalorizar o cruzeiro em relação ao dólar e emitir papel-moeda, o que provocou inflação e consequente queda de poder aquisitivo dos salários.

- Na época se fortaleceu o embate entre as três teorias de desenvolvimento que embasavam, na primeira metade do século XX, o debate político sobre as estratégias a serem adotadas para estimular o crescimento econômico – a neoliberal, a desenvolvimentista-nacionalista e a nacionalista radical.

4. O retorno de Getúlio e da política nacionalista

Em 1951, com o retorno de Getúlio Vargas à Presidência, foi retomado o projeto nacionalista, com investimentos em setores que davam suporte e impulsionavam o crescimento econômico e a intervenção estatal na economia:

- sistemas de transportes e comunicações;
- produção de energia elétrica e petróleo;
- restrição à importação de bens de consumo;
- criação da Petrobras (1953) e do Banco Nacional de Desenvolvimento Econômico e Social – BNDES (1952).

5. Juscelino Kubitschek e o Plano de Metas

- Durante o governo de Juscelino Kubitschek (1956-1961) foi implantado o chamado Plano de Metas, com as seguintes estratégias:
  a) investimentos estatais em agricultura, saúde, educação, energia, transportes, mineração e construção civil, para atrair investimentos estrangeiros;
  b) fazer o país crescer "50 anos em 5";
  c) interiorizar a ocupação do território, com a transferência da capital federal do Rio de Janeiro para Brasília, inaugurada em 1960;
- 73% dos investimentos dirigiram-se aos setores de energia e transportes.
- Houve expressivo ingresso de capital estrangeiro, responsável por grande crescimento da produção industrial, principalmente nos setores automobilístico, químico-farmacêutico e de eletrodomésticos.
- Ao longo do governo JK consolidou-se o tripé da produção industrial nacional, formado pelas indústrias:
  a) de bens de consumo não duráveis, que desde a segunda metade do século XIX já vinham sendo produzidos, com amplo predomínio do capital privado nacional;
  b) de bens de produção e bens de capital, que contaram com investimento estatal nos governos de Getúlio Vargas;
  c) de bens de consumo duráveis, com forte participação de capital estrangeiro, como vimos anteriormente.
- O sucesso do Plano de Metas resultou num significativo aumento da inflação e da dívida externa, contraída para financiar seus investimentos.
- A opção pelo transporte rodoviário, sistema não recomendável em países territorialmente extensos como o nosso, marcou economicamente o Brasil de forma duradoura, diminuindo a competitividade dos produtos brasileiros no mercado internacional, com consequências até os dias atuais.
- A concentração do parque industrial no Sudeste determinou a implementação de uma política federal de planejamento econômico para o desenvolvimento das demais regiões. Em 1959, foi criada a Superintendência do Desenvolvimento do Nordeste (Sudene) e, nos anos seguintes, foram criados dezenas de outros órgãos de planejamento.

6. O governo João Goulart e a tentativa de reformas

- João Goulart, conhecido como Jango, assumiu a presidência após a renúncia de Jânio Quadros, empossado poucos meses antes, em setembro de 1961.
- Sua posse ocorreu após a instauração do parlamentarismo, que reduziu os poderes do chefe do Executivo (Presidente).
- Durante o período parlamentarista do governo João Goulart (até início de 1963) houve aumento da inflação e do desemprego e redução nas taxas de crescimento.
- Após a realização de um plebiscito, em 6 de janeiro de 1963 houve o retorno ao presidencialismo e foram encaminhadas as reformas de base, com as seguintes diretrizes:
  a) reforma dos sistemas tributário, bancário e eleitoral;
  b) regulamentação dos investimentos estrangeiros e da remessa de lucros ao exterior;
  c) reforma agrária;
  d) maiores investimentos em educação e saúde.
- Tal política foi tachada de comunista pelos setores mais conservadores da sociedade civil e militar, criando as condições para o golpe militar de 31 de março de 1964.

7. O período militar

- Em 1º de abril de 1964 teve início o regime militar, com uma estrutura de governo ditatorial.
- O Brasil possuía o 43º PIB do mundo capitalista e uma dívida externa de 3,7 bilhões de dólares.
- Em 1985, ao término do regime, o Brasil apresentava o 9º PIB do mundo capitalista e sua dívida externa era de aproximadamente 95 bilhões de dólares.
- O parque industrial cresceu de forma bastante significativa e a infraestrutura nos setores de energia, transportes e telecomunicações se modernizou.
- No entanto, a desigualdade social aprofundou-se muito nesse período, concentrando a renda nos estratos mais ricos da sociedade.
- Segundo o IBGE e o Banco Mundial, em 1960, os 20% mais ricos da sociedade brasileira dispunham de 54% da renda nacional; em 1970 passaram a contar com 62%, e em 1989, com 67,5%.
- Entre 1968 e 1973, período conhecido como o do "milagre econômico", a economia brasileira desenvolveu-se em ritmo acelerado. Esse ritmo de crescimento foi sustentado por investimentos governamentais que promoveram grande expansão na oferta de alguns serviços prestados por empresas estatais, como energia, transporte e telecomunicações.
- No entanto, várias obras tinham necessidade, rentabilidade ou eficiência questionáveis, como as rodovias Transamazônica e Perimetral Norte e o acordo nuclear entre Brasil e Alemanha.
- O capital estrangeiro penetrou em vários setores da economia, principalmente na extração de minerais metálicos (projetos Carajás, Trombetas e Jari – na Amazônia), na expansão das áreas agrícolas (monoculturas de exportação), nas indústrias química e farmacêutica, e na fabricação de bens de capital (máquinas e equipamentos) utilizados pelas indústrias de bens de consumo.
- Como o aumento dos preços dos produtos (inflação) não era integralmente repassado aos salários, a taxa de lucro dos empresários foi ampliada com a diminuição do poder aquisitivo dos trabalhadores.
- Aumentava-se, assim, a taxa de reinvestimento dos lucros em setores que gerariam empregos principalmente para os trabalhadores qualificados e excluiriam os pobres, o que deu continuidade ao processo histórico de concentração da renda nacional.
- Nesse contexto, as pessoas da classe média que tinham qualificação profissional viram seu poder de compra ampliado, quer pela elevação dos salários em cargos que exigiam formação técnica e superior, quer pela ampliação do sistema de crédito bancário, permitindo maior financiamento do consumo.
- Já os trabalhadores sem qualificação tiveram seu poder de compra diminuído e ainda foram prejudicados com a degradação dos serviços públicos, sobretudo os de educação e saúde.
- No final da década de 1970, os Estados Unidos promoveram a elevação das taxas de juros no mercado internacional, reduzindo os investimentos destinados aos países em desenvolvimento. Além de sentir essa redução, a economia brasileira teve de arcar com o pagamento crescente dos juros da dívida externa, contraída com taxas flutuantes.
- Para expandir as exportações e aumentar o ingresso de dólares na economia, foram adotadas as seguintes medidas:
  a) redução do poder de compra dos assalariados, conhecido como arrocho salarial;
  b) subsídios fiscais para exportação (cobrava-se menos imposto por um produto exportado que por um similar vendido no mercado interno);
  c) negligência com o meio ambiente, levando ao aumento de diversas formas de poluição, erosão e de outras agressões ao meio natural;
  d) desvalorização cambial: a valorização do dólar em relação ao cruzeiro (moeda da época) facilitava as exportações e dificultava as importações;
  e) diminuição do poder aquisitivo das famílias para combater o aumento dos preços.
- Essas medidas favoreceram a venda de produtos no mercado externo, mas prejudicaram o mercado interno, reduzindo o poder de compra do brasileiro.
- Nessa época, o governo aumentou os impostos de importação não apenas para bens de consumo, como também para os bens de capital e bens intermediários, o que reduziu a competitividade do parque industrial brasileiro frente ao exterior ao longo dos anos 1980.
- Os industriais não tinham capacidade financeira para importar novas máquinas e, por causa da falta de competição com produtos importados, não havia incentivos à busca de maior produtividade e qualidade dos produtos.

- Os efeitos sociais dessa política econômica se agravaram com a crise mundial, que se iniciou em 1979 e provocou elevação das taxas de juros da dívida externa, que atingiram, em 1982, o recorde histórico de 14% ao ano.
- Durante a década de 1980 e o início da de 1990, formou-se a ciranda financeira:
  a) o governo emitia títulos públicos para captar o dinheiro depositado pela população nos bancos;
  b) como as taxas de juros oferecidas internamente eram muito altas, muitos empresários deixavam de investir no setor produtivo – o que geraria empregos e estimularia a economia aumentando o PIB – para investir no mercado financeiro.
- Essa "ciranda" criava a necessidade de emissão de moeda em excesso, o que elevou os índices de inflação.
- Durante a ditadura, o Estado brasileiro adquiriu empresas em quase todos os setores da economia utilizando recursos públicos, em parte acumulados com o pagamento de impostos por toda a população.
- Em 1985, cerca de 20% do PIB era produzido em empresas estatais, enquanto os serviços tradicionalmente públicos, como saúde e educação, estavam se deteriorando por causa da falta de recursos, que eram redirecionados dos setores sociais para os produtivos.
- O período dos governos militares no Brasil caracterizou-se pela apropriação do poder público por agentes que desviaram os interesses do Estado para as necessidades empresariais.
- Durante o período do regime militar, o processo de industrialização e de urbanização continuou avançando, resultando em significativa melhora nos índices de natalidade e mortalidade, que registraram queda, além do aumento da expectativa de vida.
- A interpretação desse fato deve levar em conta o intenso êxodo rural, já que nas cidades aumentou o acesso a saneamento básico e atendimento médico-hospitalar, bem como a remédios e programas de vacinação em postos de saúde, e a melhoria da qualidade de vida de muitos migrantes nos centros urbanos.
- O fim do período militar ocorreu em 1985, depois de várias manifestações populares a favor das eleições diretas para presidente da República.

Exercícios resolvidos

1. (UERJ)

Volks na Amazônia

Em 1973, Wolfgang Sauer foi chamado para conversar com os executivos alemães da Volkswagen na sede alemã da empresa. Voltou como o chefe da maior fábrica de automóveis em funcionamento do hemisfério sul, instalada em São Paulo. No mesmo ano, quando foi a Brasília conversar com o ministro do interior, Rangel Reis, este lhe disse que o governo federal queria mudar a diretriz da ocupação da Amazônia. Desde o início da construção da Transamazônica, três anos antes, a ênfase era na colonização. Essa diretriz, de objetivos sociais, não atendia mais à prioridade definida pelo terceiro governo militar desde o golpe de Estado de 1964: tornar a Amazônia uma fonte de divisas para o país.

Adaptado de: <br.noticias.yahoo>. Acesso em: 20 ago. 2014.

O texto da reportagem faz referência a duas fases distintas da política territorial na Amazônia durante o regime militar.

Dois exemplos dessa política de ocupação, para o período 1964/1973 e para o período 1973/1985, respectivamente, foram as implantações de:

a) polos de turismo e lazer – extensas redes ferroviárias inter-regionais
b) centros comerciais fronteiriços – imensas áreas de monocultura de soja
c) distritos industriais exportadores – numerosas áreas de produção de borracha
d) assentamentos de agricultura familiar – grandes projetos de grupos empresariais

Resposta

A primeira fase da estratégia militar de ocupação da Amazônia criou as agrovilas, que consistiam em assentamento de famílias sem-terra, principalmente nordestinas, com a intenção de reduzir a pressão por realização de reforma agrária em regiões de ocupação consolidada; na segunda fase, a estratégia foi incentivar a instalação de grandes projetos de extração mineral, com destaque para o Projeto Carajás, e de produção agropecuária, com a doação de grandes áreas a quem se dispusesse a cultivar ou criar gado desmatando a floresta. A resposta correta é o item **D**.

2. (UFPE)

Certamente a Amazônia brasileira hoje não é mais a mesma dos anos 1960. Intensas transformações ocorrem na região, mas esse fato é apreendido de forma variada segundo motivações e interesses de diferentes atores, ou nem mesmo é percebido por grande parte da própria nação brasileira. Perduram imagens obsoletas sobre a re-

gião, verdadeiros mitos. Não apenas mitos tradicionais da terra exótica e dos espaços vazios, mas também mitos recentes que obscurecem a realidade regional e dificultam a elaboração de políticas públicas adequadas ao seu desenvolvimento.

BECKER, Bertha K. *Amazônia*: nova geografia, nova política regional e nova escala de ação.

Sobre o assunto abordado no texto, é correto afirmar que:

( ) a industrialização foi um processo que possibilitou transformações estruturais na Amazônia. Na região, predominavam as atividades extrativistas, passando a mesma a ocupar um lugar de destaque no país, no que concerne à produção mineral e à produção de bens de consumo duráveis.

( ) os solos da Amazônia, que atraem fortemente o agronegócio, são muito ricos em nutrientes, pois inexistem, em grande parte da região, processos de lixiviação, que empobrecem os horizontes do solo.

( ) a importância da escala do capital natural da Amazônia sul-americana, sendo um dos mais extensos do planeta, constitui um trunfo para o desenvolvimento se adequadamente aproveitado com tecnologias avançadas; é também um fator poderoso de barganha no cenário econômico e político do mundo.

( ) o esgotamento do nacional desenvolvimentismo, as mudanças estruturais, o processo de globalização e não menos importantes processos de organização da sociedade civil provocaram uma rápida e abrangente mudança na Amazônia e no país.

( ) o processo de ocupação da Amazônia, imposto pelo Governo central, foi caracterizado pela inexistência de conflitos de terra e de territorialidade, durante o regime de exceção estabelecido em 1964.

Resposta

A sequência correta é: V – F – V – V – F.

A primeira proposição é verdadeira, destacando-se a criação da Zona Franca de Manaus e o Projeto Carajás; na Amazônia predominam solos arenosos; a enorme biodiversidade e o tamanho da floresta permitem a exploração sustentável de seus recursos; o projeto desenvolvimentista provocou desmatamento de extensas áreas de floresta, estratégia que nos dias de hoje é bastante criticada em prol da busca do desenvolvimento sustentável; durante a ocupação promovida ao longo do regime militar, houve grande quantidade de conflitos envolvendo posseiros, grileiros e povos indígenas.

Exercícios propostos

Testes

1. (ESPM-SP) Sobre o processo industrial brasileiro, são feitas as seguintes afirmações:

I. A concentração de capitais proporcionada pela economia cafeeira favoreceu o desenvolvimento industrial paulista.

II. A ocorrência de combustíveis fósseis, em especial o carvão, foi um dos motivos que levou à concentração industrial no Sudeste.

III. A designada "guerra fiscal" e a organização sindical contribuíram para a desconcentração verificada a partir do último quartel do século XX.

IV. O desenvolvimento desigual brasileiro reflete-se na disparidade da espacialização industrial do país.

V. Responsável pela maior fatia do parque industrial brasileiro, igualmente, a maior concentração siderúrgica do país localiza-se no estado de São Paulo.

São corretas:

a) I, II e III.
b) I, III e IV.
c) I, III e V.
d) II, III e V.
e) III, IV e V.

2. (UFPA) A atividade industrial e a industrialização brasileira estão desigualmente distribuídas pelas regiões do país. Construídas predominantemente no século XX, elas são componentes da modernização urbana que reinventa nossa sociedade e dinâmica espacial. Sobre a indústria e industrialização brasileira, é correto afirmar:

a) A industrialização tem suas raízes fincadas na economia da cana-de-açúcar e do café, que possibilitou a acumulação de capital necessária para a diversificação em investimentos no setor industrial, e esse fato permitiu a produção de bens de consumo duráveis, sobretudo automóveis e eletrodomésticos.

b) A indústria nasce dos capitais restantes do declínio da economia da cana-de-açúcar e do café. Esses capitais impulsionaram uma diversidade de pequenas indústrias de produção de bens de consumo não duráveis, tais como perfumaria, cosméticos, bebidas, cigarros, que apoiadas pelo Estado se difundiram pelo país.

c) A ação do Estado foi fundamental para desencadear o processo de industrialização brasileira, por exemplo, criando empresas estatais, como a antiga Companhia Vale do Rio Doce e a Companhia

Siderúrgica Nacional, para investir na indústria de base. Sem elas não seria possível a implantação de indústria de bens de consumo duráveis.

d) A industrialização brasileira é fruto da capacidade inovadora do Estado e do empresariado nacional. Este último não mediu esforços para construir em todo o território nacional sistemas de transporte, comunicação, energia e portos, necessários à circulação de bens, serviços e pessoas por todas as regiões.

e) A industrialização brasileira se tornou possível a partir de investimentos do capital internacional, que não mediu esforços para construir em todo o território nacional sistemas de transporte, comunicação, energia e portos, necessários à circulação de bens, serviços e pessoas por todas as regiões.

3. (UFTM-MG) Analise o mapa, que representa as concentrações industriais no Brasil.

Concentrações industriais no Brasil

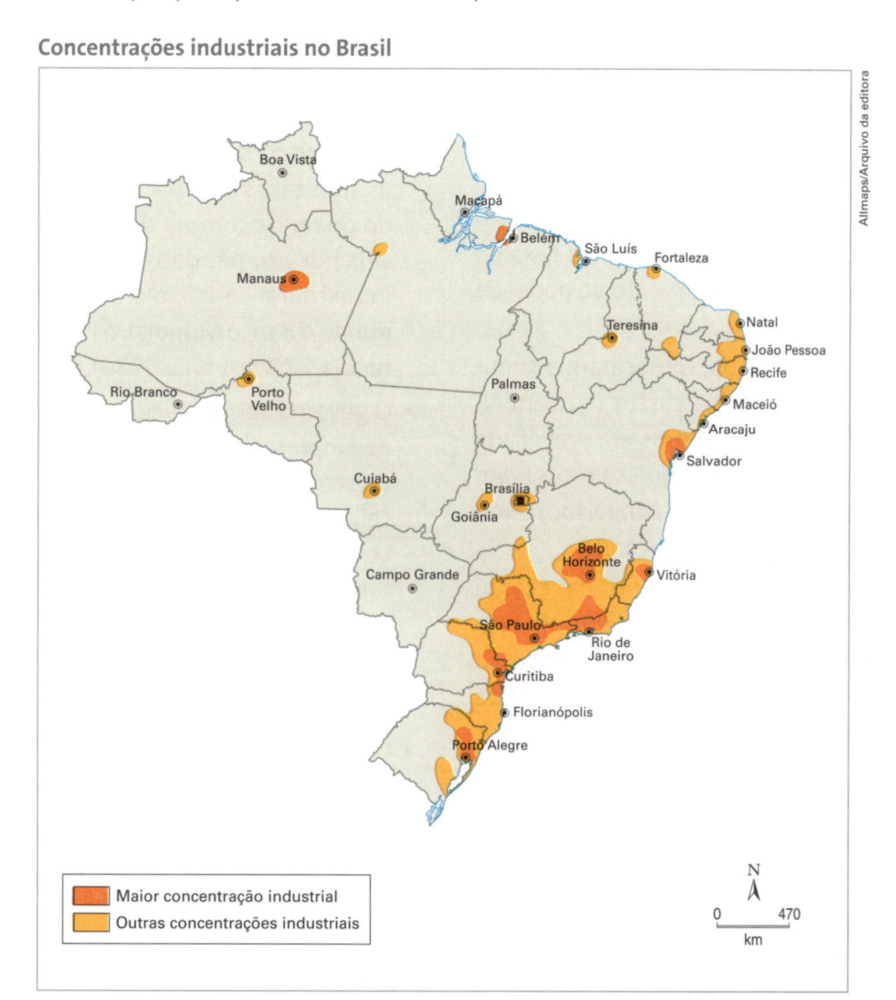

Adaptado de: IBGE, 1992.

A partir da análise do mapa e de seus conhecimentos, assinale a alternativa correta.

a) As economias de aglomeração, no sul do país, impulsionaram o crescimento das pequenas cidades.

b) As fábricas instalaram-se em regiões de baixa densidade demográfica.

c) Os centros industriais pioneiros provocaram o declínio financeiro das grandes cidades administrativas do sudeste.

d) Os processos de industrialização do Brasil promoveram a concentração espacial da riqueza.

e) As concentrações industriais no Brasil acompanharam as linhas de fronteiras agrícolas.

Questão

4. (Unifesp) Comparando-se dois momentos do processo de industrialização brasileira, a década de 1930 e a década de 1950, responda:

a) Quais são as diferenças, com relação ao mercado externo, entre esses dois momentos?

b) Quais transformações a industrialização trouxe para a organização espacial brasileira?

MÓDULO 24 • A economia brasileira a partir de 1985

1. O plano cruzado

- José Sarney assumiu o cargo de presidente da República em 15 de março de 1985.
- Com o **Plano Cruzado**, lançado em 28 de fevereiro de 1986, houve o **congelamento** de preços e salários.
- Com exceção do salário mínimo, todos os salários foram definidos com base no poder de compra médio dos últimos seis meses, acrescidos de um abono de 8%.
- Esse aumento salarial, associado ao aumento dos prazos de financiamento dos crediários para a compra de bens de consumo e ao controle da taxa de câmbio, promoveu rápido crescimento do poder de compra dos assalariados.
- Com o aumento da demanda, começaram a sumir produtos das prateleiras, e a escassez (que em alguns casos era real, mas em outros era provocada por fabricantes e comerciantes, que se recusavam a vender seus produtos pelo preço congelado) levou à cobrança de ágio na comercialização.
- Nessa época, como o Brasil possuía uma das economias mais fechadas do mundo ocidental (nossa abertura comercial se iniciou em 1990), não havia possibilidade de o governo liberar a importação de bens de consumo para combater o aumento dos preços.
- O retorno dos reajustes de preços ocorreu com rapidez e, consequentemente, a inflação voltou a subir em decorrência da:
  a) cobrança de ágio na comercialização de produtos;
  b) falta de concorrência dos produtos importados;
  c) contínua elevação nas cotações do dólar em relação à moeda nacional (o que provocava a elevação dos preços de todos os produtos importados, como petróleo, trigo e máquinas);
  d) manutenção do *deficit* público, que alimentava novamente a ciranda financeira.
- Logo após as eleições de outubro de 1986, foi lançado o **Plano Cruzado II**, com grandes reajustes nas tarifas públicas e forte aumento nos impostos indiretos, reduzindo o poder de compra da população.
- Em fevereiro de 1987, foi abolido o controle oficial de preços e a correção monetária voltou a ser mensal, para acompanhar o descontrole inflacionário.
- Também foi decretada a moratória do pagamento da dívida externa, o que bloqueou imediatamente o ingresso de capital estrangeiro no país e criou grandes dificuldades de negociação no mercado internacional.
- Uma das principais heranças do governo Sarney foi uma altíssima inflação: 53% em dezembro de 1989, atingindo 85% em março de 1990, quando o mandato se encerrou.
- Ao longo da década de 1980, a ciranda financeira e as altas taxas de inflação, com a consequente perda do poder de compra dos salários, foram responsáveis por um período de estagnação na produção industrial e de baixo crescimento econômico (segundo o Banco Mundial, o PIB brasileiro cresceu em média 2,7% nos anos 1980).
- O governo Sarney iniciou o processo de privatização de empresas estatais, começando a retirar o Estado do setor produtivo para concentrar sua ação na fiscalização e na regulamentação. Foram vendidas dezessete empresas estatais, das quais as mais importantes foram a Aracruz Celulose, a Caraíba Metais e a Eletrossiderúrgica Brasileira (Sibra).

2. O plano Collor

- Fernando Collor foi eleito presidente da República em 1990.
- Um dia depois da posse, o novo governo lançou o **Plano Collor**, baseado no **confisco** generalizado por dezoito meses dos depósitos bancários em dinheiro superiores a 50 mil cruzeiros (cerca de R$ 7190,00, em valores de novembro de 2013, usando o IPCA como indexador, ou R$ 2980,00, caso se utilize o dólar como referência).
- A falta de dinheiro em circulação reduziu a inflação, de 85% ao mês em março, para 14% em abril de 1990.
- Podiam ser liberados depósitos de empresas para pagamento de salários e dinheiro de pessoas doentes que necessitavam de tratamento médico, entre outros casos.
- Como havia exceções que permitiam a liberação dos recursos bloqueados, aumentavam as pressões exercidas por políticos e lobistas para obtê-las, o que se tornou grande fonte de corrupção.

- As empresas e os trabalhadores receberam seu dinheiro de volta em dezoito parcelas, que começaram a ser pagas após dezoito meses de confisco.
- Segundo cálculos divulgados na época, o poder de compra do dinheiro devolvido havia se reduzido em aproximadamente 40%, uma vez que os índices de reajuste utilizados foram menores que os da inflação.
- Além do confisco monetário, o Plano Collor apoiava-se em outros três pontos:
  a) diminuição da participação do Estado no setor produtivo por meio da privatização de empresas estatais (dezoito empresas, com destaque para Usiminas e Embraer) e da concessão à iniciativa privada da exploração de rodovias, portos, ferrovias e hidrelétricas, entre outros;
  b) eliminação dos monopólios do Estado em telecomunicações e petróleo, e fim da discriminação ao capital estrangeiro, que, entre outros investimentos, poderia participar dos leilões de privatização;
  c) abertura da economia ao ingresso de produtos e serviços importados por meio da redução e/ou eliminação dos impostos de importação, reservas de mercado e cotas de importação.
- Em setembro de 1992, houve a realização de vários comícios populares nas maiores cidades brasileiras para protestar e pedir o *impeachment* do presidente, com base em denúncias de corrupção e tráfico de influência.
- Em dezembro do mesmo ano, antes que o processo de cassação fosse votado em plenário, Collor renunciou, deixando como herança uma inflação de 25% ao mês.

3. A abertura comercial, a privatização e as concessões de serviços

- A **abertura do mercado brasileiro** aos bens de consumo e de capital iniciada em 1990 foi facilitada pela redução dos impostos de importação.
- A compra de máquinas e equipamentos industriais de última geração, no exterior, promoveu a modernização do parque industrial e o aumento da produtividade, mas também causou grande elevação nos índices de desemprego estrutural.
- No setor de bens de consumo, a entrada de produtos importados de países que aplicavam elevados subsídios às exportações e pagavam baixíssimos salários (com destaque para a China, nos setores de calçados, têxteis e de brinquedos) provocou a falência de muitas indústrias nacionais, contribuindo para elevar ainda mais o desemprego.
- Em contrapartida, a concorrência com mercadorias importadas fez com que a qualidade de muitos produtos nacionais melhorasse e provocou significativa redução dos preços, beneficiando os consumidores.
- Na indústria automobilística a abertura econômica propiciou um aumento no número de fábricas e uma diversificação de marcas, além de uma dispersão espacial (até então existiam indústrias automobilísticas apenas em São Paulo e Minas Gerais).

Brasil: principais centros da indústria automobilística – 2013

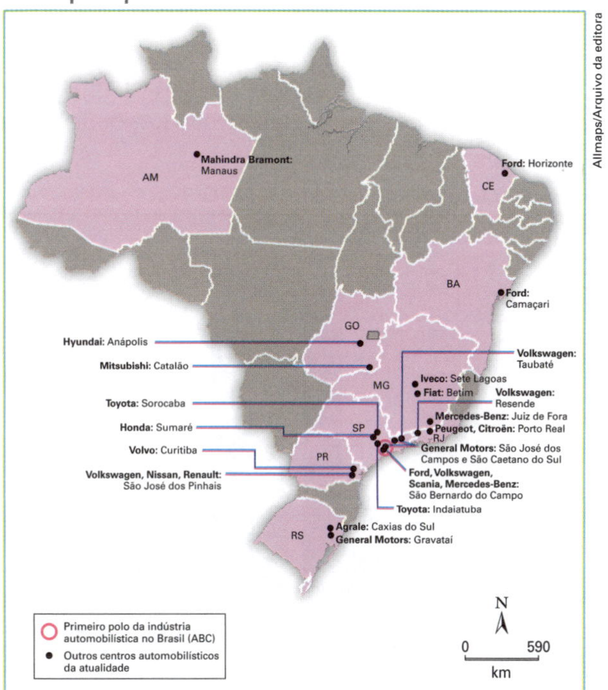

Organizado pelos autores com dados da Associação Nacional dos Fabricantes de Veículos Automotores (Anfavea). Disponível em: <www.anfavea.com.br>. Acesso em: 19 mar. 2014.

- A maioria das empresas privatizadas, quando era estatal, dependia de recursos do governo e não pagava diversos tipos de imposto.
- Com a privatização, os governos federal, estaduais e municipais trocaram uma fonte de prejuízos por uma maior arrecadação de impostos.
- Nos setores de transportes e telecomunicações, além de as empresas serem deficitárias, os sistemas estavam muito deficientes.
- Uma linha telefônica era considerada um patrimônio pessoal (três anos antes da privatização do sistema Telebrás), chegando a custar 5 mil reais (praticamente 5 mil dólares) no mercado paralelo em 1995.

- Com a privatização e a concessão de exploração dos serviços públicos, esses setores receberam investimentos privados, se expandiram e passaram a operar em condições melhores que anteriormente, à custa de aumento nas tarifas.
- O Estado continua legalmente comandando todos os setores concedidos e privatizados por intermédio da ação de agências reguladoras: Agência Nacional de Energia Elétrica (Aneel), Agência Nacional de Telecomunicações (Anatel), Agência Nacional do Petróleo (ANP), Agência Nacional de Transportes Terrestres (ANTT), entre outras.
- Por meio dessas agências, o Estado brasileiro regula e fiscaliza os serviços e controla o valor das tarifas praticadas em cada um dos setores.
- As empresas de telefonia continuam com sérios problemas técnicos e de atendimento ao consumidor, prestando serviços com qualidade inferior à de congêneres dos países desenvolvidos, onde fica a sede de algumas delas.

Brasil: telefonia móvel e fixa – 2013

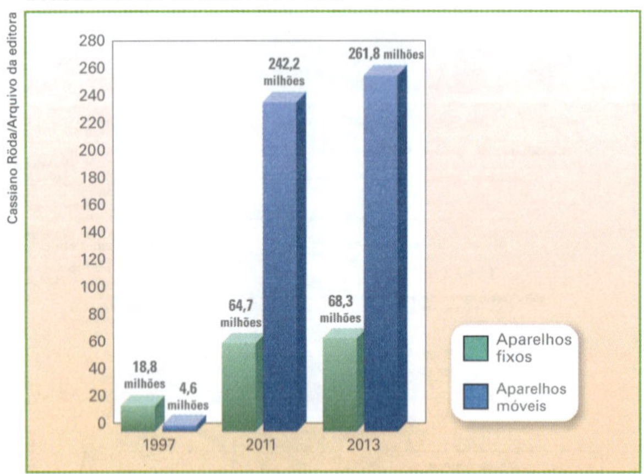

Agência Nacional de Telecomunicações (Anatel). Disponível em: <www.anatel.gov.br>. Acesso em: 19 mar. 2014.

Brasil: telefones para cada 100 habitantes – 2013

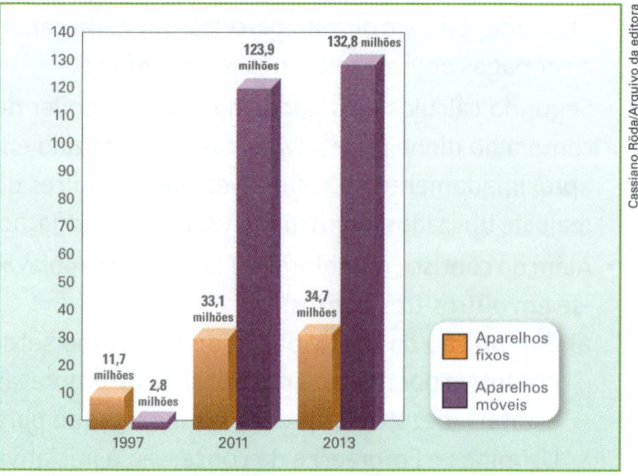

Agência Nacional de Telecomunicações (Anatel). Disponível em: <www.anatel.gov.br>. Acesso em: 19 mar. 2014.

A forte expansão no setor de telefonia no período de 1997 a 2012 demandou investimentos estimados em US$ 20 bilhões. Como existia interesse do setor privado em investir e o Estado não possuía recursos, ou preferia dar outro destino ao dinheiro, o governo optou por privatizar o setor para atrair investimentos.

- Uma das principais críticas ao processo de privatização e concessão refere-se à desnacionalização provocada por esse processo.
- Com as privatizações e a abertura da economia brasileira, houve forte ingresso de capital estrangeiro e aumento na remessa de *royalties*.
- Para equilibrar o balanço de pagamentos, as estratégias principais são o incentivo às exportações, o aumento no fluxo de investimentos estrangeiros, a internacionalização de empresas brasileiras, entre outras.
- O Brasil ainda tem uma economia muito fechada do ponto de vista comercial quando comparada à de outros países, tanto os desenvolvidos quanto alguns emergentes.

4. O plano real

- Itamar Franco assumiu o comando do governo brasileiro por pouco mais de dois anos (de outubro de 1992 até o final de 1994).
- Nos primeiros sete meses de seu mandato, as taxas de inflação se mantiveram muito altas (observe o gráfico) e o crescimento econômico, muito baixo.

Brasil: inflação (índice mensal oficial – IPCA*/IBGE)

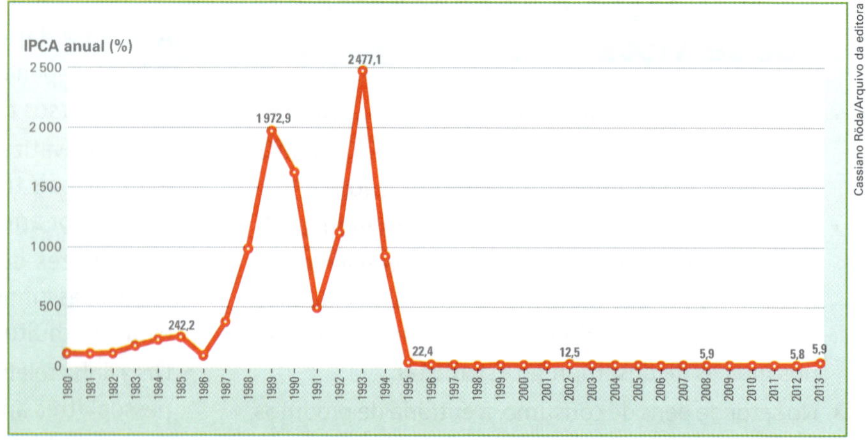

IBGE. Disponível em: <www.ibge.gov.br/series_estatisticas>. Acesso em: 19 mar. 2014.

* IPCA – Índice de Preços ao Consumidor Amplo: é o índice oficial do Governo Federal para medição das metas inflacionárias.

- O Plano Real, que permitiu controlar a inflação depois de sete pacotes malsucedidos, foi lançado em março de 1994 e se baseava na paridade entre a nova moeda, o **real**, e o dólar, com cotação de R$ 1,00 = US$ 1,00.
- Para controlar o câmbio, o governo elevou as taxas de juros, com a intenção de atrair capitais especulativos do exterior e aumentar as reservas de dólares do Banco Central.
- No início do Plano Real houve aumento de 28% no poder aquisitivo da população de baixa renda. Esse aumento no poder de compra incluiu no mercado de consumo muitas famílias que estavam abaixo da linha de pobreza, estimulando o aumento da produção industrial.
- Entretanto, o Banco Central foi forçado a manter os juros elevados em razão:
  a) da falta de empenho do governo e da conduta da oposição, contrária aos projetos de reforma enviados ao Congresso;
  b) do *deficit* comercial resultante da manutenção de uma taxa de câmbio irreal;
  c) da ocorrência de crises externas que reduziram a entrada de dólares na economia brasileira.
- A manutenção de juros altos inibiu o desenvolvimento das atividades produtivas, limitando o crescimento do PIB.
- A partir de 1997 os ganhos de renda da população de menor poder aquisitivo foram praticamente anulados pelo aumento dos índices de desemprego e de inflação não repassada aos salários.
- Em janeiro de 1999 houve uma **maxidesvalorização do real**: o dólar subiu de cerca de R$ 1,60 para R$ 2,20. Essa nova cotação deu início a um aumento nas exportações e a uma redução no volume de bens importados.
- Ao longo do governo Lula (2003-2010), a cotação do dólar recuou para cerca de R$ 1,80, e as taxas de juros caíram para 8,75% ao ano (dados de janeiro de 2010), pois não houve mudanças bruscas quanto à política econômica vigente:
  a) estabelecimento de metas para a inflação;
  b) responsabilidade fiscal com aumento do *superavit* primário, que em 2002 aumentou de 3,75% para 4,25% do PIB;
  c) elevação nas taxas de juros do Banco Central, atingindo 26,5% em abril de 2003, a partir de quando foi passando por lentas reduções;
  d) manutenção do câmbio flutuante;
  e) garantia de cumprimento dos contratos;
  f) ampliação da rede de proteção social com aumento da transferência direta de renda para a população de baixo poder aquisitivo.
- Além de, em linhas gerais, dar continuidade à política econômica do governo Fernando Henrique Cardoso (FHC), o governo Lula tomou medidas que:
  a) cessaram as privatizações e concessões de serviços públicos;
  b) aumentaram os *superavits* comerciais;
  c) ampliaram os programas de transferência de renda à população carente;
  d) melhoraram a confiança dos investidores estrangeiros no Brasil – o risco-país caiu para cerca de 200 pontos;
  e) elevaram a cotação dos títulos da dívida pública emitidos pelo governo brasileiro;
  f) elevaram as reservas internacionais, o que levou o país a quitar sua dívida com o FMI e se tornar credor em dólar, em vez de devedor (segundo o Banco Central do Brasil, em 4 de dezembro de 2012, as reservas atingiram 378 bilhões de dólares, superando os compromissos internacionais do país);
  g) elevaram a dívida interna (resultante da emissão de títulos da dívida pública que foram trocados por títulos da dívida externa) de R$ 684 bilhões para R$ 1,9 trilhão entre abril de 2002 e outubro de 2012.

Brasil: taxas médias anuais de crescimento do PIB

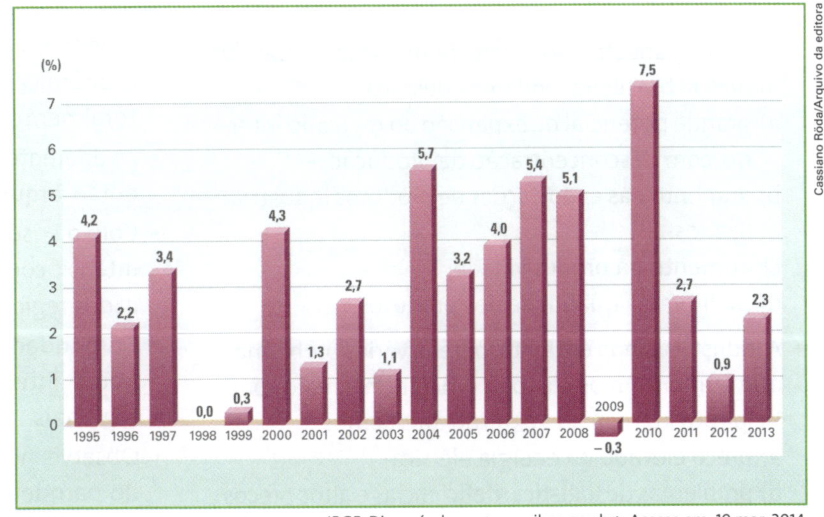

IBGE. Disponível em: <www.ibge.gov.br>. Acesso em: 19 mar. 2014.

- Em 2011 foi empossada como presidente da República sucedendo Lula, Dilma Rousseff, ex-ministra.
- Os primeiros dois anos de seu governo foram marcados por baixo crescimento do PIB (2,3% em 2011 e 0,9% em 2012) e manutenção das linhas gerais da política econômica de seu antecessor.
- Ao longo dos oito anos de governo Lula e da primeira metade do governo Dilma, os investimentos em infraestrutura foram insuficientes para sustentar um crescimento econômico mais acelerado.
- Houve deterioração na qualidade de alguns serviços públicos, com destaque para o transporte aéreo e a transmissão de energia elétrica, que apresentaram alguns episódios de grande transtorno aos usuários.
- Para enfrentar a necessidade de novos investimentos em transportes, energia e outros setores, em 2012 o governo Dilma retomou o projeto de FHC para atrair investimentos privados por meio da concessão da administração de usinas, aeroportos, portos, rodovias e ferrovias à iniciativa privada.

5. Estrutura e distribuição da indústria brasileira

- A modernização do parque industrial ganhou impulso com a instalação de diversos parques tecnológicos (ou tecnopolos) espalhados pelo país, que estimulam a parceria entre as universidades, as instituições de pesquisa e as empresas privadas e buscam maior competitividade e desenvolvimento de produtos.
- No Brasil, os parques tecnológicos aparecem em todas as regiões, num total de 55 espalhados pelo país em 2012.
- Entre os aspectos positivos da dinâmica atual da indústria brasileira, podemos destacar:
  a) grande potencial de expansão do mercado interno, com desconcentração da produção;
  b) aumento nas exportações de produtos industrializados;
  c) aumento na produtividade;
  d) melhora da qualidade dos produtos.
- A indústria ainda enfrenta, porém, vários problemas que aumentam os custos e dificultam a maior participação no mercado externo, tais como:
  a) preço elevado da energia elétrica;
  b) problemas de logística: deficiências e altos preços nos transportes;
  c) baixo investimento público e privado em desenvolvimento tecnológico;
  d) baixa qualificação da força de trabalho;
  e) elevada carga tributária;
  f) barreiras tarifárias e não tarifárias impostas por outros países.
- A partir da metade da década passada, a participação percentual do setor industrial na composição do PIB vem sofrendo reduções.

6. Desconcentração da atividade industrial

- Em função de fatores históricos e de novos investimentos em infraestrutura de energia e transportes, entre outros, o parque industrial brasileiro vem se desconcentrando. Observe a tabela abaixo.

Distribuição regional do valor da transformação industrial – 1970-2010

Região	Participação (%)			
	1970	1980	1993	2011
Sudeste	80,7	72,6	69,0	60,7
Sul	12,0	15,8	18,0	18,7
Nordeste	5,7	8,0	8,0	9,3
Norte e Centro-Oeste	1,6	3,6	5,0	11,3

IBGE. *Pesquisa industrial anual – Empresa 2011.* Disponível em: <www.ibge.com.br>. Acesso em: 19 mar. 2014; ROSS, J. (Org.). *Geografia do Brasil.* São Paulo: Edusp, 2011. p. 377. (Didática 3).

- Até a década de 1930, a organização espacial das atividades econômicas era dispersa. As atividades econômicas regionais progrediam de forma quase totalmente autônoma.
- As diferentes regiões do país eram consideradas, até então, **arquipélagos econômicos regionais**.
- Com a crise do café e o impulso à industrialização, intensificou-se um processo de integração dos mercados regionais.
- Comandado pelo eixo São Paulo-Rio de Janeiro, houve interligação dos arquipélagos econômicos regionais.
- Observe, no mapa a seguir, a grande concentração do parque industrial no Centro-Sul do país e nas principais capitais nordestinas.

Brasil: distribuição espacial da indústria – 2009

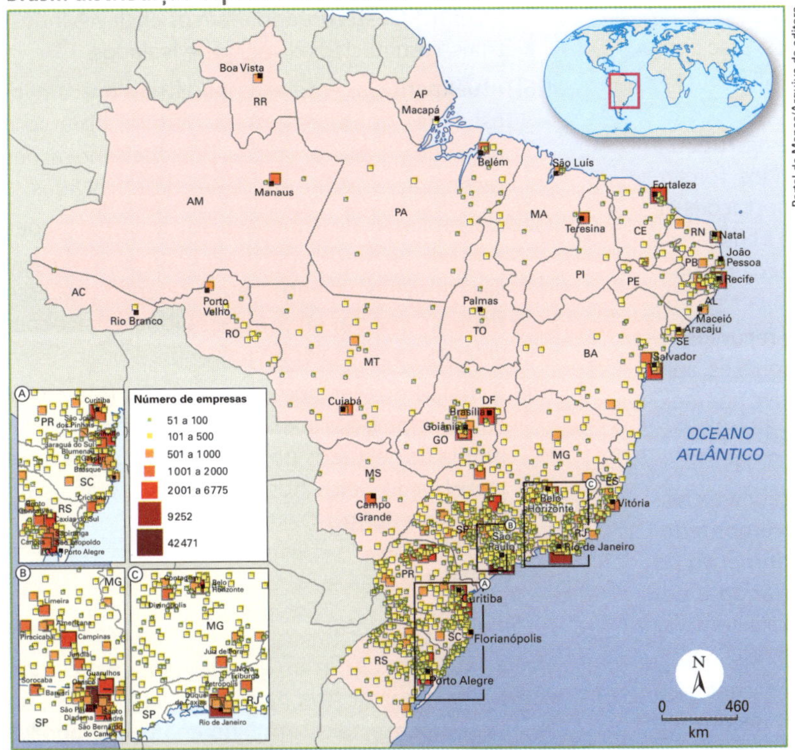

Adaptado de: IBGE. *Atlas geográfico escolar.* 6. ed. Rio de Janeiro: 2012. p. 136.

Embora haja grande concentração industrial no sudeste e no sul do país, atualmente o parque industrial está se dispersando e já há várias localidades interioranas nas regiões Norte, Centro-Oeste e Nordeste que contam com mais de cem empresas industriais.

- Além de terem se iniciado historicamente com mais força no Sudeste, as atividades industriais tenderam a concentrar-se nessa região por causa de dois outros fatores básicos:
  a) a complementaridade industrial;
  b) a concentração de investimentos públicos no setor de infraestrutura industrial.
- Em 1968 foi criada a Superintendência da Zona Franca de Manaus (Suframa) e instalado um polo industrial naquela cidade, o que promoveu grande crescimento econômico.
- Com os Planos Nacionais de Desenvolvimento dos governos Médici (1969-1974) e Geisel (1974-1979) começaram a ser inauguradas as primeiras grandes usinas hidrelétricas nas regiões Norte e Nordeste.
- Ao longo da década de 1990, as indústrias passaram a se dispersar em busca de mão de obra mais barata e onde os sindicatos são menos atuantes, provocando a intensificação da guerra fiscal entre estados e municípios que reduzem impostos e oferecem outras vantagens, como doação de terrenos, para atrair as empresas.

Exercícios resolvidos

1. (UEG-GO) Observe o gráfico sobre o desempenho do emprego no estado de Goiás.

Estado de Goiás: saldo – admitidos/desligados no primeiro trimestre 2000/11

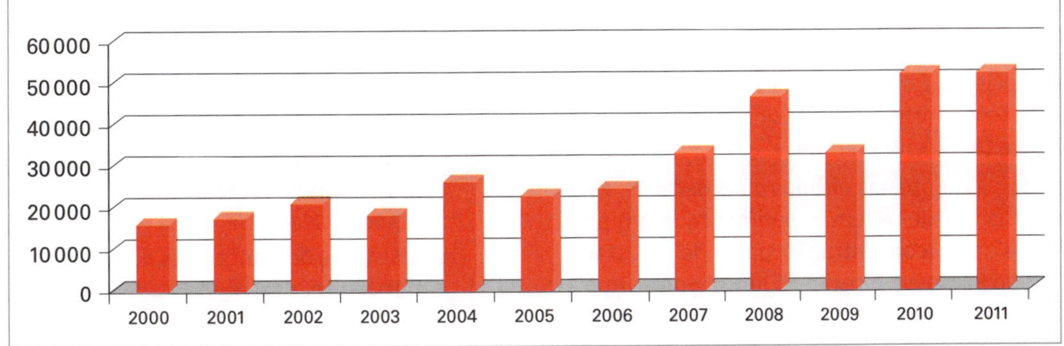

Fonte: *Revista Conjuntura econômica goiana.* Goiânia: SEPLAN, jun. 2011, n. 17. p. 12.

Assim como no estado de Goiás, o Brasil também observou um significativo aumento na criação de postos de trabalho nos últimos onze anos. Esse crescimento no número de empregos no Brasil, e em especial no Estado de Goiás, é resultado

a) da crise econômica internacional que derrubou a economia na Europa e nos Estados Unidos, forçando essas nações a reduzirem suas exportações de produtos industrializados, permitindo a criação de novas indústrias geradoras de empregos no país, sobretudo no estado de Goiás.
b) da entrada em grande quantidade de recursos internacionais, sobretudo chineses e japoneses, aplicados diretamente no mercado produtivo por meio da construção de indústrias de base e de transformação, principalmente no estado de Goiás.
c) de uma política de redistribuição de renda e crescimento econômico adotada pelos governos federal e estadual, o que possibilitou o aumento do consumo no mercado interno, ampliando a demanda por produtos e serviços, vindo a incentivar a criação de novos postos de trabalho.
d) do grande desenvolvimento científico e tecnológico alcançado pelo país nos últimos 15 anos, decorrente de um arrojado programa de apoio à educação, com recursos captados juntos a países como a Alemanha, França e Estados Unidos da América.

Resposta

Alternativa **C**.

O aumento do poder aquisitivo da população de baixa renda e as medidas econômicas voltadas à atração de investimentos produtivos (doação de terrenos, incentivos fiscais e infraestrutura) aumentam o consumo popular de mercadorias e serviços e atraem novas empresas, provocando aumento na oferta de empregos.

2. (UFSC) Sobre o processo de industrialização brasileira e sua relação com as macrorregiões, assinale a(s) proposição(ões) CORRETA(S).

(01) Desde seu início, no século XIX, a atividade industrial brasileira desenvolveu-se de maneira homogênea, englobando as regiões Sudeste e Nordeste, sendo esta última grande fornecedora de mão de obra.

(02) A Região Sul é a segunda mais industrializada do país, tendo forte penetração nos setores alimentício e têxtil, entre outros.

(04) Principalmente nas últimas duas décadas, a indústria brasileira tem experimentado um processo de desconcentração, partindo do estado de São Paulo em direção ao litoral nordestino e também a alguns estados do norte do país, como Rondônia e Acre.

(08) Em alguns estados das regiões Nordeste, Norte e Centro-Oeste, predominam os enclaves industriais, com núcleos dispersos e isolados.

(16) Atualmente, as empresas industriais buscam localidades que apresentem mão de obra com baixa qualificação, pois as principais inovações tecnológicas se dão em países desenvolvidos.

(32) No processo de substituição de importações ocorrido no Brasil a partir de 1930, o Estado brasileiro teve pouca atuação; o referido processo ficou a cargo das empresas multinacionais, convidadas a se instalar no país.

(64) A criação do Mercado Comum do Sul (Mercosul) em princípios dos anos 1990 pouco afetou a economia dos estados do Sul do país, dada a forte penetração deles nos mercados regionais do Sudeste e Centro-Oeste brasileiros.

Resposta

A soma é: 10 (02 + 08).

Na Região Sul se destacam grandes polos industriais, como o da agroindústria da carne (suínos e aves) no oeste catarinense, têxtil em Blumenau, automobilística na região metropolitana de Curitiba, mecânica em Joinville e Caxias do Sul, e parque diversificado na região metropolitana de Porto Alegre, entre outros.

3. (UEPG-PR) A respeito de alguns traços dos diversos setores da economia brasileira, suas características e influências, assinale o que for correto.

(01) O setor terciário informal, embora seja o meio de sobrevivência de migrantes que se acumularam nas cidades brasileiras, está prestes a desaparecer devido à facilidade de se encontrar lugar de trabalho nos circuitos econômicos clássicos.

(02) A concentração da economia industrial e terciária se dá no Sul-Sudeste. Por volta de 55% das empresas industriais estão no sudeste das quais mais de 40% em um único estado, São Paulo.

(04) A partir dos anos 1960, dá-se o aparecimento dos "shopping centers" no Brasil, mas mesmo representando vantagens para o consumidor, como conforto, segurança, estacionamento e variedade, não têm tido sucesso na atração do consumidor e nem influenciado no comportamento social urbano do brasileiro.

(08) A presença do setor financeiro em quase todos os municípios brasileiros não é suficiente para mudar o comportamento do brasileiro, e apenas um mínimo da população economicamente ativa nas grandes cidades se utiliza de serviços bancários.

(16) O sistema de transportes do Brasil é considerado deficiente, não atende adequadamente à demanda, pois não foi dada prioridade aos sistemas mais baratos como o ferroviário e o hidroviário.

Resposta

A soma é: 18 (02 + 16).

Ao longo do século XX houve grande concentração de investimentos públicos e privados em infraestrutura e empresas no centro-sul do país; somente a partir da década de 1960, com a criação de Brasília e da Zona Franca de Manaus e após a década de 1970, com investimentos em infraestrutura no Nordeste, foi impulsionado o processo de dispersão espacial das atividades econômicas em escala que permite redução gradativa das desigualdades.

Exercícios propostos

Testes

1. (UFSJ-MG) Observe a imagem abaixo.

A montadora Ford, de capital norte-americano, anunciou hoje (04/01/2012) a produção global de um modelo de utilitário esportivo, o EcoSport, projetado por cerca de 1,2 mil engenheiros brasileiros e argentinos no centro de desenvolvimento da companhia em Camaçari, na Bahia. O carro, que deverá ser vendido em 100 países, será produzido nas fábricas da Ford na Bahia, na Tailândia e na Índia.

Disponível em: <http://agenciabrasil.ebc.com.br/noticia/2012-01-04/modelo-de-carro-concebido-no-brasil-vira-produto-global>. Acesso em: 27 ago. 2012.

Assinale a alternativa que apresenta características da produção industrial atual representada pelo lançamento do Novo EcoSport.

a) Estreita relação entre pesquisa e tecnologia e desconcentração industrial na produção de produtos globais.

b) Rígida padronização (estandartização) dos produtos com o objetivo de atender o gosto dos clientes.

c) Produção baseada no modelo *just-in-time*, que exige grandes almoxarifados no interior das fábricas.

d) Linha de produção fordista, com eliminação da terceirização na produção e na incorporação de mão de obra pouco qualificada de países em desenvolvimento.

2. (UFJF-MG) Leia o texto a seguir.

A Rua Teresa se rendeu aos chineses. Pressionadas pela competição dos produtos importados e pelo surgimento de outros polos de moda, algumas confecções da tradicional rua do varejo de roupas de Petrópolis já estão importando da China até 20% do que vendem em suas lojas.

[...] Se as próprias confecções estão importando, a tendência é maior entre os que são apenas varejistas. As etiquetas de "Fabricado no Brasil" disputam espaço com as de "Fabricado na China". Algumas indústrias, no entanto, admitem até mesmo a prática de trocar etiquetas chinesas por aquelas da marca própria.

[...] Além da importação de peças prontas, as confecções investem em máquinas mais modernas para reduzir os custos e aumentar a produtividade.

Adaptado de: Lucianne Carneiro. Rua Teresa "made in China". *O Globo*, Rio de Janeiro, p. 27, 8 abr. 2012.

O processo descrito no texto tem ocorrido em todo o país. Esse processo é denominado:

a) inflação.
b) privatização.
c) flexibilização.
d) desregulamentação.
e) desindustrialização.

3. (Aman-RJ)

[...] Os países emergentes hoje produzem 44% das manufaturas do planeta, ante 66% nos países ricos. Mas o Brasil vem perdendo espaço. O País representava 10% de toda a produção industrial das economias em desenvolvimento há 15 anos, em 1995. Dez anos depois, caiu para 7,2%.

Jornal *O Estado de S. Paulo*, 20/04/2010.

Dentre as razões que têm limitado um maior crescimento da participação dos produtos industrializados brasileiros no comércio mundial, podemos destacar:

I. O elevado custo de deslocamento dos produtos para exportação, por conta de carências nas áreas de infraestrutura e logística.

II. Com exceção de alguns produtos industriais, o componente tecnológico das exportações brasileiras é muito baixo, acarretando contínua queda no valor médio da tonelada exportada.

III. A cotação da moeda brasileira, fortemente desvalorizada em relação ao dólar, torna nossos produtos pouco competitivos no comércio mundial.

IV. O fato de o Brasil concentrar seu intercâmbio externo majoritariamente com os EUA, seu maior parceiro comercial na atualidade, limita, em muito, a participação de seus produtos em outros mercados.

Assinale a alternativa que apresenta todas as afirmativas corretas:

a) I e II.
b) I e III.
c) I, III e IV.
d) II, III e IV.
e) II e IV.

4. (ESPM-SP) Observe os dados:

Os principais setores da indústria brasileira por região	
Região	**Tipo de indústria**
I	a mais diversificada do país: siderurgia, metalurgia, automobilística, máquinas e equipamentos, elétrica, eletrônica, papel e papelão, têxtil, química, farmacêutica, materiais plásticos, alta tecnologia.
II	a que apresenta o maior crescimento nos últimos anos: madeira, papel, mecânica, alimentícia, têxtil, calçados e automobilística.
III	predomínio das indústrias tradicionais, como bebidas e alimentícia, surgindo ainda a farmacêutica, petroquímica, automobilística e recentemente naval.
IV	agroindústria, mineração.
V	destaque para as empresas tributárias da Zona Franca de Manaus, como a eletrônica e automobilística leve (motocicletas), mas com baixa participação no conjunto nacional.

Correspondem, respectivamente, às regiões Sudeste, Sul e Nordeste os números:

a) I, II e III.
b) I, II e IV.
c) I, III e IV.
d) II, III e V.
e) III, IV e V.

5. (Fuvest-SP)

A metrópole se transforma num ritmo intenso. A mudança mais evidente refere-se ao deslocamento de indústrias da cidade de São Paulo [para outras cidades paulistas ou outros estados], uma tendência que presenciamos no processo produtivo – como condição de competitividade – que obriga as empresas a se modernizarem.

Adaptado de: A. F. A. Carlos. *São Paulo: do capital industrial ao capital financeiro*, 2004.

Com base no texto acima e em seus conhecimentos, considere as afirmações:

I. Um dos fatores que explica o deslocamento de indústrias da capital paulista é o seu trânsito congestionado, que aumenta o tempo e os custos da circulação de mercadorias.

II. O deslocamento de indústrias da capital paulista tem acarretado transformações no mercado de trabalho, como a diminuição relativa do emprego industrial na cidade.

III. O deslocamento de indústrias da cidade de São Paulo decorre, entre outros fatores, do alto grau de organização e da forte atuação dos sindicatos de trabalhadores nessa cidade.

Está correto o que se afirma em

a) I, apenas.
b) I e II, apenas.
c) I e III, apenas.
d) II e III, apenas.
e) I, II e III.

6. (Udesc) O maior número de indústrias no Brasil está concentrado na região:

a) Sul.
b) Sudeste.
c) Nordeste.
d) Centro-Oeste.
e) Norte.

Questão

7. (UERJ) A fabricação de veículos automotores no Brasil, especialmente a de automóveis, concentrou-se basicamente no Estado de São Paulo, até a década de 1980. A partir da década de 1990, houve uma redistribuição espacial das montadoras de automóveis no país.

Fábricas de veículos automotores no Brasil (2006)

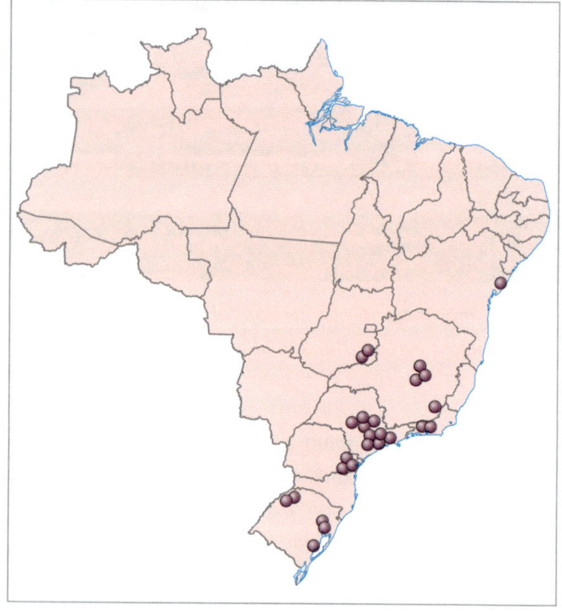

Adaptado de: <www.anfavea.com.br>. Acesso em: 20 ago. 2014.

Salário médio pago pelas montadoras (em R$)

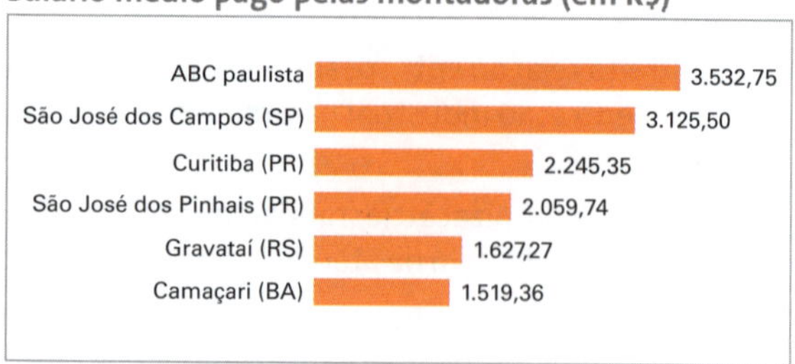

Adaptado de: *O Globo*. 12/05/2011.

Considerando as informações acima, aponte duas razões que favoreceram essa redistribuição das montadoras no território brasileiro.

- O aumento da produção de energia agrava os impactos ambientais – poluição, chuva ácida, destruição da camada de ozônio, aquecimento global e agressões à fauna e flora são apenas alguns deles.
- É preciso abordar o setor energético sob a ótica do desenvolvimento sustentável, buscando fontes de energia que sejam viáveis nas esferas ambiental, econômica e social.

1. O consumo de energia no Brasil

- No Brasil, a utilização de fontes renováveis, como a hidreletricidade, e a obtenção de energia a partir da biomassa (com base em produtos orgânicos de origem vegetal), como fontes primárias, são expressivas, e a produção de petróleo e gás natural, fontes não renováveis, vem aumentando gradualmente.
- Em 2012, o Brasil apresentou uma dependência de importação de 12% do total da energia consumida no país.
- 46% do consumo total de energia é obtido no Brasil de fontes renováveis.

2. Petróleo e gás natural

- Em 1953, o presidente Getúlio Vargas criou a Petrobras e instituiu o monopólio estatal na extração, no transporte e no refino de petróleo no Brasil.
- Na época da crise do petróleo de 1973, o Brasil produzia apenas 14% do petróleo que consumia, o que tornava o país bastante dependente e deixava a economia vulnerável às oscilações externas no preço do barril.
- Em 2006, a produção interna de petróleo (1,8 milhão de barris por dia, naquele ano) passou a abastecer 100% das necessidades nacionais de consumo; em 2012, a produção diária média foi de 2,2 milhões de barris.
- A revisão constitucional feita em 1995 derrubou o monopólio da Petrobras na extração, no transporte, no refino e na importação de petróleo e seus derivados.
- O Estado passou a ter o direito de realizar leilões e contratar empresas privadas ou estatais, tanto nacionais quanto estrangeiras, que queriam atuar no setor.
- Em 1997, foi criada a Agência Nacional do Petróleo (ANP), com a atribuição de regular, contratar e fiscalizar as atividades ligadas ao petróleo e gás natural no Brasil.
- Em 2013, a Petrobras possuía quinze refinarias, treze delas localizadas no Brasil, uma nos Estados Unidos e uma no Japão.
- O aumento da produção interna nas últimas décadas deve-se à descoberta, em 1976, de uma importante bacia petrolífera em alto-mar na plataforma continental de Campos, no Rio de Janeiro.
- Em 2012, essa bacia era responsável por mais de 80% da produção nacional de petróleo.
- No continente, a área mais importante na extração é Mossoró (Rio Grande do Norte), seguida do Recôncavo Baiano. Recentemente, foi descoberta uma pequena jazida continental em Urucu, a sudoeste de Manaus, onde há grandes reservas de gás natural.
- Em 2008, a Petrobras anunciou a descoberta de enormes reservas de petróleo e de gás natural a mais de 5 quilômetros de profundidade e a 300 quilômetros da costa, na camada pré-sal da bacia de Santos.
- O gás natural é a fonte de energia que vem apresentando as maiores taxas de crescimento na participação em nossa matriz energética (entre 1998 e 2012, aumentou de 3,7% para 7,2% do total de energia consumida no país).

3. Carvão mineral

- O carvão encontrado em território brasileiro está em uma fase menos avançada de transformação geológica.
- Esse carvão não é usado na siderurgia, porque possui alto teor de enxofre, e sua queima libera menos energia que o necessário para essa atividade, o que leva as empresas a importar hulha (carvão coqueificável).
- As empresas siderúrgicas consomem somente o carvão importado, cuja qualidade é superior, e desde 2010 não há mais produção nacional de carvão metalúrgico.
- Apenas em Santa Catarina, no Rio Grande do Sul e no Paraná as camadas de carvão apresentam viabilidade econômica para exploração.

Brasil: jazidas de carvão mineral

Adaptado de: ROSS, J. L. S. (Org.). *Geografia do Brasil*. 6. ed. São Paulo: Edusp, 2011. p. 53. (Didática 3).

4. Energia elétrica

Produção de energia e regulação estatal

- Em 2011, o Brasil contava com 2 608 usinas para produção de energia elétrica em operação, com capacidade de 117 134 megawatts (MW).
- Desse total, 991 eram hidrelétricas de diversos tamanhos, 1 539 termelétricas utilizando gás natural, biomassa, óleo *diesel* e carvão mineral, duas eram nucleares e 76 eram solares.
- Em 2012, as 82 usinas eólicas do Brasil foram responsáveis por somente 1,7% (1 814 MW) da eletricidade produzida no país.
- Em 2012, havia 79 usinas eólicas em construção no Nordeste e no Sul do país (com potência total de 1950 MW), e 210 projetos, com capacidade de 5 678 MW, já outorgados e aguardando o início das obras.
- Em Santa Catarina se concentram cerca de 41% da produção do carvão energético e 100% do metalúrgico. O Rio Grande do Sul fornece aproximadamente 58% do carvão energético e o Paraná, apenas cerca de 1% do total de carvão produzido no país.
- As usinas hidrelétricas, que têm a maior capacidade instalada de produção no país, produzem energia mais barata e com menos impactos ambientais, quando comparadas às usinas termelétricas e termonucleares.
- Segundo o Ministério de Minas e Energia, o potencial hidrelétrico brasileiro é estimado em mais de 243 mil MW, e a capacidade nominal instalada de produção estava, em 2012, na casa dos 108 mil MW, ou seja, cerca de 44% do potencial disponível.
- Até o final da década de 1980, as hidrelétricas produziam cerca de 90% da eletricidade consumida no país, mas em 2011 essa participação tinha recuado para cerca de 74%, principalmente por causa da construção de usinas termelétricas movidas a gás natural e biomassa.
- O maior potencial hidrelétrico instalado no Brasil está na bacia do rio Paraná, da qual, em 2011, 72% da disponibilidade já havia sido aproveitada.
- O maior potencial hidráulico disponível do país localiza-se nas bacias do Amazonas, do qual somente 1% é aproveitado.

Brasil: oferta de energia elétrica segundo a fonte – 2012

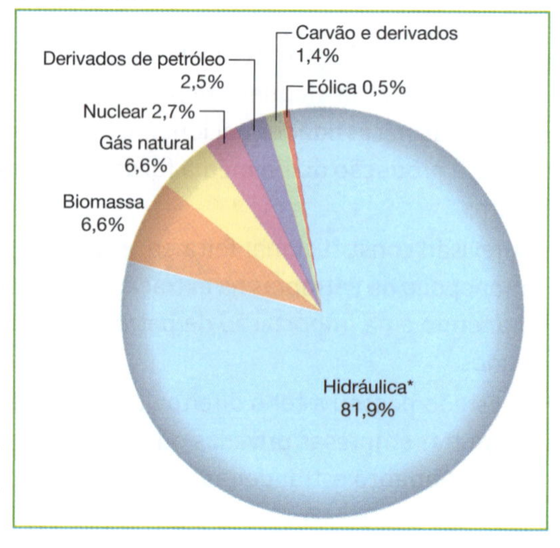

EMPRESA DE PESQUISA ENERGÉTICA (Brasil). *Balanço Energético Nacional 2013*: ano-base 2012. Disponível em: <www.mme.gov.br/mme/galerias/arquivos/publicacoes/BEN/2_-_BEN_-_Ano_Base/1_-_BEN_Portugues_-_Inglxs_-_Completo.pdf>. Acesso em: ago. 2014.
* Inclui a energia hidrelétrica importada de outros países.

- Em 1995, o Governo Federal iniciou a privatização de parte das empresas controladas pela Eletrobras.
- Em 1996 foi criada a Agência Nacional de Energia Elétrica (Aneel), órgão regulador e fiscalizador do setor.

Brasil: principais usinas hidrelétricas em operação – 2011

Adaptado de: AGÊNCIA NACIONAL DE ENERGIA ELÉTRICA (Aneel/Brasil). *Relatório Aneel 2011*. Disponível em: <www.aneel.gov.br/biblioteca/downloads/livros/Relatorio_Aneel_2011.pdf>. Acesso em: 30 maio 2014.

A crise de energia de 2001 e os "apagões" de 2009 e 2012

- Desde a segunda metade da década de 1980, o Brasil investiu muito pouco na construção de novas hidrelétricas.
- A partir de 1994, com o Plano Real, houve grande aumento no consumo de energia residencial e industrial.
- Nos últimos anos do século XX, houve uma sequência de verões com chuvas em volume inferior à média da estação, o que fez baixar significativamente o nível dos reservatórios, particularmente no Sudeste, comprometendo o abastecimento.
- Por isso, foi lançado um programa de economia forçada de energia, sem o qual seria necessário recorrer ao racionamento.
- As regiões Norte e Sul, nas quais o fornecimento não estava comprometido, puderam ficar fora do programa de economia.
- Em 2009 e em 2012, ocorreram outros graves problemas de transmissão que atingiram o fornecimento de energia elétrica e deixaram vários estados do país completamente no escuro por várias horas.

Necessidade de diversificar a matriz energética

- Depois da crise de 2001, houve incentivo para a instalação de usinas termelétricas, principalmente nas localidades próximas a gasodutos, uma vez que a produção de energia elétrica pela queima de gás natural é pouco poluente.
- As usinas hidrelétricas, que produzem energia mais barata, permanecem prioritárias no abastecimento, mas as termelétricas podem ser acionadas em períodos de pico no consumo ou quando é necessário preservar o nível de água nas represas.
- Depois das crises do petróleo de 1973 e 1979, a produção de hidreletricidade passou a receber grandes investimentos, por se tratar de fonte alternativa ao petróleo.
- Usinas com o potencial de Itaipu, Tucuruí e Sobradinho exigem a construção de enormes represas, que causam danos sociais e ambientais irreversíveis: extinção de espécies endêmicas (que só existem em determinada área), inundação de sítios arqueológicos, alteração da dinâmica de erosão e sedimentação, deslocamento de população que vive em cidades, reservas indígenas e comunidades quilombolas na área que será inundada, entre outros danos.

O programa nuclear

- O programa nuclear brasileiro teve início em 1969, quando o Brasil adquiriu a usina de Angra I, com capacidade de produção de 626 MW (5% da capacidade de Itaipu).
- Em 1975, o Brasil assinou um acordo nuclear com a Alemanha.
- Inicialmente previa-se a construção de oito usinas, com transferência de tecnologia.
- Angra II, que deveria começar a funcionar em 1983, só ficou pronta em 2001, com capacidade de produção de 1 350 MW.
- Em 2011, a participação das usinas Angra I e II na produção nacional de energia elétrica representava 2,7% do total, mas o estado do Rio de Janeiro é altamente dependente do fornecimento dessas usinas.
- Com a crise de abastecimento de energia em 2001, a redução do custo de produção de energia em usinas termonucelares e os compromissos assumidos pelo país no Acordo de Kyoto, o governo brasileiro incluiu a expansão do parque nuclear em suas estratégias de investimento, mas sem definição de novas usinas.

5. Os biocombustíveis

- Biocombustíveis são derivados de biomassa, como cana-de-açúcar, oleaginosas, madeira e outras matérias orgânicas.
- Os mais utilizados são o etanol (álcool de cana, no caso brasileiro) e o *biodiesel* (oleaginosas), que podem ser usados puros ou adicionados aos derivados de petróleo, como gasolina e óleo *diesel*.
- Em 2012, a biomassa foi a segunda fonte de energia mais consumida no Brasil, com participação de 21,8%, superada apenas por petróleo e gás natural, com 51,8%.
- O aumento da produção de biomassa reduz o consumo de derivados de petróleo e consequentemente a poluição atmosférica, gera novos empregos em toda sua cadeia produtiva, promove a fixação de famílias no campo, aumenta a participação de fontes renováveis em nossa matriz energética e ainda pode se tornar importante produto da pauta de exportações do Brasil.
- O crescimento da demanda por biocombustíveis no mercado mundial e a expansão na área cultivada com cana e outras culturas no país geraram preocupação com a possível diminuição do cultivo de alimentos.

Biodiesel

- O Brasil dispõe de várias espécies de plantas oleaginosas que podem ser usadas na produção de *biodiesel* e é o segundo maior produtor mundial de etanol.
- Os Estados Unidos (maior produtor mundial desse combustível) utilizam o milho para sua produção, a um custo superior ao obtido com a cana no Brasil.
- A utilização de *biodiesel* no mercado brasileiro foi regulamentada em 2005, com a obrigatoriedade da mistura do produto ao *diesel* de petróleo.
- Até 2013, cerca de 80% do *biodiesel* produzido no Brasil veio da soja e 13%, do sebo bovino, produtos obtidos predominantemente em grandes propriedades, com os pequenos produtores fornecendo apenas o suficiente para as usinas conquistarem benefícios fiscais.
- Além de abastecer o mercado interno, parte da produção nacional de *biodiesel* é exportada, principalmente para a União Europeia.

Etanol (álcool)

- O Programa Nacional do Álcool (Proálcool) foi criado em 1975.
- Foram concedidos vultosos empréstimos aos maiores produtores de cana-de-açúcar, a juros subsidiados, para que construíssem usinas de grande porte para a produção de etanol.
- Nas regiões em que foi implantado o Proálcool, agravaram-se os problemas relacionados à concentração de terras: aumento do número de trabalhadores diaristas, incentivo à monocultura e êxodo rural.
- A partir de 1989, o governo diminuiu os subsídios para a produção e o consumo de álcool, o setor entrou em crise e o país passou a importá-lo da Europa.
- Desde o início da década de 1990, quando houve falta de álcool e consequente perda de confiança, até 2002, os consumidores preferiram veículos movidos a gasolina. Por conta disso, no final desse período, menos de 1% dos veículos fabricados tinham motor a álcool, enquanto em 1982 esse percentual chegava a 90%.
- Por determinação do Conselho Interministerial do Açúcar e do Álcool (Cima), o etanol é misturado à gasolina na proporção de 20% a 25%.
- Desde 2002, a indústria automobilística passou a produzir carros com motores bicombustíveis (movidos a etanol e/ou a gasolina), o que contribuiu muito para o aumento do consumo de álcool.

- Em 2012, cerca de 90% dos carros zero-quilômetro vendidos no mercado eram "flex", como ficaram conhecidos os automóveis bicombustíveis.

6. O transporte de cargas no Brasil

- Na matriz brasileira de transportes de cargas predomina o modal rodoviário, que é o que mais consome energia para transportar a mesma quantidade de carga em determinada distância.
- Para transportar uma tonelada de carga a uma distância de 1000 km consomem-se 5 litros no modal hidroviário, 10 no ferroviário e 96 no rodoviário.
- Esse maior consumo de energia se reflete em maiores custos para o frete, maior emissão de poluentes, maior risco de acidentes e maiores congestionamentos nas estradas, zonas portuárias e nos centros urbanos.
- Como o país tem dimensões continentais, seu modelo de transporte de cargas seria mais eficiente nas esferas econômica e ambiental se tivesse priorizado os sistemas ferroviário e hidroviário-marítimo, que consomem menos energia.
- Somente a partir do final do regime militar (principalmente após 1996, com o início do processo de privatização e concessão de exploração de portos, rodovias e ferrovias), os investimentos começaram a ser distribuídos de maneira mais equilibrada entre os vários modais de transporte.
- Os transportes terrestres e aquáticos são fiscalizados e regulamentados por agências: a Agência Nacional de Transportes Terrestres (ANTT) e a Agência Nacional de Transportes Aquaviários (Antaq).
- As rodovias apresentam a vantagem da mobilidade e o sistema rodoviário é insubstituível em trajetos de curta distância.

Brasil: modal de transportes de cargas e passageiros – 2013

Modal	Brasil (%)
Rodoviário	61,1
Ferroviário	20,7
Aquaviário	13,6
Dutoviário	4,2
Aeroviário	0,4

CONFEDERAÇÃO NACIONAL DO TRANSPORTE. *Boletim estatístico.* Disponível em: <www.cnt.org.br>. Acesso em: 20 ago. 2014.

- No sistema intermodal ou multimodal, a carga é transportada por caminhões em viagens de curta distância até a estação ou o porto e passa a ser transportada por trens ou navios em viagens de grandes distâncias.

Exercícios resolvidos

1. (UFRGS-RS) Considere as afirmações abaixo a respeito da extração e da produção de derivados de petróleo no Brasil.

   I. As refinarias de petróleo, no Brasil, estão localizadas próximas às regiões de maior concentração industrial, a fim de atender às necessidades de matéria-prima nesse setor.

   II. A atividade petrolífera, no Brasil, é monopólio da Petrobras, empresa que controla refinarias e distribuição de combustíveis e derivados.

   III. O Brasil atingiu, em 2009, a autossuficiência e, assim, o país deixou de importar petróleo, já que todas as refinarias estão adaptadas para o refino da produção.

   Quais estão corretas?

   a) Apenas I.
   b) Apenas II.
   c) Apenas III.
   d) Apenas II e III.
   e) I, II e III.

   Resposta

   Alternativa **A**.

   As refinarias se localizam, preferencialmente, nas proximidades dos grandes centros consumidores de derivados, porque após refinado aumenta o volume do petróleo e, portanto, o custo de seu transporte.

2. (FGV-SP) De todo o potencial hidrelétrico brasileiro (258 mil MW de potência), 30% já foram aproveitados. O maior potencial disponível está na bacia Amazônica (100 mil MW), do qual menos de 1% foi aproveitado. A exploração de boa parte do potencial da bacia tem como fator restritivo

   a) a grande variação do volume de águas nos leitos dos principais rios durante os meses de primavera-verão.
   b) a presença de unidades de conservação e de terras indígenas em vários pontos da bacia hidrográfica.
   c) a pouca profundidade dos leitos fluviais, o que impede a instalação de turbinas e demais equipamentos.
   d) o relevo formado por baixos planaltos geologicamente instáveis que dificultam a construção de barragens.
   e) o baixo desenvolvimento econômico e a fraca integração regional, que desestimulam grandes investimentos.

Resposta

Alternativa **B**.

A bacia Amazônica, além de possuir o maior potencial hidrelétrico do país, também é a região com o estado de maior população indígena (Amazonas) e com a maior extensão de unidades de conservação já demarcadas no país. Portanto, qualquer obra na região (construção de barragens) acarretará preocupações restritivas provocadas pelas questões anteriormente citadas.

3. (Fuvest-SP) Grandes lagos artificiais de barragens, como o Nasser, no Rio Nilo, o Three Gorges, na China, e o de Itaipu, no Brasil, resultantes do represamento de rios, estão entre as obras de engenharia espalhadas pelo mundo, com importantes efeitos socioambientais.

Acerca dos efeitos socioambientais de grandes lagos de barragens, considere as afirmações abaixo.

I. Enquanto no passado grandes lagos de barragem restringiam-se a áreas de planície, atualmente, graças a progressos tecnológicos, situam-se, invariavelmente, em regiões planálticas, com significativos desníveis topográficos.

II. A abertura das comportas que represam as águas dos lagos de barragens impede a ocorrência de processos de sedimentação, assim como provoca grandes enchentes a montante.

III. Frequentes desalojamentos de pessoas para a implantação de lagos de barragens levaram ao surgimento, no Brasil, do Movimento dos Atingidos por Barragens – MAB.

IV. Por se constituírem como extensos e, muitas vezes, profundos reservatórios de água, grandes lagos de barragens provocam alterações microclimáticas nas suas proximidades.

Está correto o que se afirma em

a) I e II, apenas.
b) I, II e III, apenas.
c) II, III e IV, apenas.
d) III e IV, apenas.
e) I, II, III e IV.

Resposta

Alternativa **D**.

A construção de barragens e a inundação de grandes áreas provocam deslocamento de população, o que altera completamente seu modo de vida e cria necessidade de reorganização nas condições de trabalho, moradia, educação, saúde e outras demandas que exigem grandes investimentos que nem sempre são realizados.

Grandes volumes de água represada provocam aumento na umidade relativa do ar e reduzem a amplitude térmica diária.

Exercícios propostos

Testes

1. (Uesc-BA) A partir dos conhecimentos sobre a relação entre a deriva dos continentes e petróleo na camada pré-sal, marque V nas afirmativas verdadeiras e F, nas falsas.

( ) As reservas de petróleo na camada do pré-sal começaram a se formar a partir do acúmulo de matéria orgânica no fundo de lagos originados no início da fragmentação do continente Gondwana.

( ) O aprisionamento do material orgânico abaixo do sal resultou da formação do solo submarino, durante a separação entre a América do Sul e a África.

( ) A permeabilidade da camada de sal permitiu o vazamento do petróleo do pós-sal, dando origem às bacias petrolíferas do pré-sal, na costa do Brasil e no litoral da África.

( ) O petróleo da Bacia de Campos escapou da camada do pré-sal e as reservas da Bacia de Santos encontram-se abaixo da camada de sal.

A alternativa que indica a sequência correta, de cima para baixo, é a

a) V – F – V – F.
b) V – F – F – V.
c) F – V – V – F.
d) V – V – F – V.
e) F – V – F – V.

2. (UFF-RJ) No mapa, registra-se a localização dos principais projetos eólicos outorgados no Brasil, em 2002.

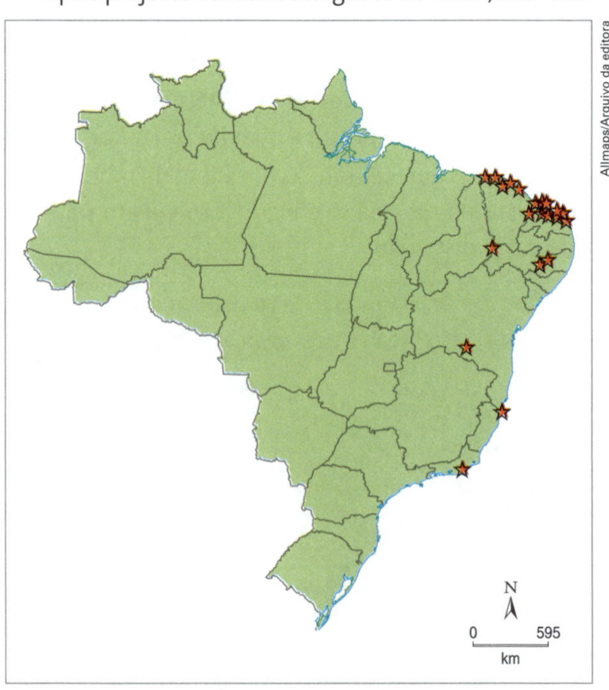

AGÊNCIA NACIONAL DE ENERGIA ELÉTRICA – Aneel – 2002.

Acerca dos projetos eólicos e de sua localização, a forte concentração em um determinado trecho do litoral nordestino está ligada à

a) dinâmica dos ventos alísios provindos das áreas de alta pressão subtropicais ao norte do Equador.
b) alta pressão e aos ventos dominantes na zona intertropical de convergência, localizada nessa latitude.
c) forte influência exercida pelos ventos contra-alísios provindos da região de alta pressão subtropical.
d) atuação constante de massas de ar úmidas que predominam nas regiões de alta pressão subpolar.
e) influência tanto de frentes frias quanto quentes provenientes de regiões atingidas pela corrente El Niño.

3. (UPE) Leia a manchete a seguir:

Brasil precisa de investimento em energia limpa.

16/02/2011 – Jornal *Folha de S.Paulo.*

Sobre o assunto tratado, é CORRETO afirmar que a(o)

a) biomassa, também chamada de energia renovável, é um tipo de energia limpa, desenvolvida por meio de plantações energéticas, porém, mesmo quando é produzida de maneira sustentável, emite grande quantidade de carbono na atmosfera.
b) energia limpa é aquela que não emite grande quantidade de poluentes para a atmosfera e é produzida com o uso de recursos renováveis, a exemplo de biocombustíveis como a cana-de-açúcar e as plantas oleaginosas que são fontes de energia originadas de produtos vegetais.
c) Bacia de Campos, no Brasil, possui as maiores reservas de xisto betuminoso, que é considerado uma fonte de energia limpa renovável, não se esgota e pode ser aproveitado indefinidamente sem causar grandes danos ecológicos.
d) lenha, energia eólica e energia solar, apesar de se constituírem em fontes de energia não renováveis, são consideradas energias limpas e se destacam por suprirem a maior parte das necessidades brasileiras de eletricidade e por apresentarem uma série de vantagens ambientais.
e) maior potencial de energia limpa no Brasil está instalado na Bacia do Rio Paraná, onde se localizam grandes reservas de gás natural, um biocombustível avançado de transformação geológica, pois dele é possível se obterem hidrocarbonetos.

Questão

4. (UERJ) O potencial de produção de energia hidrelétrica está relacionado a um grupo de fatores naturais que interferem na construção de barragens em bacias hidrográficas.

Observe no mapa abaixo a localização das dez principais bacias hidrográficas brasileiras:

Brasil: bacias hidrográficas

Disponível em: <http://labgeo.blogspot.com>. Acesso em: 20 ago. 2014.

Considerando as características socioambientais da Bacia I, cite duas consequências negativas ocasionadas pela construção de hidrelétricas nessa área.

Indique, ainda, dois fatores que favorecem a geração de energia elétrica nas usinas instaladas na Bacia V.

MÓDULO 26 • Características e crescimento da população mundial

1. A população mundial

- Segundo a divisão de População da ONU, em 2013 o planeta abrigava mais de 7 bilhões de habitantes.
- 75% da população mundial vive em países pobres ou emergentes.
- Cerca de 42% trabalham na agropecuária, silvicultura ou pesca.
- 774 milhões de pessoas (11,4%) com 15 anos de idade ou mais são analfabetas.
- Nos países desenvolvidos, 64% dos cidadãos têm acesso à internet, enquanto na América Latina e no Caribe esse número cai para 24%; no Sul e Sudeste Asiático o índice é 14%; e na África subsaariana somente 4% da população tem acesso à rede mundial de comunicação.
- De acordo com o Banco Mundial, em 1990 cerca de 1,9 bilhão de pessoas vivia em condições de pobreza extrema (com menos de US$ 1,25 por dia), número que se reduziu para aproximadamente 1,2 bilhão em 2010, apesar do crescimento populacional do período (veja a tabela a seguir).
- O grande crescimento econômico da China retirou 507 milhões de pessoas da pobreza extrema, mas, nesse mesmo período, na África subsaariana houve aumento de 295 milhões para 415 milhões de pessoas nessas condições.
- Em 2013, segundo o Fundo de População das Nações Unidas (Unfpa), nos países desenvolvidos, a esperança de vida média era de 74 anos para os homens e 81 anos para as mulheres; na América Latina e Caribe, 71 e 78; e na África subsaariana, 55 e 57 anos; ou seja, uma diferença de mais de 19 anos para os homens e de 24 para as mulheres de média de vida entre os extremos.

Número absoluto e relativo de pessoas vivendo com menos de US$ 1,25 por dia

Região/país	1990		2010	
	Número de pobres (em milhões)	% sobre a população total da região/do país	Número de pobres (em milhões)	% sobre a população total da região/do país
Leste da Ásia e Pacífico	873	54,7	251	12,5
Europa e Ásia central	9	2,1	3	0,7
América Latina e Caribe	49	11,3	32	5,5
Oriente Médio e norte da África	10	4,3	8	2,4
Sul da Ásia	579	51,7	507	31,0
África subsaariana	295	57,6	414	48,5
Total	**1 816**	**42,0**	**1 215**	**20,6**

World development indicators 2013. Disponível em: <www.worldbank.org>. Acesso em: 1º jul. 2014.

2. População, povo e etnia: conceitos básicos

- **População** é o conjunto de pessoas que residem em determinada área, que pode ser um bairro, um município, um estado, um país ou até mesmo o planeta como um todo.
- No Brasil, população e **povo** são conceitos que possuem **distinção jurídica**.
- Como a população é o conjunto de todos os habitantes, ela engloba, por exemplo, estrangeiros residentes no país.
- Somente os brasileiros natos e os estrangeiros naturalizados que, de forma regulamentada, têm direitos e deveres de participação na vida política do

país e constituem o povo brasileiro, no sentido jurídico-político do termo.

- O Brasil é o quinto país mais populoso do planeta, com cerca de 199 milhões de habitantes (em dezembro de 2012, segundo o IBGE), embora seja pouco povoado, pois possui aproximadamente 22 hab./km².

O que é nação e etnia?

- **Nação** é sinônimo de etnia, um grupo de pessoas que apresentam uma história comum e vivenciam um padrão cultural que lhes assegura uma identidade coletiva.
- A população de um país pode conter várias nações ou etnias, como é bastante evidente na Rússia, na Índia, na China e na Indonésia.
- Segundo a Funai, o Brasil é composto de diversas nações indígenas (os Yanomami, os Kaiapó, os Munduruku, os Kadiwéu, os Guarani), além de outras 215 etnias (sem contar os mais de oitenta povos isolados sobre os quais a Funai afirma ainda não haver informações objetivas).
- Quanto mais acentuadas as diferenças sociais e a concentração de renda, maior é a distância entre a média dos indicadores socioeconômicos da população e a realidade em que vive a maioria dos cidadãos.

Taxa de analfabetismo funcional por classe de rendimento mensal familiar *per capita* (em %) – 2009			
Até ½ salário mínimo	De ½ a 1 salário mínimo	De 1 a 2 salários mínimos	Mais de 2 salários mínimos
31,0	25,9	16,1	5,3

IBGE. *Síntese de Indicadores Sociais 2010*. Rio de Janeiro, 2010. Disponível em: <www.ibge.gov.br>. Acesso em: 20 ago. 2014.

3. A discriminação de gênero

- Nos países desenvolvidos, principalmente nos da Europa ocidental, nos Estados Unidos, no Canadá e na Austrália, tem havido grande avanço na redução das desigualdades de gênero, e as mulheres obtiveram muitas conquistas.
- Embora em nível menor, o avanço também vem ocorrendo em países emergentes como o Brasil, a Argentina, o Chile, a Índia, a Turquia e a África do Sul.
- Em alguns outros emergentes e em muitos países e regiões mais pobres do mundo, principalmente na África subsaariana e no Oriente Médio, as mulheres ainda sofrem grande discriminação e apresentam taxas de escolarização, participação política e condições de emprego bem inferiores às da população masculina, além de sofrerem frequentes maus-tratos.

4. Crescimento populacional ou demográfico

- Do início dos anos 1970 até 2012, o crescimento da população mundial caiu de 2,1% para 1,1% ao ano e o número médio de filhos por mulher (taxa de fecundidade) caiu de 6 para 2.
- Segundo estimativas, a população do planeta saltará de mais de 7 bilhões, em 2011, para 9 bilhões em 2050.
- Os países em desenvolvimento abrigavam 5,7 bilhões de pessoas em 2011 e, em 2050, deverão ter 7,9 bilhões.

Crescimento populacional – 2010

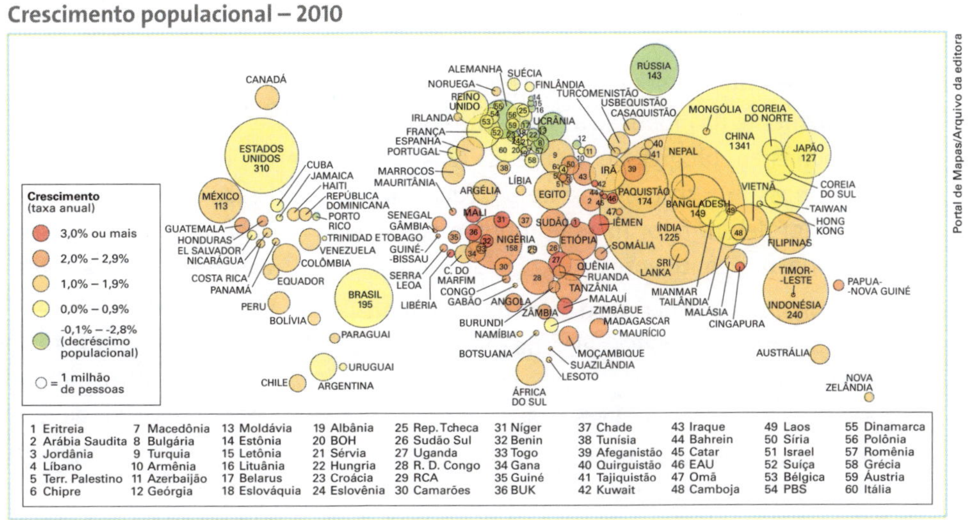

Adaptado de: SMITH, Dan. *The Penguin State of the World Atlas*. 9th ed. London: Penguin Books, 2012. p. 22-23.

- Nos países desenvolvidos o crescimento nesse mesmo período será bem menor, com a população absoluta aumentando de 1,24 para 1,28 bilhão de pessoas e, caso não se considerasse o ingresso de imigrantes, haveria redução para 1,15 bilhão.
- Na China e na Índia, respectivamente, com mais de 1,3 e 1,2 bilhão de habitantes em 2013, vivem aproximadamente 36% da população mundial (dados da UNFPA).
- Já a proporção das pessoas que vivem nos países desenvolvidos diminuirá de 17% em 2013 para 14% em 2050 por causa da redução em seu ritmo de crescimento vegetativo.

Estimativa do crescimento da população mundial

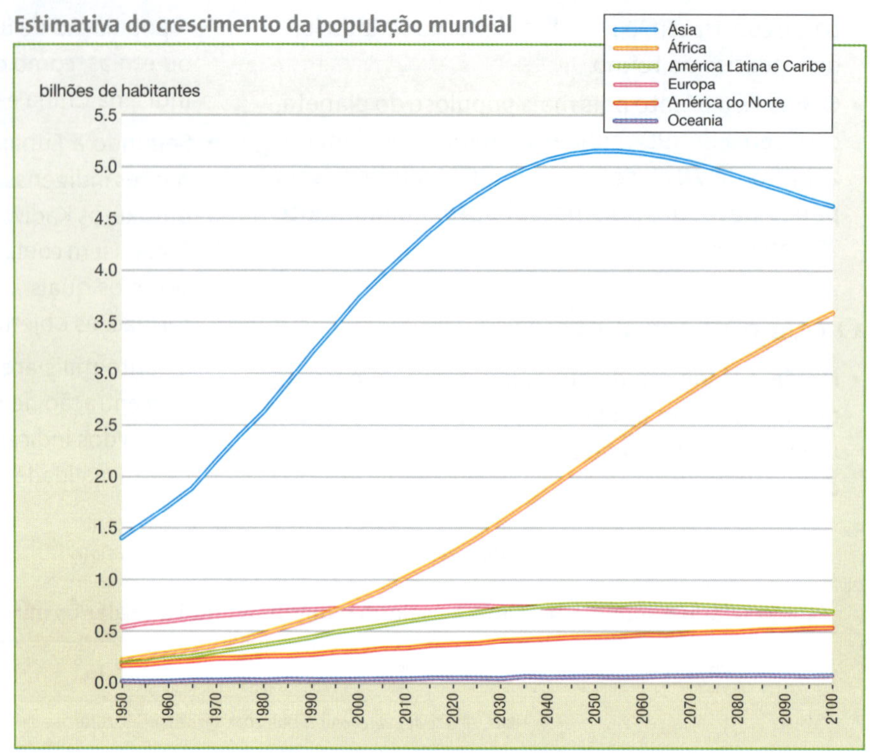

ONU. *World Population Prospects*: the 2010 Revision. In: *Population Division*. Disponível em: <http://un.org/esa/population>. Acesso em: 1º jul. 2014.

- A população africana, que representava 9% da população mundial em 1950, deverá representar 21% em 2050. Veja no gráfico acima uma projeção para o crescimento da população mundial.
- O crescimento demográfico está ligado a dois fatores: ao **crescimento natural** e à **taxa de migração**.

Teoria de Malthus

- Em 1798, Malthus publicou uma teoria demográfica que se apoiava basicamente em dois postulados:
  a) se não ocorrerem guerras, epidemias, desastres naturais, etc., a população tenderia a duplicar a cada 25 anos. Cresceria, portanto, em progressão geométrica (2, 4, 8, 16, 32...) e constituiria um fator variável, que aumentaria sem parar;
  b) o crescimento da produção de alimentos ocorreria apenas em progressão aritmética (2, 4, 6, 8, 10...) e possuiria certo limite de produção, por depender de um fator fixo: a própria extensão territorial dos continentes.
- Dessa forma, ele concluiu que o ritmo de crescimento populacional seria mais acelerado que o da produção de alimentos.
- Previu, também, que um dia as possibilidades de aumento da área cultivada estariam esgotadas e, no entanto, a população mundial ainda continuaria crescendo.
- A consequência disso seria a falta de alimentos para abastecer as necessidades de consumo do planeta (a fome).
- Para evitar esse flagelo, Malthus, que além de economista era pastor da Igreja anglicana, na época contrária aos métodos anticoncepcionais, propunha que as pessoas só tivessem filhos se possuíssem terras cultiváveis para poder alimentá-los.
- Hoje, verifica-se que suas previsões não se concretizaram: o ritmo de crescimento da população do planeta desacelerou e a produção de alimentos aumentou graças à elevação da produtividade (quantidade produzida por área) decorrente do desenvolvimento tecnológico.

Teoria neomalthusiana

- Em 1945, com o término da Segunda Guerra, foi realizada a Conferência de São Francisco (Estados Unidos), na qual foram discutidas estratégias de desenvolvimento para evitar a eclosão de um novo conflito militar em escala mundial.
- Nessa Conferência, foi formulada a teoria demográfica neomalthusiana, defendida por setores das sociedades e dos governos dos países desenvolvidos (e por alguns setores dos países em desenvolvimento) com o intuito de se esquivarem das questões socioeconômicas centrais.

- Segundo essa teoria, uma numerosa população jovem, resultante das elevadas taxas de natalidade que eram verificadas em quase todos os países pobres, necessitaria de grandes investimentos sociais em educação e saúde.
- Com isso, sobrariam menos recursos para serem investidos em infraestrutura e nos setores agrícola e industrial, o que impediria o pleno desenvolvimento das atividades econômicas e, consequentemente, da melhoria das condições de vida da população.
- Seus defensores passaram a propor, então, programas de controle de natalidade nos países em desenvolvimento mediante a disseminação de métodos anticoncepcionais.

Teoria demográfica reformista

- Na mesma Conferência de São Francisco, representantes dos países então chamados subdesenvolvidos elaboraram a teoria reformista, que chega a uma conclusão inversa à das duas teorias demográficas mencionadas.
- Uma população jovem numerosa, em virtude de elevadas taxas de natalidade, não é causa, mas consequência do subdesenvolvimento.
- Em países desenvolvidos, o controle da natalidade ocorreu de maneira simultânea à melhoria da qualidade de vida.
- Uma população jovem numerosa só se tornou empecilho ao desenvolvimento das atividades econômicas nos países subdesenvolvidos porque não foram realizados investimentos sociais, principalmente em educação e saúde. Mais pessoas com acesso à educação e com renda em alta significa maior mercado consumidor, o que estimula o desenvolvimento econômico. Esse é um dos motores do elevado crescimento econômico chinês desde 1980.
- Enfim, a teoria reformista é a mais abrangente entre as três, por analisar os problemas econômicos, sociais e demográficos de forma integrada, partindo de situações concretas do dia a dia das pessoas.

Número médio de filhos, por região (2010-2015)

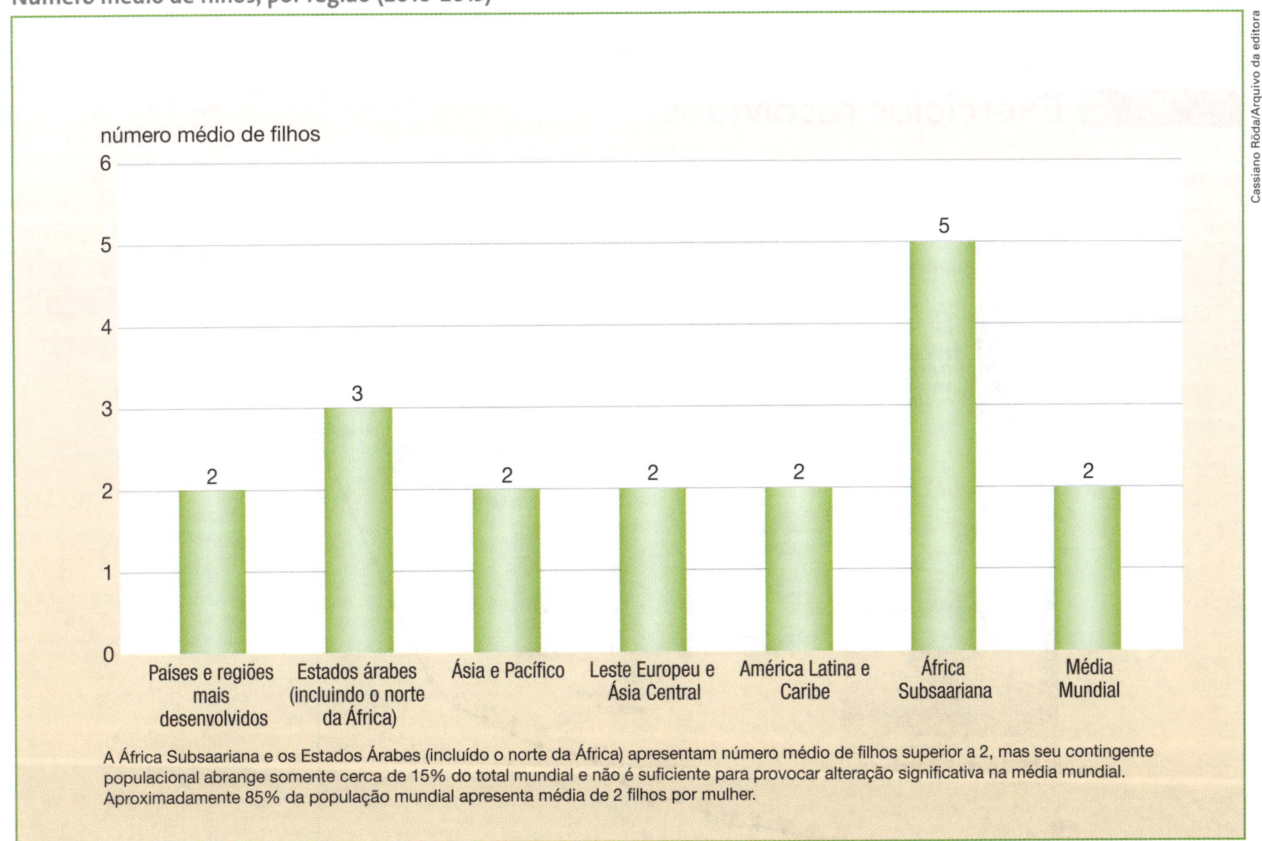

número médio de filhos
6
5
4
3
2
1
0
2
3
2
2
2
5
2
Países e regiões mais desenvolvidos
Estados árabes (incluindo o norte da África)
Ásia e Pacífico
Leste Europeu e Ásia Central
América Latina e Caribe
África Subsaariana
Média Mundial
A África Subsaariana e os Estados Árabes (incluído o norte da África) apresentam número médio de filhos superior a 2, mas seu contingente populacional abrange somente cerca de 15% do total mundial e não é suficiente para provocar alteração significativa na média mundial. Aproximadamente 85% da população mundial apresenta média de 2 filhos por mulher.
Cassiano Röda/Arquivo da editora

Fundo de População das Nações Unidas (UNFPA). *Relatório sobre a situação da população mundial 2013*. Disponível em: <www.unfpa.org.br>. Acesso em: 30 maio 2014.

Os investimentos em educação são fundamentais para as condições de trabalho e melhoria de todos os indicadores sociais. No mundo inteiro, quanto maior a escolaridade e a qualidade de vida da mulher, menores tendem a ser o número de filhos e a taxa de mortalidade infantil.

5. Índices de crescimento populacional

Taxa de crescimento populacional		
Países	Taxa de crescimento da população 2010-2015 (% ao ano)	Taxa de fecundidade (2010-2015)
Níger	3,5	6,9
Afeganistão	3,1	6,0
Arábia Saudita	2,1	2,6
Índia	1,3	2,5
Estados Unidos	0,9	2,1
Brasil	0,8	1,8
China	0,4	1,6
Países Baixos	0,3	1,8
Rússia	(–) 0,1	1,5
Japão	(–) 0,1	1,4
Alemanha	(–) 0,2	1,5
Romênia	(–) 0,2	1,4

Fundo de População das Nações Unidas (UNFPA). *Relatório sobre a situação da população mundial 2013.* Disponível em: <www.unfpa.org.br>. Acesso em: 30 maio 2014.

- A taxa média de fecundidade necessária para a reposição da população sem que haja decréscimo no total é de 2,1 filhos por mulher.
- Caso as projeções da ONU se mantenham, entre 2010 e 2050 a população de 31 países pobres (Níger, Afeganistão e outros) vai duplicar ou aumentar ainda mais, enquanto em 45 países desenvolvidos ou emergentes (Alemanha, Rússia entre outros) a população vai decrescer no mesmo período.
- A queda dos índices de natalidade e mortalidade está relacionada principalmente ao êxodo rural (saída de pessoas do campo para se fixarem nas cidades), e suas consequências no comportamento demográfico de uma população crescentemente urbana são:

a) maior custo para criar os filhos;
b) acesso a métodos anticoncepcionais;
c) trabalho feminino extradomiciliar;
d) aborto;
e) acesso a assistência médica, saneamento básico e programas de vacinação;
f) aspectos subjetivos.

Exercícios resolvidos

1. (UFBA)

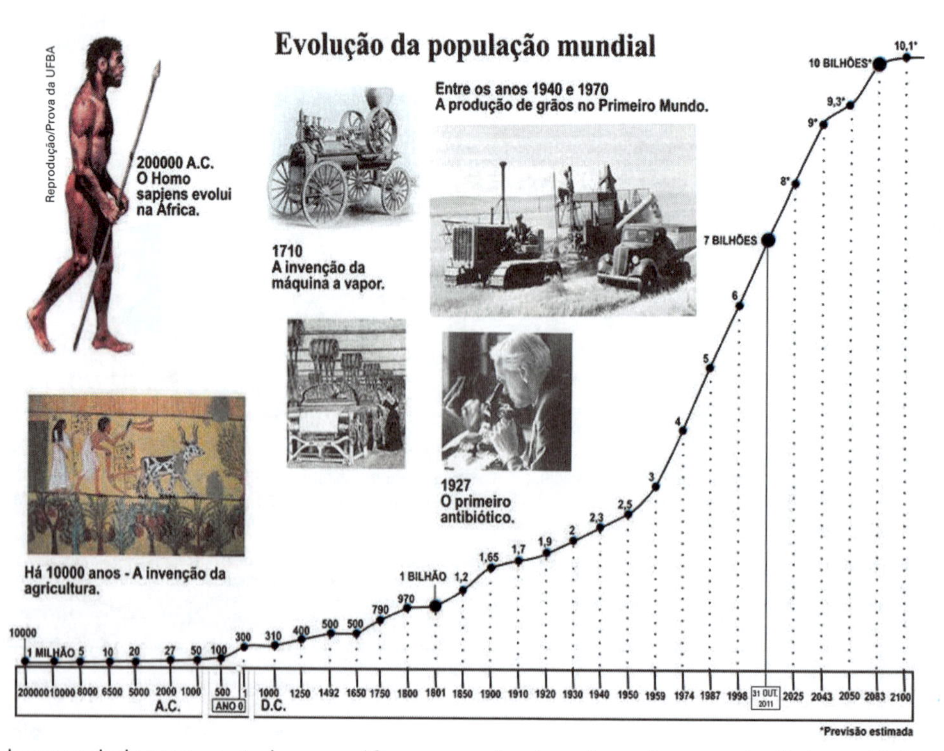

Considerando-se os dados apresentados no gráfico e os conhecimentos sobre a evolução tecnológica, o crescimento, a distribuição e os principais movimentos migratórios da população mundial, é correto afirmar:

(01) A população avançou lentamente, com a evolução da espécie — há, aproximadamente, duzentos mil anos —, porém, a partir do surgimento da agricultura e da domesticação dos animais — promovendo o aumento de grãos e o suporte animal —, o crescimento populacional aumentou, apesar dos altos índices de mortalidade.

(02) A Revolução Industrial estava em pleno curso, com alta produtividade, transportes mais rápidos e a população mundial atingia um bilhão de habitantes, quando Thomas Malthus alertou para a desarmonia entre o crescimento populacional e a falta de alimentos.

(04) O século XIX, conhecido pelos avanços na educação e na saúde, ficou marcado pela queda da mortalidade infantil e pelas conquistas da medicina, acelerando, assim, o crescimento da população até os dias atuais.

(08) A Ásia é, atualmente, o continente mais populoso do planeta, a África tem as maiores taxas de crescimento demográfico, e os países ricos da Europa apresentam um envelhecimento da população.

(16) As projeções estatísticas das últimas décadas apontam para uma redução dos movimentos migratórios, principalmente por causa da globalização e da diminuição dos conflitos.

(32) O Brasil possui baixa densidade demográfica, mas a população está muito mal distribuída pelo território, havendo maior concentração na faixa litorânea, adentrando-se especialmente na Região Sudeste.

Resposta

A soma é: 43 (01 + 02 + 08 + 32).

A agricultura e a domesticação de animais permitiram o sedentarismo e o surgimento das primeiras cidades, com consequente aumento na disponibilidade de alimentos e crescimento populacional, que foi se acelerando incessantemente; em 1801 a população mundial era de 1 bilhão de habitantes, chegando a 7 bilhões em 2011.

2. (UFPE) Leia atentamente o seguinte texto:

China e Índia são, respectivamente, os dois países mais populosos do mundo, com o primeiro concentrando cerca de 1,35 bilhão de pessoas e o segundo, 1,2 bilhão de pessoas. Uttar Pradesh, um estado indiano, possui sozinho 199 581 477 pessoas, mais do que toda a população brasileira. Somadas, as populações de China e Índia equivalem a pouco mais de um terço de toda a população mundial.

(MORAES, Gabriel Timóteo de. Questões demográficas na Índia e na China.)

Sobre o tema tratado no texto, podemos afirmar que:

( ) O governo da China criou, em 1978, a política do filho único, como uma tentativa de aliviar os problemas sociais, econômicos e ambientais do Estado. Essa política se baseia em uma série de legislações e incentivos econômicos que beneficiam as famílias com apenas um filho e punem economicamente as famílias que têm mais de uma criança.

( ) A política do filho único, na China, encontrou barreiras na tradição confuciana, segundo a qual cabe ao filho homem apoiar os pais na velhice. O resultado é um aumento do número de mortes e abandonos de meninas recém-nascidas.

( ) Na Índia, as políticas de controle demográfico são extremamente rígidas, em parte devido a uma intensa reação pública em relação aos processos de vasectomias voluntárias iniciados na década de 1970, como forma de controle populacional.

( ) A distribuição espacial da população no território chinês é consideravelmente homogênea, em face, sobretudo, da adoção do planejamento populacional e dos impedimentos legais de migrações adotadas pelo governo maoista.

( ) O desafio para a Índia e a China é de encontrar um ponto de equilíbrio entre questões de desenvolvimento econômico, consumo de recursos e alimentos e equidade de gênero. Apresenta-se como impossibilidade que essas sociedades retornem à situação de que partiram, na segunda metade do século XX, quando suas explosões demográficas intensificaram-se.

Resposta

A sequência correta é: V – V – F – F – V.

Na Índia não há controle de natalidade, apenas campanhas de educação para que as famílias estabeleçam planejamento familiar; a população chinesa se encontra bastante concentrada no Leste e Sudeste do país, que possui grandes vazios demográficos no interior desértico e montanhoso.

Exercícios propostos

Testes

1. (UERJ) A proporção entre a população e a superfície territorial é um dos elementos que define a relação entre sociedade e espaço. Observe os dados informados abaixo:

País	População absoluta (habitantes em 2008)	Superfície (km²)
China	1 313 000 000	9 572 900
França	61 000 000	543 965
Holanda	16 300 000	41 528
Argentina	38 700 000	2 780 403

SIMIELLI, Maria Elena. *Geoatlas*. São Paulo: Ática, 2009.

De acordo com a tabela, o país mais povoado é a:

a) China
b) França
c) Holanda
d) Argentina

2. (UERJ)

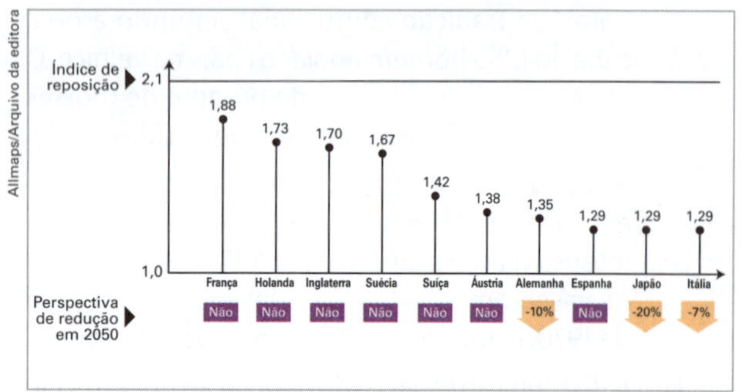

Adaptado de: <veja.abril.com.br>. Acesso em: 20 ago. 2014.

A despeito das taxas de fecundidade apresentadas, a estabilidade demográfica, projetada para vários países desenvolvidos em 2050, baseia-se em fenômenos atuais, com destaque para:

a) redução da natalidade, estabelecida pela maior expectativa de vida
b) expansão da mortalidade, provocada pelo envelhecimento dos grupos etários
c) deslocamento populacional, condicionado pelas disparidades socioeconômicas
d) demanda por mão de obra qualificada, favorecida por políticas governamentais

3. (UEM-PR) Sobre dinâmica populacional, assinale o que estiver **correto**.

(01) O crescimento demográfico ocorre em função de dois processos: o crescimento vegetativo, ou natural; e as migrações, ou movimentos migratórios.

(02) População absoluta significa o número total de pessoas do sexo masculino, na faixa etária entre 18 e 65 anos, em determinado espaço geográfico.

(04) A relação entre o número de nascimentos ocorridos no período de um ano e o total de habitantes define a taxa de natalidade.

(08) A População Economicamente Ativa (PEA) é composta por pessoas que têm ocupação remunerada. A População Economicamente Inativa (PEI) corresponde às pessoas que não exercem atividade remunerada.

(16) A relação entre a População Economicamente Ativa e a População Economicamente Inativa, quando a primeira é maior do que a segunda, define o PIB (Produto Interno Bruto) de um país ou de uma região.

4. (UEPB)

Estamos chegando a 9 bilhões de pessoas no planeta e, nos últimos anos, a fome no mundo aumentou em vez de diminuir. Não é uma questão de produtividade porque, apesar deste (aumento na produção de alimentos) ter crescido muito, temos hoje quase 1 bilhão de pessoas que passam fome. [...] *Especular em cima da vida e da morte das pessoas sempre foi um grande negócio — antes era a guerra, agora também é a comida.*

SARAGOUSSI, Muriel. "Cresça". *Le Monde diplomatique Brasil.* Ano 5, número 58, maio de 2012. Encarte. p. 2 e 3.

De acordo com o fragmento do texto de Saragoussi, podemos concluir que:

a) O ritmo de crescimento da produção de alimentos, que pode ser comparado a uma progressão aritmética (1, 2, 3, 4...), não teve como acompanhar o ritmo de crescimento da população mundial, que aumentou em um ritmo muito mais rápido, comparado a uma progressão geométrica (1, 2, 4, 8...).
b) Malthus estava certo ao alertar para o fato de que o crescimento desordenado da população acarretaria a falta de alimentos para a população e a fome como consequência.
c) O excedente populacional do planeta acarreta o subdesenvolvimento e a fome, pois não há recursos para suprir as necessidades de tanta gente.
d) A oferta de alimentos no mundo segue a lógica do mercado capitalista, tem acesso quem tem recursos para adquiri-lo.
e) A fome no planeta só será resolvida quando os países ricos disseminarem pelos países subdesenvolvidos práticas agrícolas intensivas, com mecanização da produção e o uso de sementes geneticamente melhoradas.

Questão

5. (UERJ) No gráfico abaixo, representa-se o processo de transição demográfica, vivenciado, de forma diferente, nos países desenvolvidos e nos subdesenvolvidos.

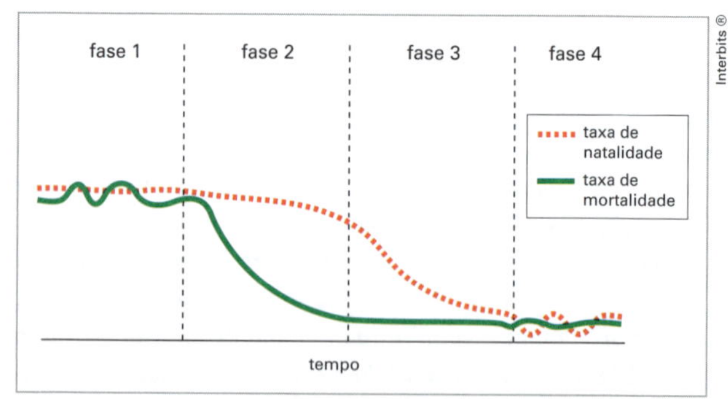

Adaptado de: <www.prb.org>. Acesso em: 20 ago. 2014

Identifique, a partir do gráfico, uma fase em que há reduzido índice de crescimento vegetativo e outra em que ocorre a elevação desse índice.

Em seguida, apresente dois fatores que justificam, em países subdesenvolvidos, a queda da mortalidade na fase 2.

MÓDULO 27 • Os fluxos migratórios e a estrutura da população

1. Fluxos migratórios

- O deslocamento de pessoas dos países pobres e emergentes em direção aos desenvolvidos corresponde a uma pequena parcela do total de migrantes do planeta, e a maioria se desloca dentro de seu país de origem.
- Na maioria dos casos, quando o lugar de origem dos migrantes é pobre, o deslocamento melhora seu rendimento e suas condições de vida.
- O deslocamento pode significar a possibilidade de serem hostilizados pelos moradores do novo lugar de residência, de perder o emprego ou adoecer e não ter apoio de parentes e amigos, entre outras adversidades.

Movimentos populacionais

- O deslocamento de pessoas entre países, regiões, cidades, etc. se deve a causas religiosas, naturais, político-ideológicas, psicológicas, às guerras, entre outras.
- Nas áreas de **repulsão populacional** observam-se crescente desemprego, subemprego e baixos salários.
- Nas áreas de **atração populacional** vislumbram-se melhores perspectivas de emprego e salário e, portanto, melhores condições de vida.
- Os movimentos populacionais podem ser classificados em:
  a) **voluntário** – quando o movimento é livre;
  b) **forçado** – como nos casos de escravidão e de perseguição religiosa, étnica ou política;
  c) **controlado** – quando o Estado controla numérica ou ideologicamente a entrada e/ou saída de migrantes.
- Em 2011, segundo dados da ONU, cerca de 227 milhões de pessoas residiam fora de seu país de origem, o que equivale a 3,2% da população mundial.
- Os países desenvolvidos abrigam 60% dos imigrantes do planeta e, portanto, 40% residem em países em desenvolvimento.
- A Europa é a maior receptora de imigrantes (72 milhões em 2013, segundo a ONU), seguida pela Ásia (71 milhões) e pela América do Norte (53 milhões).
- Em 2010, os imigrantes repatriaram cerca de US$ 325 bilhões, com a intenção de ajudar suas famílias ou realizar poupança que lhes permitisse regressar no futuro.
- No final de 2012, havia no mundo 45,2 milhões de pessoas deslocadas de seu lugar de origem por perseguição (28,8 milhões refugiadas em seu próprio país de origem).

Principais rotas migratórias

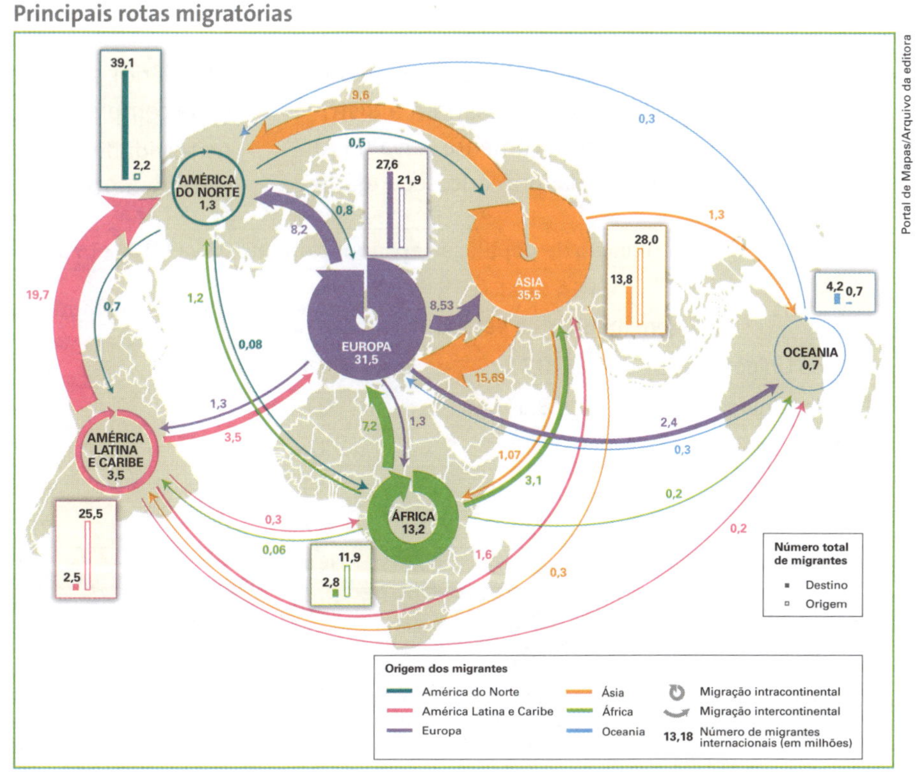

Portal de Mapas/Arquivo da editora

Adaptado de: EL Atlas de las mundializaciones. *Le Monde Diplomatique*. Valência: Fundación Mondiplo, 2011. p. 81.

2. Estrutura da população

Pirâmide etária

- Se a pirâmide apresenta um aspecto triangular, o percentual de jovens no conjunto da população é alto.
- O topo estreito indica uma pequena participação percentual de idosos no conjunto total da população e, portanto, que a expectativa de vida é baixa.
- Se a pirâmide não indicar grande diferença da base ao topo, a população apresenta baixa taxa de natalidade e alta expectativa de vida.

Pirâmides etárias – 2010

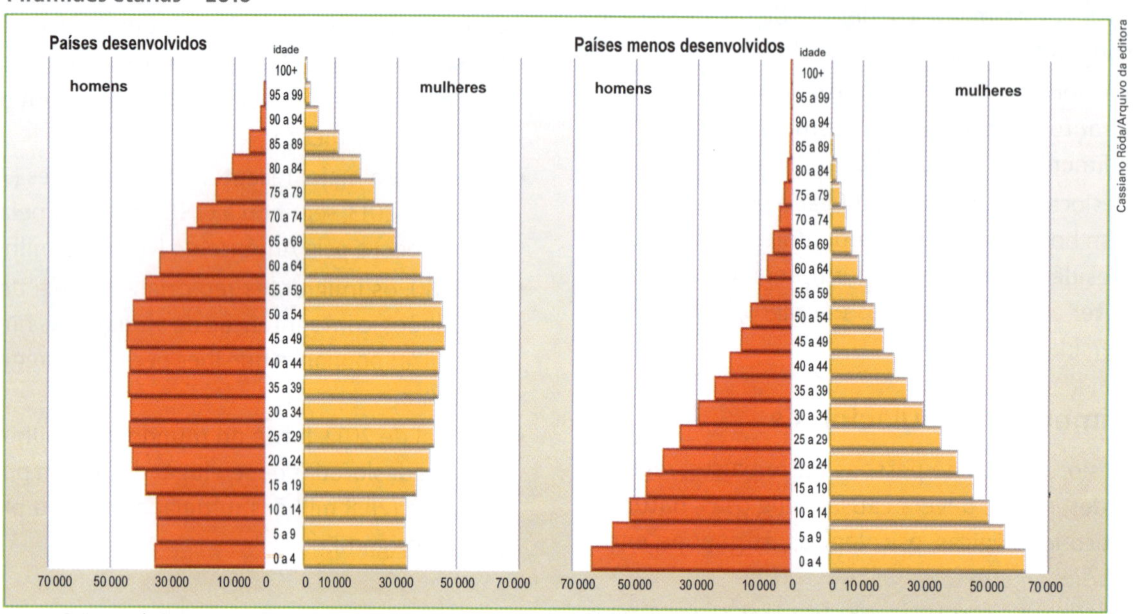

ONU. Population Prospects: the 2010 Revision. In: *Population Division*. Disponível em: <www.un.org/esa/population>. Acesso em: 20 ago. 2014.

3. As atividades econômicas

- Em razão da crescente imbricação das atividades econômicas, as estatísticas que mostram a distribuição da População Economicamente Ativa (PEA) nos três setores da economia (primário, secundário e terciário), ainda muito utilizadas, já não dão conta da complexidade da realidade atual.
- As atividades econômicas são agrupadas em três setores: agropecuária, indústria e serviços.

Distribuição da população economicamente ativa (PEA) em países selecionados				
País	PEA total (em milhões de pessoas)	Agropecuária (%)	Indústria (%)	Serviços (%)
Reino Unido	31,7	1,4	18,2	80,4
Estados Unidos	153,6	0,7	20,3	79,0
Alemanha	43,6	1,6	24,6	73,8
Japão	65,9	3,9	26,2	69,8
Arábia Saudita	7,6	6,7	21,4	71,9
Brasil	**104,7**	**15,7**	**13,3**	**71,0**
Filipinas	40,0	32,0	15,0	53,0
China	795,5	34,8	29,5	35,7
Índia	487,6	53,0	19,0	28,0
Uganda	16,0	82,0	5,0	13,0

CIA. *The World Factbook*. Disponível em: <www.cia.gov>. Acesso em: 30 maio 2014.

Distribuição da renda

- Nos países em desenvolvimento e em alguns emergentes há grande concentração do rendimento nacional bruto em mãos de pequena parcela da população, enquanto nos desenvolvidos ele está mais bem distribuída.
- Além dos baixos salários e da dificuldade de acesso à propriedade, há basicamente dois fatores que explicam a concentração de renda: o sistema tributário e a inflação.
- O **imposto direto** é aquele que recai diretamente sobre a renda ou a propriedade dos cidadãos e pode ser cobrado de maneira progressiva e proporcional.
- Já os **impostos indiretos** estão incluídos no preço das mercadorias e dos serviços que a população utiliza em seu cotidiano. É cobrado sempre o mesmo valor do consumidor, não importando a sua faixa de rendimento.

Exercícios resolvidos

1. (UEG-GO) A divisão do trabalho entre indivíduos e grupos é universal e baseia-se em critérios como sexo, idade e educação, dentre outros. A PEA (População Economicamente Ativa) apresenta uma distorção entre os países desenvolvidos e subdesenvolvidos, em função da predominância dos diferentes setores da economia e da divisão social do trabalho. Com base nessa proposição, é correto afirmar:
   a) as pessoas ocupadas (PEA) são aquelas ligadas ao trabalho formal com registro de carteira de trabalho, além dos profissionais liberais, com recolhimento de impostos e prestação de serviços em geral.
   b) a partir da década de 1970, a maioria dos trabalhadores da área industrial brasileira atua nas indústrias de ponta, mais avançadas tecnologicamente, com elevados índices de robotização e informação.
   c) atualmente, exige-se tanto do homem quanto da mulher habilidade manual e força muscular, incluindo-se também o trabalho da criança quando as atividades da empresa necessitam de menor esforço em suas operações.
   d) o desenvolvimento tecnológico, com a utilização de máquinas cada vez mais complexas, leva à exigência de qualificação e especialização da mão de obra; a divisão do trabalho, na sociedade industrial, repousa cada vez mais em habilidades especiais.

Resposta

A PEA inclui também os desempregados que estão à procura de nova ocupação; a robotização da produção industrial brasileira ainda é restrita a poucos setores, com destaque ao automobilístico; a força muscular foi substituída pelo uso de máquinas e o trabalho infantil é proibido; a alternativa **D** está correta.

2. (Aman-RJ) Com relação à demografia e suas migrações internacionais no final do século XX e no início do século XXI, assinale a única alternativa correta.
   a) A população estrangeira em países desenvolvidos diminuiu na década de 1990 em função da estagnação econômica e das políticas migratórias adotadas por esses países.
   b) Há uma tendência de as migrações de africanos para a Europa terem como origem uma antiga colônia e como destino o país que a dominou. Isso explica o fato de mais de 90% dos argelinos que vivem na Europa residirem na Alemanha.
   c) Os Estados Unidos compõem o maior polo de atração de migrantes no mundo. Em função disso, é o país que possui o maior percentual de imigrantes, que compõem mais de 50% de sua população total.
   d) Está ocorrendo uma maior feminização do processo migratório. Em 2005, as mulheres já representavam quase a metade dos migrantes internacionais.
   e) A maioria dos migrantes internacionais reside de forma ilegal no exterior. Esses clandestinos representavam mais de 180 milhões de pessoas em todo o mundo no ano de 2000, segundo a ONU.

Resposta

Ao longo da história sempre predominou a população masculina nos processos migratórios. Entretanto, o aumento da participação feminina na PEA acarretou também maior mobilidade espacial, sendo correta a alternativa **D**. A imigração estrangeira em países desenvolvidos continua aumentando; os imigrantes argelinos deslocam-se principalmente para a França, sua ex-colônia; os imigrantes compõem cerca de 13% da população dos Estados Unidos.

Exercícios propostos

Testes

1. (UFSJ-MG) Sobre a dinâmica da população mundial, é **CORRETO** afirmar que
   a) os indicadores socioeconômicos nos países desenvolvidos e em desenvolvimento demonstram diminuição da população economicamente ativa do setor terciário.
   b) os países mais populosos do mundo são os que apresentam as maiores densidades demográficas.
   c) os fluxos migratórios têm aumentado em direção às metrópoles, provocando a diminuição da população nas cidades médias.
   d) as taxas de natalidade têm diminuído enquanto o número de idosos tem aumentado, principalmente nos países mais desenvolvidos.

2. (UFSJ-MG) Observe a imagem abaixo.

Reprodução/Prova da UFSJ

Essa imagem ilustrou a capa de uma revista que trazia como manchete o envelhecimento da população mundial.

Sobre esse envelhecimento, é **INCORRETO** afirmar que

a) em países asiáticos, como Japão e China, resulta em uma pirâmide etária com uma base larga e um ápice estreito.

b) é dinâmico e se estabelece em etapas sucessivas, o que é conhecido como "transição demográfica".

c) é um fenômeno que predomina em escala mundial, sendo mais frequente nos países mais desenvolvidos.

d) o continente que apresenta a maior taxa de idosos em relação à população total é o continente europeu.

Questão

3. (UFRN) As migrações internacionais são fluxos de populações que se deslocam dos países de origem para fixar residência em outros países. A história das migrações internacionais pode ser dividida em duas fases distintas: de 1830 a 1939 e de 1945 a 2005.

Observe o mapa a seguir.

Fluxos migratórios internacionais

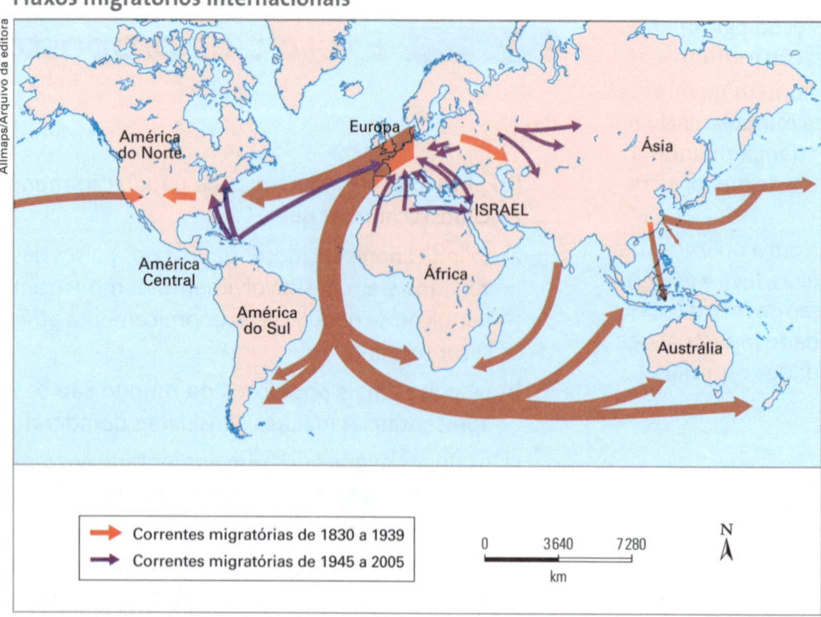

Allmaps/Arquivo da editora

Adaptado de: <http://clientes.netvisao.pt/carlhenr/9ano4.htm>. Acesso em: 20 ago. 2014.

a) De acordo com o mapa, explique a diferença da dinâmica dos fluxos migratórios em relação à Europa, considerando os períodos em que ocorreram.

b) Explique, do ponto de vista econômico, por que o imigrante, na Europa, tem enfrentado problemas de discriminação.

MÓDULO 28 • Aspectos demográficos e estrutura da população brasileira

1. Crescimento vegetativo e transição demográfica

- Segundo o IBGE, em 2010, a taxa de fecundidade da mulher brasileira era 1,8, nível inferior aos 2,1 considerados pela ONU como nível de reposição da população.
- Entre os fatores que explicam esse fato destacam-se a urbanização, a melhora nos índices de educação, o maior acesso ao planejamento familiar, o maior ingresso das mulheres no mercado de trabalho e as mudanças nos valores socioculturais.
- Vem aumentando a esperança de vida ao nascer, como mostra o segundo gráfico abaixo.
- O Brasil, portanto, está passando por uma **transição demográfica** que se acentuou a partir do início da década de 1980.

Brasil: taxa de fecundidade

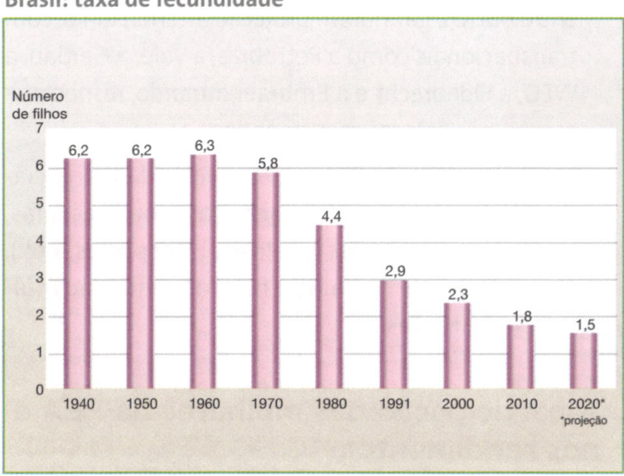

Brasil: esperança de vida ao nascer

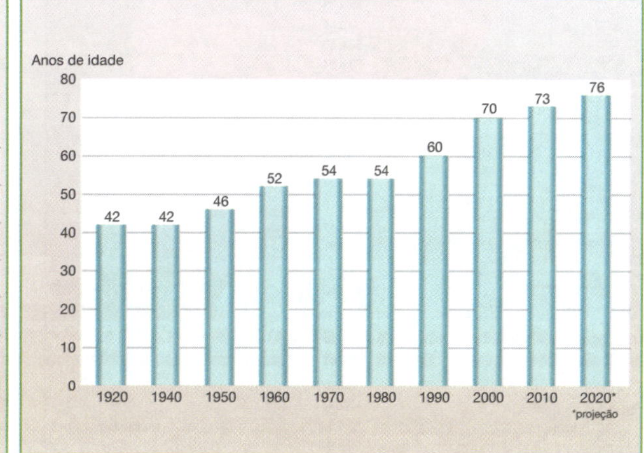

Gráficos: IBGE. Disponível em: <www.ibge.gov.br>. Acesso em: 2 jun. 2014.

- Essas alterações na composição etária da população mostram que o Brasil ingressou no período de passagem da chamada "janela demográfica".
- De acordo com o Censo, em 2010, cerca de 33% da população era composta de crianças e idosos e 67% estavam na faixa de 15 a 64 anos.
- Em termos percentuais, a taxa de mortalidade brasileira já atingiu um patamar equivalente ao de países desenvolvidos, próximo a 6%.

Brasil: crescimento vegetativo – 1980/2050							
Grupos de idade	Taxa média geométrica de crescimento anual da população total (%)						
	1980/1990	1990/2000	2000/2008	2008/2010*	2010/2020*	2020/2030*	2030/2050*
Total	2,14	1,57	1,28	0,96	0,70	0,44	(–) 0,05

IBGE. *Projeção da população do Brasil por sexo e idade para o período 1980-2050* – Revisão 2008. Disponível em: <www.ibge.gov.br>. Acesso em: 2 jun. 2014. * Projeções.

- Na política educacional, a redução relativa da população em idade escolar permite aumentar os recursos destinados à melhoria da qualidade do ensino.
- O crescimento da população com idade acima de 60 anos exige maiores investimentos no sistema de saúde, pois os idosos requerem mais cuidados médicos, tanto na medicina preventiva como na curativa.
- Além disso, o aumento percentual de idosos em relação à PEA tem provocado desequilíbrios no sistema público de previdência social, o que tende a se agravar, caso não sejam adotadas políticas públicas voltadas para esse setor da população.

2. A estrutura da população brasileira

- O aumento da esperança de vida da população brasileira ao nascer, acompanhado da queda das taxas de natalidade e mortalidade, vem provocando mudança na pirâmide de idades.

Brasil: pirâmides etárias

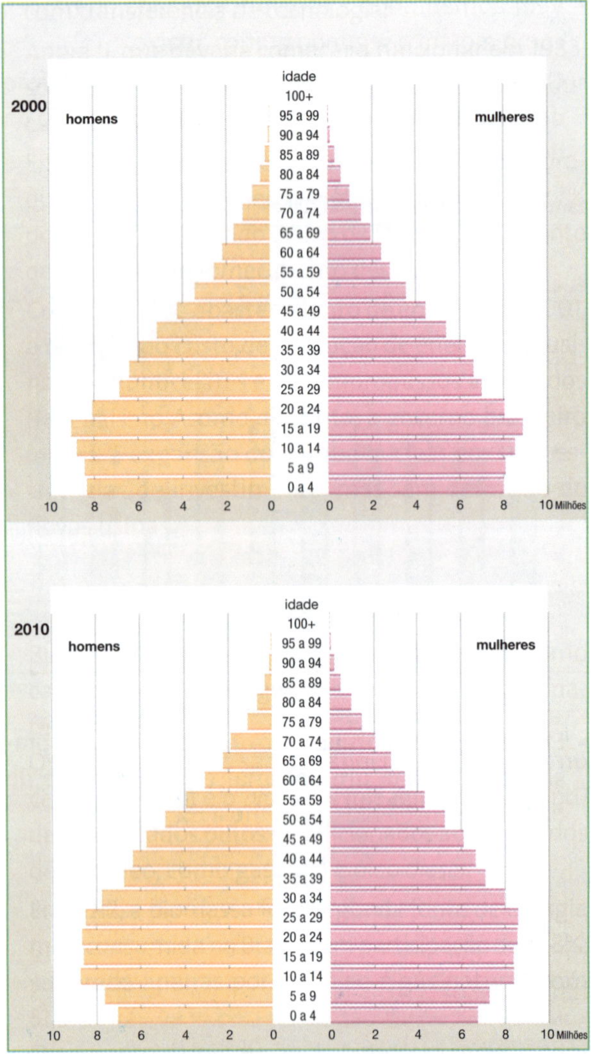

Adaptado de: IBGE. *Censo demográfico 2010*. Disponível em: <www.censo2010.ibge.gov.br/sinopse/webservice/>. Acesso em: 2 jun. 2014.

A mortalidade de jovens e adultos

- Desde a década de 1970 e sobretudo a partir dos anos 1990, passou a crescer a mortalidade masculina entre 15 e 35 anos, faixa etária em que fatores externos causadores de morte violenta são mais frequentes.
- Atualmente, a obesidade é um problema de saúde pública que afeta proporcionalmente mais que o dobro de pessoas que sofrem com desnutrição e fome.

3. A PEA e a distribuição de renda no Brasil

- Uma parcela significativa da PEA (14,1%) trabalha em atividades agrícolas, o que retrata o atraso de parte da agricultura brasileira.
- O setor industrial brasileiro, incluindo a construção civil, absorve 22,7% da PEA, número comparável ao de países desenvolvidos.
- A partir da abertura econômica, que se iniciou na década de 1990, houve grande modernização do parque industrial brasileiro, e algumas empresas dos setores petroquímico, extrativo mineral, siderúrgico, máquinas e equipamentos, construção civil, aeronáutico, entre outros, ganharam projeção internacional, com transnacionais como a Petrobras, a Vale, a Gerdau, a WEG, a Odebrecht e a Embraer atuando, respectivamente, nos setores mencionados.
- No Brasil, 63% da PEA exercem atividades terciárias. No setor formal de serviços (como escolas, hospitais, repartições públicas, transportes, etc.), as condições de trabalho e nível de renda são muito contrastantes.

A participação das mulheres na PEA e nos rendimentos

- No Brasil, há desproporção quanto à composição da PEA por gênero: segundo o IBGE, em 2012, 43,4% dos trabalhadores eram do sexo feminino.
- No Brasil, as mulheres apresentam melhores indicadores na área de educação do que os homens, mas elas se sujeitam a salários menores (o salário delas corresponde, em média, a 70% do salário dos homens), mesmo quando exercem função idêntica, com o mesmo nível de qualificação e na mesma empresa.

A participação dos afrodescendentes na renda nacional

- Em 2009, as diferenças de rendimento por cor ou raça eram maiores do que as que vimos por gênero, com as pessoas classificadas como pretas e pardas pelo IBGE recebendo aproximadamente 57% do rendimento da população classificada como branca.
- Os indicadores sociais da população afrodescendente são mais precários que os da população branca, mas as distâncias vêm se reduzindo desde a década

de 1980. Podemos verificar essa redução das desigualdades observando os indicadores de frequência escolar.

A distribuição de renda

- Embora a participação dos mais pobres na renda nacional ainda seja muito baixa, esse índice vem apresentando lenta melhora.

Distribuição de renda no Brasil (percentual sobre o total da renda nacional)					
Ano da pesquisa	10% mais pobres	20% mais pobres	60% intermediários	20% mais ricos	10% mais ricos
1989	0,7	2,1	30,4	67,5	51,3
2007	1,1	3,0	38,3	58,7	43,0
2009	0,8	2,9	38,5	58,6	42,9

BANCO MUNDIAL. *Relatório sobre o desenvolvimento mundial 1996*. Washington, D.C., 1996. p. 214-215; THE WORLD BANK. *World Development Indicators 2009*. Washington, D.C., 2009. p. 72-74; THE WORLD BANK. *World Development Indicators 2012*. Washington, D.C., 2011. Disponível em: <www.worldbank.org>. Acesso em: 20 ago. 2014.

4. O Índice de Desenvolvimento Humano (IDH)

- Das três variáveis consideradas no cálculo do IDH (longevidade, educação e renda – veja gráfico ao lado), a que apresentou a maior contribuição para a melhora do índice brasileiro foi o avanço na educação.
- Observe, na tabela abaixo, que os estados brasileiros apresentaram variação positiva no IDH ao longo das décadas de 1990 e 2010, embora algumas posições tenham se alterado.

Brasil: IDHM e seus subíndices (1991-2000-2010)

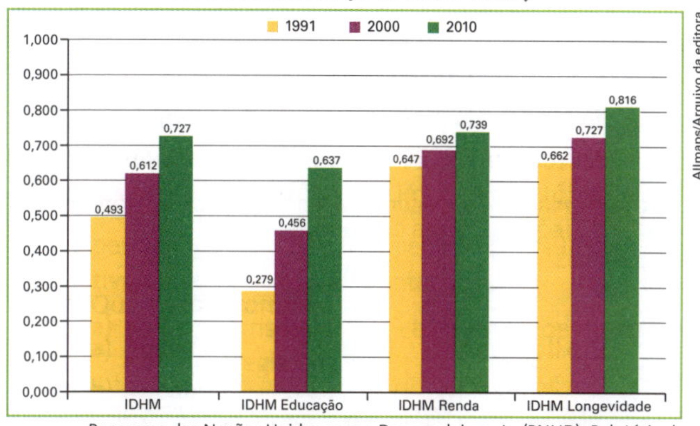

Programa das Nações Unidas para o Desenvolvimento (PNUD). *Relatório de desenvolvimento humano no Brasil*. Valores e desenvolvimento. Disponível em: <www.pnud.org.br>. Acesso em: 2 jun. 2014.

Brasil: classificação das unidades da federação segundo o IDH-M*							
Posição/UF	IDH-M em 1991	IDH-M em 2000	IDH-M em 2010	Posição/UF	IDH-M em 1991	IDH-M em 2000	IDH-M em 2010
Distrito Federal	0,798	0,844	0,824	Tocantins	0,635	0,721	0,699
São Paulo	0,773	0,814	0,783	Pará	0,663	0,720	0,646
Rio Grande do Sul	0,757	0,809	0,746	Amazonas	0,668	0,717	0,674
Santa Catarina	0,740	0,806	0,774	Rio Grande do Norte	0,618	0,702	0,684
Rio de Janeiro	0,750	0,802	0,761	Ceará	0,597	0,699	0,682
Paraná	0,719	0,786	0,749	Bahia	0,601	0,693	0,660
Goiás	0,707	0,770	0,735	Acre	0,620	0,692	0,663
Mato Grosso do Sul	0,712	0,769	0,729	Pernambuco	0,614	0,692	0,673
Mato Grosso	0,696	0,767	0,725	Sergipe	0,607	0,687	0,665
Espírito Santo	0,698	0,767	0,740	Paraíba	0,584	0,678	0,658
Minas Gerais	0,698	0,766	0,731	Piauí	0,587	0,673	0,646
Amapá	0,691	0,751	0,708	Maranhão	0,551	0,647	0,639
Roraima	0,710	0,749	0,707	Alagoas	0,535	0,633	0,631
Rondônia	0,655	0,729	0,690				

* IDH-M: Índice de Desenvolvimento Humano Municipal; o índice estadual corresponde à média obtida nos municípios que compõem a unidade da federação. Classificação segundo o IDH-M de 2000.

Programa das Nações Unidas para o Desenvolvimento (PNUD). *Atlas do desenvolvimento humano no Brasil 2013*. Disponível em: <www.pnud.org.br>. Acesso em: 2 jun. 2014.

Exercícios resolvidos

1. (UERJ) A taxa de dependência total corresponde ao percentual do conjunto da população jovem (menores de 15 anos) e idosa (com 60 anos ou mais) em relação à população total. Ela expressa a proporção da população sustentada pela população economicamente ativa.

Taxa de dependência total no Brasil

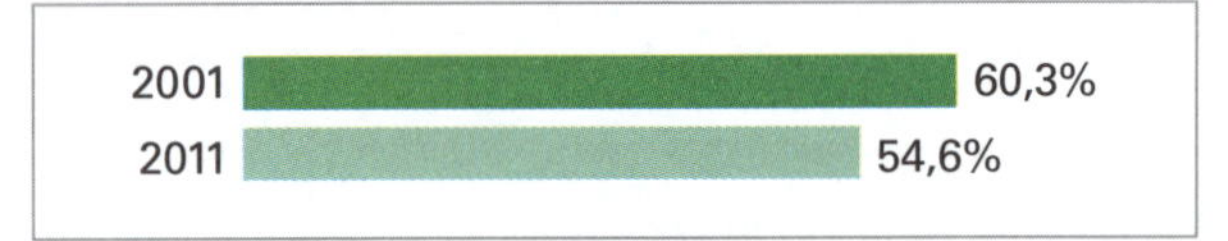

Adaptado de: <veja.abril.com.br>. Acesso em: 20 ago. 2014.

A manutenção da tendência apresentada no gráfico pode favorecer o seguinte impacto sobre as despesas governamentais nas próximas duas décadas:

a) redução do *deficit* da previdência social.

b) diminuição das verbas para a rede de saúde.

c) elevação dos investimentos na educação infantil.

d) ampliação dos recursos com seguro-desemprego.

Resposta

Alternativa **a**.

A redução percentual de jovens no conjunto total da população, associada a uma participação ainda pequena, embora crescente, dos idosos em relação à população em idade ativa, provoca aumento do número de contribuintes e, portanto, redução do *deficit* da previdência; entretanto, no médio e longo prazo o aumento da participação dos idosos tende a inverter essa tendência atual.

2. (UERJ)

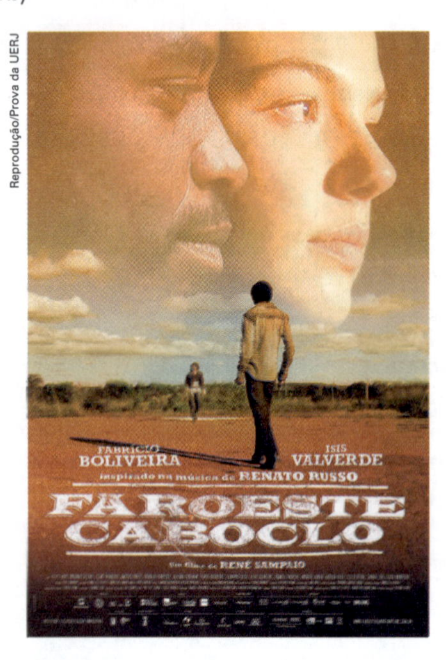

Reprodução/Prova da UERJ

Faroeste caboclo

– Não tinha medo o tal João de Santo Cristo.
Era o que todos diziam quando ele se perdeu.
Deixou pra trás todo o marasmo da fazenda

(...)

Ele queria sair para ver o mar
E as coisas que ele via na televisão
Juntou dinheiro para poder viajar
De escolha própria, escolheu a solidão

(...)

E encontrou um boiadeiro com quem foi falar

(...)

Dizia ele: – Estou indo pra Brasília
Neste país lugar melhor não há.

(...)

E João aceitou sua proposta
E num ônibus entrou no
Planalto Central
Ele ficou bestificado com a cidade

(...)

E João não conseguiu o que queria quando veio pra
Brasília, com o diabo ter
Ele queria era falar pro presidente
Pra ajudar toda essa gente
Que só faz sofrer.

Renato Russo, "Que país é este?", EMI, 1987.

O enredo do filme *Faroeste caboclo*, inspirado na letra da canção de Renato Russo, foi contado muitas vezes na literatura brasileira: o retirante que abandona o sertão em busca de melhores condições de vida.

A existência de retirantes está associada fundamentalmente à seguinte característica da sociedade brasileira:

a) expansão acelerada da violência urbana.

b) retração produtiva dos setores industriais.

c) disparidade econômica entre as regiões nacionais.

d) crescimento desordenado das áreas metropolitanas.

Resposta

As desigualdades socioeconômicas entre as regiões brasileiras são o principal fator de migração, sendo correta a alternativa **C**; no sertão nordestino, a repulsão populacional que ocorreu ao longo do século XX não esteve relacionada a fatores urbano-industriais, tornando incorretas as demais alternativas.

Exercícios propostos

Testes

1. (UFG-GO) Leia as informações a seguir.

De acordo com dados do IBGE, a distribuição da população brasileira por gênero se enquadra nos padrões mundiais; nascem mais homens que mulheres. Entretanto, as pirâmides etárias, na fase adulta, mostram uma parcela ligeiramente maior de população feminina. Segundo esse órgão, em 2010, a população brasileira compreendia 49,2% de homens e 50,8% de mulheres.

Disponível em: <www.ibge.gov.br>. Acesso em: 20 ago. 2014.

O texto menciona a existência de uma diferença entre o número de homens e mulheres na população brasileira. Algumas medidas diretamente voltadas para redução dessa diferença, na fase adulta, incluem

a) a geração de emprego na construção civil e a vacinação contra a gripe.

b) a implementação de programa de saúde direcionado à população feminina e a vacinação contra a hepatite.

c) o controle da natalidade e o uso de equipamento de proteção individual no trabalho.

d) a geração de emprego direcionada à população masculina e a redução da mortalidade infantil.

e) a redução da criminalidade e a implementação de programa de saúde direcionado à população masculina.

2. (UEPG-PR) Sobre a dinâmica demográfica brasileira, assinale o que for correto.

(01) Desde os anos de 1970, a taxa de mortalidade infantil tornou-se relativamente homogênea em todo o Brasil, com pouca variação entre as cinco regiões geográficas.

(02) Com o aumento da expectativa de vida e redução da taxa de fecundidade, a pirâmide etária brasileira tende a se alargar na base e a se estreitar no topo.

(04) O índice de crescimento vegetativo do Brasil decresceu nos últimos anos devido à crescente participação da mulher no mercado de trabalho, aos casamentos tardios, ao elevado custo de criação dos filhos, à difusão de métodos de anticoncepção, dentre outros fatores.

(08) A redução do índice de mortalidade relaciona-se ao intenso processo de urbanização acompanhado por uma revolução médico-sanitária com melhoria nas condições de vida da população e maior expectativa de vida.

(16) Os últimos censos brasileiros revelam que tem aumentado a população da faixa etária de 0 a 14 anos e diminuído sensivelmente a população mais idosa.

3. (UFRGS-RS) Observe as pirâmides populacionais abaixo, referentes à população brasileira.

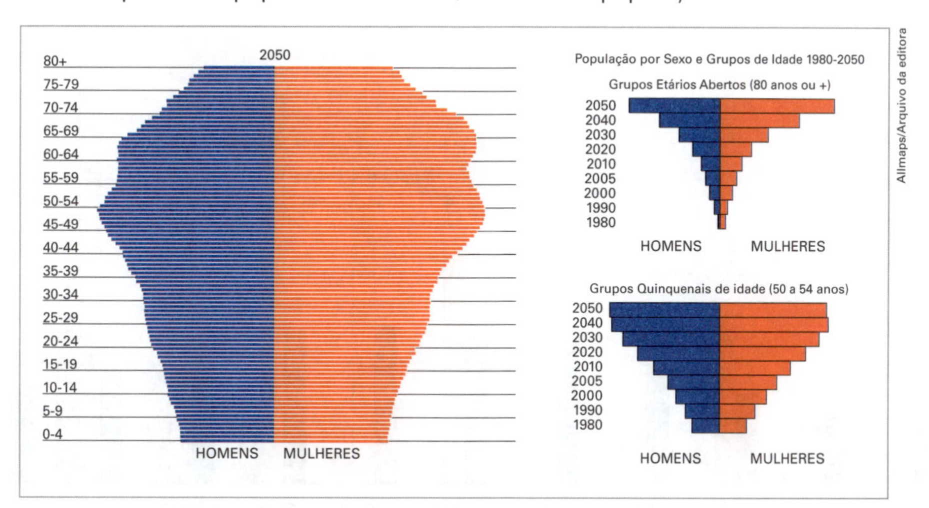

Allmaps/Arquivo da editora

Com base na leitura dessas pirâmides populacionais, considere as informações abaixo, referentes à projeção do crescimento da população brasileira pelo IBGE para o ano de 2050.

I. Tanto a população jovem quanto a idosa diminuirá.

II. Haverá um envelhecimento da população.

III. O crescimento da população com mais de 80 anos é mais acentuado que o da população entre a idade de 50 e 54 anos.

Quais estão corretas?

a) Apenas I.

b) Apenas II.

c) Apenas III.

d) Apenas II e III.

e) I, II e III.

4. (UFRGS-RS) Observe a tabela a seguir, que apresenta a razão de sexo da população idosa no Brasil.

Anos	População de idosos (em mil)		Proporção no total da população (%)	
	Homens	Mulheres	Homens	Mulheres
1950	715	891	2,7	3,3
1960	1068	1315	2,9	3,6
1970	1614	1918	3,4	4,0
1980	2378	2677	3,9	4,4
1990	2886	3505	3,9	4,7
2000	3790	4919	4,5	5,7
2010	5094	6893	5,4	7,1
2020	7509	10345	7,3	9,7
2030	11105	15476	10,1	13,4
2040	14131	20052	12,3	16,5
2050	17560	24683	14,8	19,7

Com base nos dados da tabela, assinale a alternativa correta.

a) Mantendo-se as esperadas ampliações da expectativa de vida da população brasileira e o significado diferencial de mortalidade por sexo, pode-se esperar uma crescente feminização do envelhecimento populacional.

b) Mantendo-se o baixo diferencial de mortalidade por sexo, pode-se esperar uma crescente feminização do envelhecimento populacional.

c) A expectativa de uma crescente feminização do envelhecimento populacional está relacionada com um baixo diferencial de mortalidade por sexo.

d) O contingente de mulheres, que em 1950 era 5% maior que o dos homens, deverá ser 15% maior que o dos homens em 2050.

e) O crescente desequilíbrio na expectativa de vida entre homens e mulheres está relacionado com o acentuado processo migratório, da região Nordeste para a fronteira oeste do Brasil, ocorrido no século XX.

Questão

5. (UFRN) A estrutura etária da população brasileira vem passando por mudanças que estão relacionadas às transformações socioeconômicas ocorridas no País, nas últimas décadas. Observe o gráfico a seguir.

População de crianças, população de jovens-adultos e de idosos no Brasil – 1940-2050

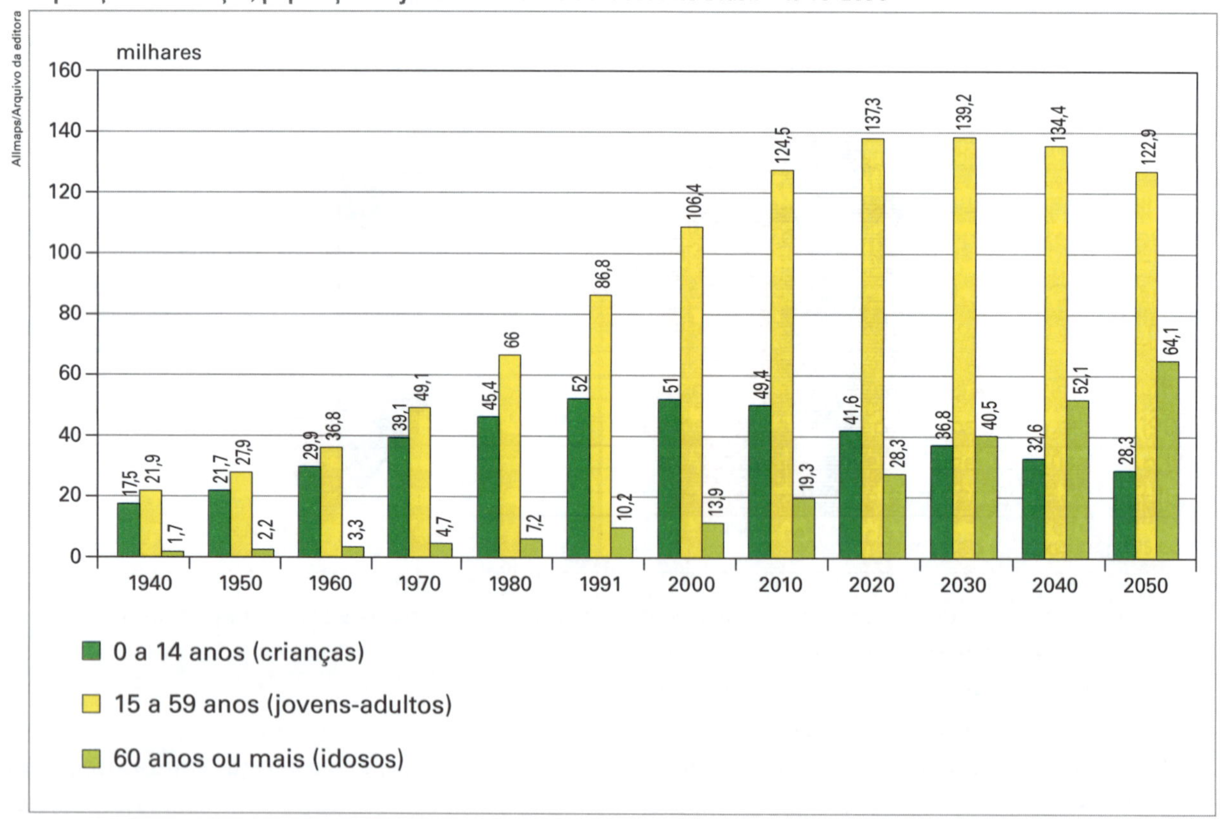

Adaptado de: <www.ibge.gov.br>. Acesso em: 20 ago. 2014.

A partir das informações do gráfico, relativas à população brasileira, identifique e explique as tendências do comportamento de duas faixas etárias: crianças e idosos.

MÓDULO 29 • A formação e a diversidade cultural da população brasileira

1. Os primeiros habitantes

- Segundo a Funai, em 2010 os descendentes indígenas estavam reduzidos a 897 mil indivíduos distribuídos entre 505 terras indígenas e algumas áreas urbanas (0,4% da população total do país).
- Há 82 referências (32 confirmadas) de grupos isolados, isto é, que não estabeleceram contato com a sociedade brasileira.
- Em 2012, as Terras Indígenas ocupavam 12,5% do território brasileiro.
- Entre as 305 etnias existentes no país, os Yanomami ocupam a terra indígena mais populosa, com 25,7 mil habitantes.
- A etnia Tikuna (AM) é a mais numerosa, com 46 mil pessoas, seguida pelos Guarani Kaiowá (MS), com 43 mil membros.

2. A miscigenação da população brasileira

- Os percentuais de pessoas que se consideram brancas e negras vêm se reduzindo, e o número das que se consideram pardas, aumentando, o que demonstra que continua havendo miscigenação na população brasileira.

População residente (%)			
Cor	1950	1980	2010
Branca	61,7	54,7	47,5
Negra	11,0	5,9	7,5
Parda	26,5	38,5	43,4
Amarela	0,6	0,6	1,1
Indígena*	–	–	0,4
Sem declaração	0,2	0,3	0,1

ANUÁRIO Estatístico do Brasil 1998. Rio de Janeiro: IBGE, 1999. v. 58; *CENSO Demográfico 2010*. Disponível em: <www.ibge.gov.br>. Acesso em: 20 ago. 2014.

* O IBGE passou a coletar dados sobre a população indígena somente a partir da década de 1990.

3. As correntes imigratórias

- Segundo estimativas, ingressaram no Brasil pelo menos 4 milhões de africanos de 1550 a 1850, a maioria de Angola, Ilha de São Tomé e Costa do Marfim.
- A corrente imigratória mais importante foi a portuguesa, que se iniciou efetivamente em 1530, se estendeu até os anos 1980 e voltou a acontecer a partir da crise econômica mundial que se iniciou em 2008.
- A segunda maior corrente de imigrantes livres foi a italiana; a terceira, a espanhola; e a quarta, a alemã.
- A partir de 1850, a expansão dos cafezais pelo Sudeste e a necessidade de efetiva colonização da região Sul levaram o governo brasileiro a criar medidas de incentivo à vinda de imigrantes europeus para substituir a mão de obra escravizada.

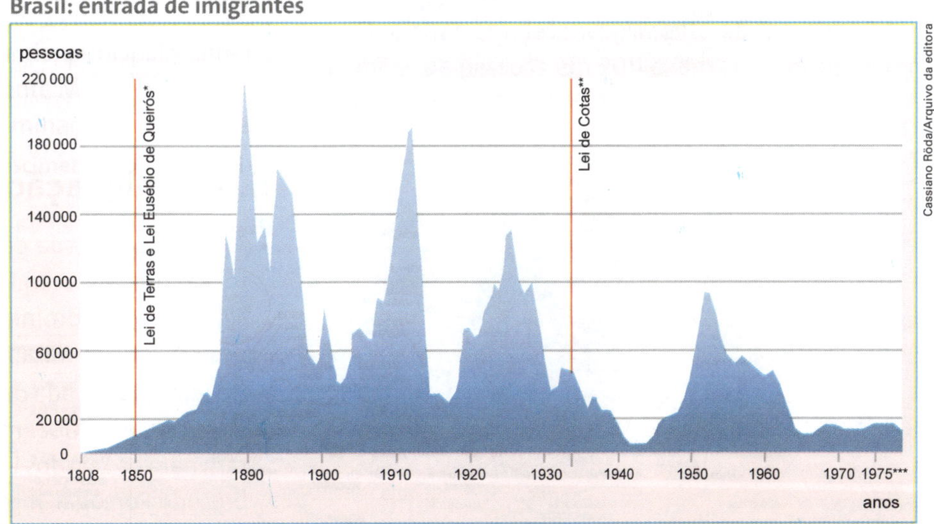

Adaptado de: AZEVEDO, Aroldo de. *Brasil, a terra e o homem*. São Paulo: Nacional, 1970. [s.p., tabela 4.]. v. II.

* Em 1850, a Lei de Terras limitou o acesso à compra de imóveis rurais ao instituir que essa compra só se realizaria por meio de leilões, e a Lei Eusébio de Queirós proibiu o tráfico de escravos para o Brasil.

** Em 1934, a Lei de Cotas limitou o ingresso de imigrantes a 2% do total que havia ingressado nos últimos cinquenta anos, por nacionalidade.

*** Estimativa.

- Além dos cafezais da região Sudeste, outra grande área de atração de imigrantes europeus, com destaque para portugueses, italianos e alemães, foi o Sul do país.
- Nessa região, os imigrantes ganhavam a propriedade da terra, onde fundaram colônias de povoamento (pequenas e médias propriedades, com mão de obra familiar e produção policultora destinada ao abastecimento interno), que prosperaram bastante.
- Em 1908, aportou em Santos a primeira embarcação trazendo colonos japoneses.
- As correntes imigratórias de menor expressão numérica incluem judeus, árabes, chineses, coreanos, eslavos e sul-americanos (sobretudo argentinos, uruguaios, paraguaios, bolivianos e chilenos).

4. Os principais fluxos migratórios

- Segundo dados do IBGE, em 2011, 40% dos habitantes do país não eram naturais do município em que moravam, e cerca de 16% deles não era procedente da unidade da federação em que moravam.

Brasil: principais fluxos migratórios

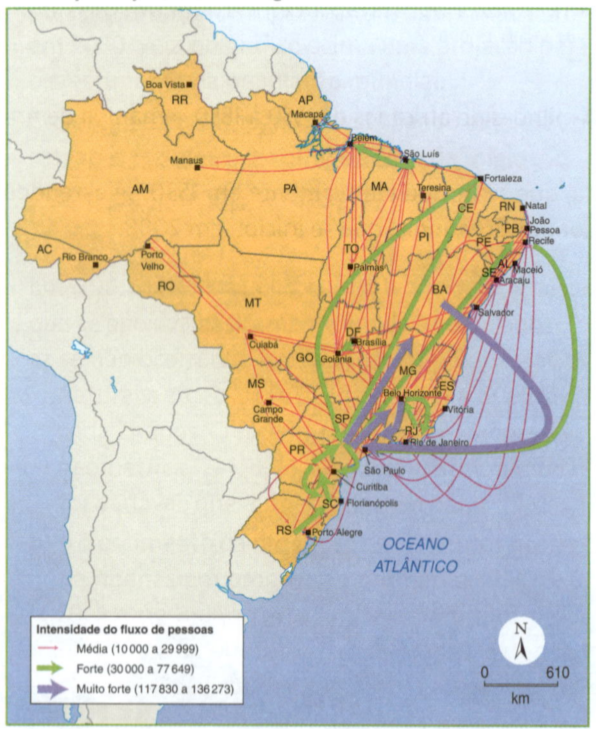

Adaptado de: SANTOS, Milton. *Atlas nacional do Brasil 2010*. Rio de Janeiro: IBGE, 2010. p. 139.

- Atualmente, as cidades de São Paulo e Rio de Janeiro são as capitais cuja população menos cresce no Brasil. Em primeira posição, figuram algumas capitais de estados da região Norte, com destaque para Palmas (TO), Macapá (AP) e Rio Branco (AC), localizadas em áreas de expansão das atuais fronteiras agrícolas do país. Em seguida, vêm as capitais nordestinas e, finalmente, as do Sul do Brasil.

Êxodo rural e migração pendular

- Em 1920, apenas 10% da população brasileira vivia em cidades. Cinquenta anos depois, em 1970, esse percentual já era de 56%. De acordo com o Censo 2010, hoje quase 85% da população brasileira é urbana.
- Estima-se que, entre 1950 e 2000, 50 milhões de pessoas migraram do campo para as cidades, fenômeno conhecido como **êxodo rural**.
- Nas regiões metropolitanas ocorre um deslocamento diário da população entre os municípios que as compõem, movimento conhecido como **migração pendular**.

Brasil: população urbana e rural – 1970 a 2010

Ano	Urbana		Rural		Total
	Milhões de habitantes	%	Milhões de habitantes	%	
1970	52,1	55,92	41,1	44,08	93,2
1980	80,5	67,57	38,6	32,43	119,1
1991	108,1	74,00	38,0	26,00	146,1
2000	137,9	81,22	31,8	18,88	169,8
2010	160,2	84,40	30,5	15,60	190,7

IBGE. *Anuário estatístico do Brasil 1997/Brasil em números 2002; Síntese de indicadores sociais 2007.* Rio de Janeiro, 2009; *Censo demográfico 2010.* Disponível em: <www.ibge.gov.br>. Acesso em: 26 mar. 2014.

5. A emigração

- A partir da década de 1980, o Brasil começou a se tornar um país com fluxo imigratório negativo, ou seja, com predomínio de emigração (saíram mais pessoas que entraram no país).
- Do início da década de 1980 até a crise mundial que se iniciou em 2008, muitos brasileiros se transferiram para os Estados Unidos, o Japão e a Europa (sobretudo Portugal, Inglaterra, Espanha e França).
- Há também um grande número de brasileiros estabelecidos no Paraguai, quase todos produtores rurais que para ali se dirigiram em busca de terras baratas e de carga tributária menor que a brasileira; são chamados de *brasiguaios*.

- Desde a eclosão da crise econômica que se iniciou em 2008, o Brasil passou a receber muitos imigrantes de países latino-americanos, com destaque para Bolívia, Peru e Paraguai, e de alguns países europeus, principalmente Portugal e Espanha; além disso, muitos brasileiros que moravam no exterior voltaram para o país.

Brasileiros residentes no exterior – 2010 (em %)

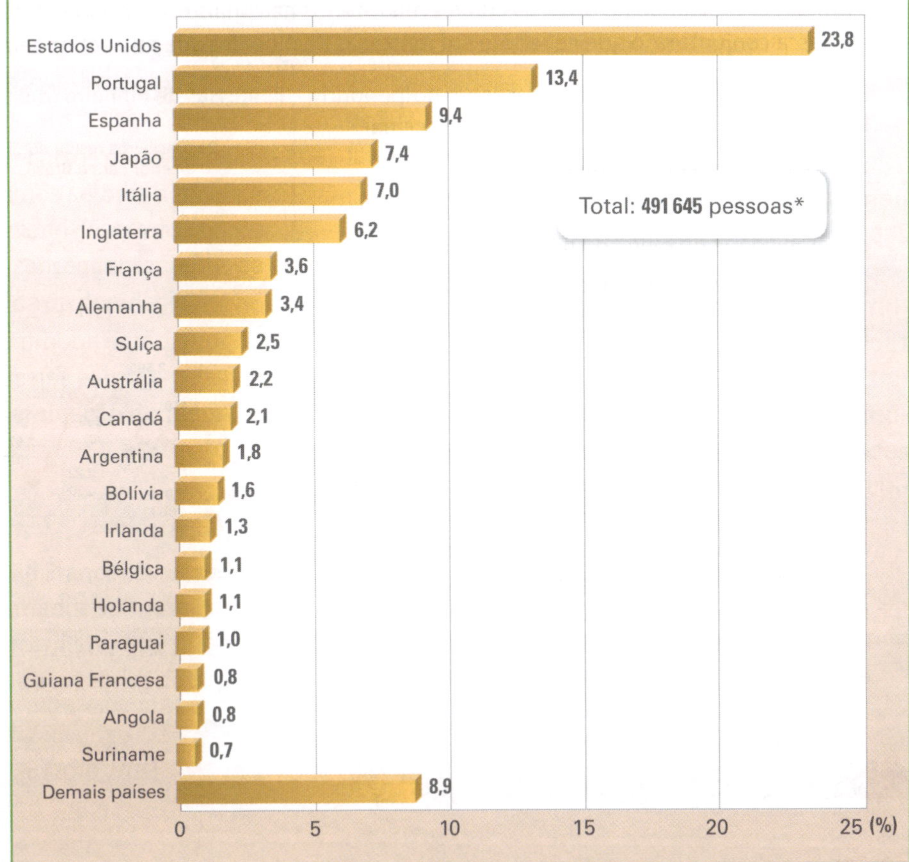

IBGE. *Censo demográfico 2010*. Disponível em: <www.ibge.gov.br>. Acesso em: 28 nov. 2013.

* Número oficial do Censo 2010. Segundo estimativas do Ministério das Relações Exteriores, de 2 a 3,7 milhões de pessoas são emigrantes, mas os números do Censo permitem comparações entre os países de destino.

Exercícios resolvidos

1. (Vunesp-SP) Leia a notícia.

Um grupo de indígenas que protestava contra a mudança no processo de demarcação de terras cercou nesta quinta-feira [18.04.2013] o Palácio do Planalto. De acordo com um dos representantes do movimento, Neguinho Tuká, a população indígena não foi ouvida durante o processo de elaboração da PEC 215 e teme perder suas terras com as mudanças. "Índio sem terra não tem vida", declarou o coordenador das Organizações Indígenas da Amazônia Brasileira, Marcos Apurinã. "Não aceitamos e não vamos aceitar mais esse genocídio." O grupo é o mesmo que, na última terça-feira, 16, invadiu o plenário da Câmara dos Deputados em protesto contra a PEC 215, que transfere do Poder Executivo para o Congresso Nacional a decisão final sobre a demarcação de terras indígenas no Brasil.

Adaptado de: <http://ultimosegundo.ig.com.br>. Acesso em: 20 ago. 2014.

São processos que vêm contribuindo para o acirramento da tensão social envolvendo a população indígena no campo brasileiro:

a) o avanço das atividades agrícolas, mineradoras e pecuárias de grande porte; a instalação de usinas hidrelétricas em terras indígenas; e a permanência da concentração de terras no país.

b) a expansão da reforma agrária; o aumento do desemprego no campo; e a ausência de políticas de assistência social destinada à população indígena.

c) o avanço das atividades agrícolas, mineradoras e pecuárias de grande porte; a expansão da reforma agrária; e a reivindicação da população indígena de direitos não previstos na Constituição Federal.

d) a expansão da reforma agrária e da agricultura familiar; a instalação de usinas hidrelétricas em terras indígenas; e a permanência da concentração de terras no país.

e) a expansão da agricultura familiar no país; o aumento do desemprego no campo; e a ausência de políticas de assistência social destinada à população indígena.

Resposta

A alternativa **A** apresenta os fatores que explicam o acirramento da tensão social envolvendo a população indígena.

2. (UERJ) Durante vários anos, a comunidade brasileira residindo no exterior foi comparativamente maior que a de estrangeiros residindo no Brasil. Os fluxos migratórios nacionais no período entre 2006 e 2010, no entanto, alteraram essa conjuntura, o que se reflete em remessas de dinheiro que entram e saem do país.

Essa mudança de conjuntura brasileira, no período indicado nos gráficos, tem como causa principal:

a) redução do custo de vida

b) estagnação das operações cambiais

c) estabilidade do mercado de capitais

d) dinamização das atividades econômicas

Remessas de dinheiro (milhões de dólares)

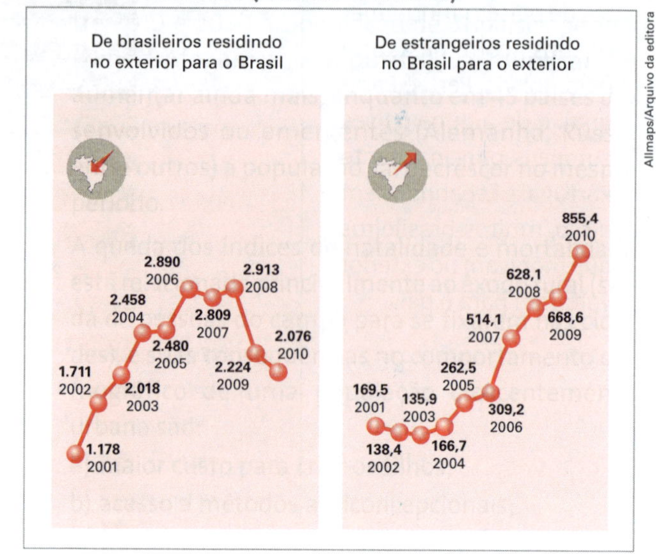

Adaptado de: *O Globo*, 31 out. 2011.

Resposta

Alternativa **D**.

Na primeira década deste século, a dinamização da economia brasileira e a crise mundial que se iniciou em 2008 provocaram retorno de muitos brasileiros que moravam no exterior e a vinda de muitos estrangeiros em busca de emprego em nosso país, o que ocasionou redução na remessa de dinheiro de brasileiros residindo no exterior e aumento na remessa enviada por estrangeiros que aqui residem.

Exercícios propostos

Testes

1. (Fatec-SP) Observe o gráfico para responder à questão.

Brasil: proporção de migrantes na população total de cada região (2008)

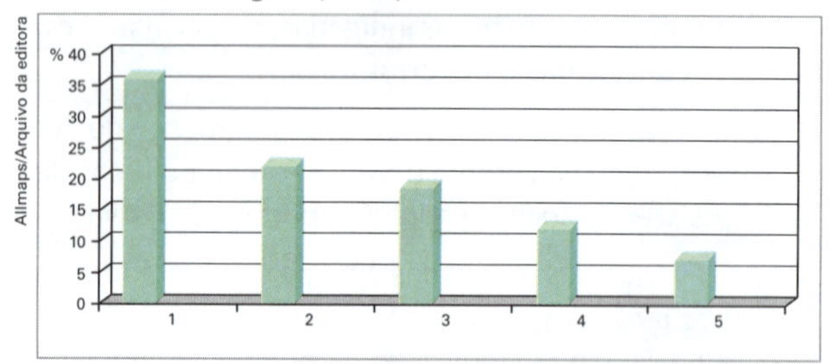

Pesquisa Nacional por Amostra de Domicílios – 2009.

A leitura do gráfico e os conhecimentos sobre a realidade brasileira permitem afirmar que as colunas 1 e 2 representam, respectivamente, as regiões

a) Sul e Centro-Oeste, que, graças ao crescimento das áreas de pastagens, têm expandido a pecuária de corte e com isso atraído forte migração.

b) Sul e Norte, que, devido ao processo de descentralização das atividades industriais, têm oferecido novos campos de trabalho aos migrantes.

c) Centro-Oeste e Norte, onde a expansão das atividades agropecuárias, sobretudo as destinadas à exportação, tem sido um forte atrativo para os migrantes.

d) Sudeste e Nordeste, onde a ampliação da oferta de empregos nas indústrias automobilística e de informática incentivou a vinda de novos migrantes.

e) Nordeste e Centro-Oeste, onde o crescimento da agricultura de transgênicos tem significado novas oportunidades de emprego aos migrantes.

2. (Unicamp-SP) A tabela abaixo traz informações sobre a percentagem de pessoas que residem fora de seu estado de origem, segundo dados da Pesquisa Nacional por Amostra de Domicílios 2001/2007 do IBGE.

Pessoas residentes não naturais da Unidade da Federação de residência (em %)				
Regiões	2001	2003	2005	2007
Centro-Oeste	37,4	36,3	36,5	35,2
Norte	22,8	23,1	23,1	22,5
Nordeste	7,5	7,8	7,9	7,5
Sul	12,1	12,2	12,2	12,2
Sudeste	18,9	18,7	18,6	17,8

Com base nas informações da tabela sobre a dinâmica migratória da população brasileira, é possível afirmar que:

a) Os estados da região Nordeste do Brasil apresentaram, no período, a menor percentagem de população nascida em outras Unidades da Federação. Isso ocorre porque os estados dessa região sempre apresentaram uma elevada taxa de imigração de sua população para outras Unidades da Federação.

b) Os estados da região Centro-Oeste apresentaram, no período, a maior percentagem de pessoas residentes oriundas de outras Unidades da Federação. Isso ocorre porque esses estados receberam, nas últimas décadas, elevados fluxos migratórios de população brasileira para a ocupação da fronteira agrícola.

c) Nos estados da região Sudeste houve um decréscimo da percentagem de pessoas residentes nascidas em outras Unidades da Federação. Isso ocorre porque todos os estados dessa região sempre tiveram importantes fluxos emigratórios de população direcionados para a ocupação de outras regiões do país.

d) Os estados da região Sul têm o segundo menor índice de pessoas residentes não naturais dessas unidades da Federação. Isso ocorre porque esses estados, historicamente, apresentam baixos fluxos emigratórios de sua população com destino a outras Unidades da Federação.

3. (Uesc-BA) Em relação à dinâmica e à mobilidade da população, no território brasileiro, é correto afirmar:

a) A desigualdade na distribuição geográfica da população resulta da combinação de diversos fatores, todavia os de ordem natural exercem um peso determinante por estarem relacionados ao processo de ocupação do território.

b) O maior contingente de refugiados procede do Oriente Médio, sendo formados por grupos de palestinos da Faixa de Gaza, que escolheram viver nas zonas rurais do sul do país.

c) O atual perfil etário evidencia um processo de envelhecimento caracterizado pela queda da mortalidade infantil e pelo aumento do crescimento vegetativo.

d) O processo de transição demográfica se assemelha ao dos países europeus, ou seja, ocorreu de forma rápida, em função da melhoria na qualidade de vida.

e) A tendência de imigrar para o Sudeste sofreu uma retração, nas últimas décadas do século passado, todavia esse quadro vem se revertendo, devido à criação de novos empregos.

Questão

4. (Unicamp-SP) A foto A mostra famílias de colonos imigrantes alemães que participaram do povoamento do Paraná e a foto B mostra colonos italianos na cidade de Caxias do Sul (RS).

A primeira grande política regional executada pelo nascente Estado nacional brasileiro foi a colonização dirigida na região Sul do Brasil.

Reprodução/Prova da Unicamp

Disponível em: <www.infoescola.com/historia/colonizacao-alema-no-sul-do-brasil/>. Acesso em: 31 ago. 2014.

Reprodução/Prova da Unicamp

Disponível em: <www.infoescola.com/colonizacao-italiana-no-sul-do-brasil/>. Acesso em: 31 ago. 2014.

a) Identifique os objetivos do governo brasileiro quando formulou a política de povoamento da região Sul com populações imigrantes, especialmente europeus.

b) Aponte duas características que predominaram no tipo de povoamento empreendido pela colonização dirigida na região Sul, uma referente ao regime de propriedade da terra adotado e uma referente às formas de cultivo da terra.

MÓDULO 30 • O espaço urbano do mundo contemporâneo

1. O processo de urbanização

- No final do século XVIII, a taxa de urbanização da população mundial era de apenas 3%, subiu para 29% (1950), 52% (2010) e deverá chegar a 67% em 2050.
- **Urbanização**: transformação de espaços naturais e rurais em espaços urbanos, concomitante à transferência da população do campo para a cidade.
- Durante o feudalismo as cidades perderam importância por causa da descentralização político-econômica e da consequente redução das trocas comerciais.
- Sob o capitalismo, as cidades passaram a ganhar cada vez mais importância porque voltaram a ser o centro dos negócios.
- A urbanização foi, até meados do século XX, um fenômeno relativamente lento e circunscrito aos países pioneiros no processo de industrialização.
- Dois fatores condicionam o processo de urbanização:
  a) **atrativos**: estimulam as pessoas a ir para as cidades; predominantes em países desenvolvidos e em regiões modernas dos emergentes; estão associados à geração de empregos no setor industrial e nos serviços.
  b) **repulsivos**: impulsionam as pessoas a sair do campo; típicos de alguns países em desenvolvimento; estão associados às más condições de vida existentes na zona rural.
- Desconcentração urbano-industrial: nos países desenvolvidos e em alguns emergentes tem havido um processo de transferência de indústrias das grandes para as médias e pequenas cidades.
- O setor que mais cresce, principalmente nas grandes cidades, é o de serviços.
- **Aglomeração urbana** (segundo a ONU): "refere-se à população contida no interior de um território contíguo, habitado em níveis variáveis de densidade, sem levar em conta os limites administrativos das cidades".
- No Brasil, as maiores aglomerações urbanas têm sido reconhecidas como regiões metropolitanas: de São Paulo, de Salvador, de Curitiba, de Belém, etc.
- **Megalópole**: forma-se quando os fluxos de pessoas, capitais, informações, mercadorias e serviços entre duas ou mais metrópoles estão fortemente integrados por modernas redes de transportes e telecomunicações.
- Primeira megalópole a se formar: Boswash (Estados Unidos), de Boston até Washington, tendo Nova York como a cidade mais importante.
- Outras megalópoles dos Estados Unidos: San-San, de San Francisco a San Diego, passando por Los Angeles, na Califórnia; Chipitts, que vai de Chicago a Pittsburgh e se estende até o Canadá.
- Megalópole japonesa: sudeste da Ilha de Honshu, no eixo que se estende de Tóquio até o norte da Ilha de Kyushu, passando por Osaka e Kobe.
- Megalópole europeia: noroeste do continente, abarcando as aglomerações do Reno-Ruhr, na Alemanha, as áreas metropolitanas de Paris, na França, e de Londres, no Reino Unido.
- Megalópole brasileira: abrange a macrometrópole paulista, cuja cidade mais importante é São Paulo, até a região metropolitana do Rio de Janeiro.
- As aglomerações de mais de 10 milhões de habitantes vêm ganhando população, mas a maioria dos moradores urbanos ainda vive em pequenas e médias cidades.
- A taxa de urbanização varia muito de um país para outro:
  a) a maioria dos países desenvolvidos e alguns emergentes apresentam altas taxas de urbanização;
  b) há países que são pouco industrializados e outros que não dispõem de um parque industrial, mas são fortemente urbanizados;
  c) os países muito pobres ainda são predominantemente rurais.

2. Os problemas sociais urbanos

Desigualdades e segregação socioespacial

- Em qualquer grande cidade, o espaço urbano é fragmentado: há centros comerciais, financeiros, industriais, residenciais e de lazer.
- É comum que funções diferentes coexistam num mesmo bairro, por isso essas cidades são **policêntricas**.

- Essa fragmentação impede os moradores de vivenciarem a cidade como um todo: a grande cidade não é **um lugar**, mas **um conjunto de lugares**.
- Quanto mais acentuadas as disparidades de renda, maiores as desigualdades de moradia e de acesso aos serviços públicos e, consequentemente, maiores a **segregação socioespacial** e os **problemas urbanos**.
- O medo da violência urbana vem impulsionando a criação de condomínios fechados, especialmente nas metrópoles, fenômeno que acentua a segregação socioespacial.

Moradias precárias

- As maiores cidades dos países em desenvolvimento não tiveram capacidade de absorver a grande quantidade de migrantes, o que aumentou o número de desempregados e subempregados.
- Com rendimentos em geral baixos, muitos não têm condições de comprar nem de alugar um imóvel em bairros com infraestrutura adequada, formando favelas, principalmente, nas maiores cidades.
- Os governos de muitos países em desenvolvimento têm grande parcela de responsabilidade nesse processo, porque não implantaram políticas habitacionais adequadas.
- Nos países em que as políticas públicas foram adequadas, as submoradias foram bastante reduzidas ou até mesmo erradicadas, como aconteceu em Cingapura.
- A carência de habitações seguras e confortáveis é um problema no mundo todo, mas é muito mais grave nos países em desenvolvimento, sobretudo na África subsaariana.
- Não há um conceito único de favela, o termo inglês *slum* é utilizado para definir uma grande diversidade de tipos de assentamentos urbanos precários.
- Uma ou mais das seguintes características define esse tipo de **moradia precária**, segundo a UN-Habitat:
  a) condições inseguras de habitação;
  b) acesso inadequado a saneamento básico;
  c) baixa qualidade estrutural das moradias;
  d) ocupação irregular do terreno.
- Definição do IBGE: "Aglomerado subnormal: grupo de cinquenta ou mais moradias, construídas de maneira adensada e desordenada, em terreno pertencente a terceiros, e carente de infraestrutura e serviços públicos".
- Em 2010, havia 820 milhões de pessoas vivendo em favelas, o que representava 32,6% da população urbana dos países em desenvolvimento.
- As favelas proliferaram em áreas inadequadas para ocupação, como morros e margens de rios e córregos.
- China e Índia, embora estejam reduzindo o número de pessoas que vivem em habitações precárias, são os países com maior número absoluto de favelados; o Brasil é o 4º colocado.
- O maior número relativo de favelados do mundo aparece em países da África subsaariana: em alguns deles mais de três quartos da população urbana vive em favelas.

Conferências para buscar soluções para o problema das moradias precárias

- Habitat I – em Vancouver (Canadá), em 1976.
- Habitat II – em Istambul (Turquia), em 1996.
- Habitat III – marcada para 2016.
- A redação do relatório final da Habitat II ficou ambígua porque diversos governos foram contra a proposta de a habitação ser um direito universal do cidadão a ser garantido pelo Estado.
- Em diversas cidades do mundo os sem-teto vêm se organizando para lutar pelo direito à moradia urbana adequada e por melhores condições de vida:
  a) Movimento dos Trabalhadores Sem-Teto (MTST), atuante no Brasil;
  b) TETO (ou TECHO, em espanhol), atuante em quase toda a América Latina.

Violência urbana

- **Homicídio**: indicador mundialmente considerado para medir a violência.
- A violência não está necessariamente associada à pobreza; há países mais pobres que apresentam menores índices que o Brasil.
- Ela é mais grave em países marcados por acentuada desigualdade socioeconômica e está muito associada ao tráfico de drogas.
- É também muito associada às grandes cidades, mas nem sempre é verdade: Tóquio, a maior metrópole do mundo, apresenta índices de violência baixíssimos.
- Dentro de qualquer país a violência é desigual do ponto de vista social e territorial:
  a) na maioria dos países, as maiores vítimas de homicídio são jovens do sexo masculino;

b) há estados, municípios e bairros mais violentos que outros;
c) a cidade mais violenta do Brasil, em termos relativos, foi Simões Filho, região metropolitana de Salvador: 146 homicídios por 100 mil habitantes (2008-2010).

- A maior incidência de homicídios em termos absolutos se concentra nas maiores cidades:
  a) em 2010, a região metropolitana do Rio de Janeiro teve o maior número absoluto de homicídios: 1535 (24 mortes/100 mil habitantes);
  b) São Paulo, a maior cidade do país, apresentou o terceiro maior número absoluto de assassinatos em 2010: 1460 (13 mortes/100 mil habitantes), a menor entre todas as capitais brasileiras.
- No interior de uma metrópole, o índice de violência também é desigual e mesmo dentro de um município há bairros com diferentes graus de violência.
- Os bairros mais equipados com infraestrutura e policiados, em geral os mais centrais, têm um índice menor de violência do que os bairros malservidos, em sua maioria localizados na periferia.
  a) Mesmo em cidades globais muito ricas e, em geral, mais bem equipadas, como Nova York, os bairros periféricos são mais violentos.

3. Rede e hierarquia urbanas

- **Rede urbana**: formada por cidades interligadas por sistemas de transportes e telecomunicações, através dos quais ocorrem os fluxos de pessoas, mercadorias, informações e capitais.
- Quanto mais complexa a economia de um país ou uma região, mais densa é a sua rede urbana e maiores são os fluxos que a interligam.
- As redes urbanas dos países desenvolvidos e de alguns emergentes são mais densas e articuladas, sobretudo nas megalópoles.
- As redes urbanas de muitos países em desenvolvimento, particularmente daqueles de baixo nível de industrialização e urbanização, são bastante desarticuladas.
- **Cidades globais**: o avanço da globalização e a aceleração de fluxos criou uma rede urbana mundial, cujos nós são essas cidades.
- **Hierarquia urbana**: conceito tomado do jargão militar, refere-se a uma hierarquia na qual cada subordinado se reporta ao seu superior imediato; numa analogia, a vila seria um soldado e a metrópole, um general, a posição mais alta.
- **Nova hierarquia urbana**: no capitalismo informacional, a relação da vila ou da cidade local pode se dar com outras cidades hierarquicamente acima, até diretamente com a metrópole nacional.

4. As cidades na economia global

- Durante longo período da história humana a informação circulava na mesma velocidade das pessoas e das mercadorias.
- O avanço tecnológico diferenciou o tempo de transporte da informação (veiculada na forma de *bits*, praticamente à velocidade da luz) do tempo de transporte da matéria (pessoas e mercadorias).
- A desconcentração das indústrias para cidades menores tem contribuído para reforçar o papel de comando de muitas das grandes cidades.
- Essas cidades comandantes são importantes centros de serviços especializados e de apoio à produção, com universidades, bancos, bolsas de valores, hotéis, etc.
- **Megacidades**: de acordo com a ONU, são aglomerações urbanas (regiões metropolitanas) com 10 ou mais milhões de habitantes.
- **Cidades globais –** definição qualitativa: por exemplo, Zurique (Suíça), com 1,2 milhão de habitantes (2011); não é megacidade.
- **Megacidade** – definição quantitativa: por exemplo, a região metropolitana de Daca (Bangladesh), com 15,4 milhões de habitantes (2011); não é cidade global.
- Das 23 megacidades existentes no mundo (2011), 17 estavam em países pobres ou emergentes e a maioria apresentava elevado crescimento populacional.
- Tóquio continuará como a maior aglomeração urbana do mundo, mas seu crescimento será o mais baixo do período 2011-2025.
- Em 2025, das 37 megacidades, 30 estarão em países em desenvolvimento.
- Classificação das 182 cidades globais, segundo a *Globalization and World Cities* (GaWC), considera a capacidade de polarização de cada uma delas:
  a) **alfa ++**: 2 cidades – Londres e Nova York;
  b) **alfa +**: 8 cidades – Hong Kong, Paris, Cingapura, Xangai, Tóquio, Pequim, Sydney e Dubai;
  c) **alfa**: 13 cidades, entre as quais São Paulo;
  d) **alfa –**: 22 cidades;
  e) **beta**: 78 cidades, entre as quais o Rio de Janeiro;
  f) **gama**: 59 cidades.

- Classificação das 40 cidades globais, segundo *The Mori Memorial Foundation*, leva em conta indicadores distribuídos por seis categorias:
  a) ambiente econômico;
  b) capacidade de P&D;
  c) opções culturais;
  d) qualidade de vida;
  e) ecologia e meio ambiente;
  f) facilidade de acesso.

Exercícios resolvidos

1. (UEM-PR) No contexto do espaço urbano, assinale o que for correto.
   (01) A rede urbana é formada pelo sistema de cidades de um mesmo país ou de países vizinhos que se interligam por meio de transportes e de comunicações, através dos quais ocorrem os fluxos de pessoas, mercadorias, informações e capitais.
   (02) A lei do parcelamento do solo urbano tem como principal atribuição estabelecer o tamanho mínimo dos lotes urbanos, o que acaba determinando o grau de adensamento de um bairro ou zona da cidade.
   (04) Por processo de urbanização, chama-se a transformação de espaços naturais e rurais em espaços urbanos, concomitantemente à transferência de população do campo para a cidade que, quando acontece em larga escala, é chamada de êxodo rural.
   (08) Segundo a ONU, uma aglomeração urbana é um conjunto de cidades conurbadas, ou seja, interligadas pela expansão periférica da malha urbana ou pela integração socioeconômica comandada pelo processo de industrialização e de desenvolvimento das demais atividades econômicas.
   (16) Apesar dos avanços tecnológicos na área da informática, os SIGs (sistema de informações geográficas) não acompanharam totalmente esses avanços, o que acarretou a baixa eficácia na coleta, no armazenamento e no processamento de dados georreferenciados. Isso tem dificultado a elaboração de plantas e de mapas e tem inviabilizado ações e estratégias para o planejamento urbano.

Resposta

A soma é: 15 (01 + 02 + 04 + 08).

(16) INCORRETA – Os SIGs são um conjunto de *softwares* e *hardwares* que permite processar e analisar dados georreferenciados. Os avanços tecnológicos na área de informática permitiram grande desenvolvimento dos SIGs, que têm contribuído para a confecção de plantas, mapas, gráficos e outros materiais que auxiliam nas análises socioespaciais.

2. (Unimontes-MG) O entendimento de megalópole pressupõe uma área que compreende grandes aglomerações urbanas, formadas por cidades diversas, incluindo metrópoles com limites que se interpenetram, devido à conurbação. Considerando a formação de megalópoles no mundo, assinale a alternativa incorreta.
   a) A formação das megalópoles no mundo está condicionada, entre outros fatores, à exigência de grandes espaços geográficos.
   b) A formação de uma megalópole no Brasil ocorre no Vale do Paraíba, entre a Grande São Paulo e o Grande Rio de Janeiro.
   c) A chamada Boswash corresponde a uma megalópole estadunidense que compreende o espaço entre Boston e Washington.
   d) A área que compreende uma megalópole é geradora de grandes investimentos urbanos, suscitando uma demanda de serviços de infraestrutura modernos.

Resposta

As megalópoles ocupam extensas áreas do espaço geográfico compostas por metrópoles e cidades conurbadas e/ou integradas. A alternativa **A** está incorreta porque o uso da expressão "grandes espaços geográficos" é inadequado; o espaço geográfico é único, define a totalidade do planeta, embora possa ser analisado em diversas escalas: mundial, nacional, regional e local. As megalópoles são fenômenos que ocorrem na escala regional.

Exercícios propostos

Testes

1. (FGV-SP)

   A urbanização – o aumento da parcela urbana na população total – é inevitável e pode ser positiva. A atual concentração da pobreza, o crescimento das favelas e a ruptura social nas cidades compõem, de fato, um quadro ameaçador. Contudo, nenhum país na era industrial conseguiu atingir um crescimento econômico significativo sem a urbanização. As cidades concentram a pobreza, mas também representam a melhor oportunidade de se escapar dela.

   Situação da População Mundial 2007: desencadeando o potencial de crescimento urbano. Fundo de População das Nações Unidas (UNFPA), 2007, p. 1.

   Assinale a alternativa que apresenta uma afirmação coerente com os argumentos do texto:
   a) No mundo contemporâneo, os governos devem substituir políticas públicas voltadas ao meio rural por políticas destinadas ao meio urbano.

b) A urbanização só terá efeitos positivos nas economias mais pobres se for controlada pelos governos, por meio de políticas de restrição ao êxodo rural.

c) A concentração populacional em grandes cidades é uma das principais causas da disseminação da pobreza nas sociedades contemporâneas.

d) Nos países mais pobres, o processo de urbanização é responsável pelo aprofundamento do ciclo vicioso da exclusão econômica e social.

e) Os benefícios da urbanização não são automáticos, pois há necessidade da contribuição das políticas públicas para que eles se realizem.

2. (UERN) Analise as seguintes afirmativas.

I. São comuns nas grandes cidades as paisagens que mostram lado a lado o moderno e o tradicional, o excessivamente luxuoso e o paupérrimo, bairros ricos ao lado de imensas favelas.

II. A imagem ao lado constitui resultado do desnível entre urbanização e a oferta de novos empregos urbanos.

Assinale a alternativa correta.

a) As duas afirmativas são falsas.

b) A primeira afirmativa é falsa e a segunda é verdadeira.

c) As duas afirmativas são verdadeiras e a segunda é uma justificativa correta da primeira.

d) As duas afirmativas são verdadeiras, mas a segunda não é uma justificativa correta da primeira.

Favela globalizada

Reprodução/Prova da UERN

CASTROGIOVANI, Antônio Carlos et al. *Ensino de Geografia*: caminhos e encantos. 2. ed. Porto Alegre: Ed. da PUC-RS, 2011. p. 59.

3. (Mack-SP) Observe o mapa para responder à questão.

Allmaps/Arquivo da editora

Disponível em: <www.skyscrapercity.com/showthread.php?t=368562&page=7>. Acesso em: 31 ago. 2014.

O mapa acima foi retirado de um sítio da internet. A partir dele, alguns cartógrafos discutiam propostas para representar um determinado fenômeno espacial. Assinale a alternativa correta a respeito desse fenômeno.

a) Principais centros da indústria automobilística no mundo, voltadas para os mercados interno e externo.

b) Áreas com produção de matérias-primas para exportação.

c) Maiores centros produtores de petróleo com reduzidos índices de consumo *per capita* do produto.

d) Regiões com fortes pressões demográficas associadas a elevados índices de natalidade.

e) Regiões que apresentam megalópoles já formadas ou extensas áreas conurbadas.

4. (Unisc-RS) Observe a tabela abaixo referente às maiores aglomerações urbanas do mundo nos respectivos períodos.

As 10 maiores aglomerações urbanas do mundo

	Populações das áreas metropolitanas, em milhões de habitantes							
	1950		1980		2007		2015 (estimativa)	
1º	Nova York, EUA	12,34	Tóquio, Japão	28,55	Tóquio, Japão	35,67	Tóquio, Japão	35,50
2º	Tóquio, Japão	11,27	Nova York, EUA	15,60	Nova York, EUA	19,04	Mumbai, Índia	21,87
3º	Londres, Reino Unido	8,36	Cidade do México	13,01	Cidade do México	19,03	Cidade do México	21,57
4º	Xangai, China	6,07	São Paulo, Brasil	12,09	Mumbai, Índia	18,98	São Paulo, Brasil	20,53
5º	Paris, França	5,42	Osaka, Japão	9,99	São Paulo, Brasil	18,85	Nova York, EUA	19,88
6º	Moscou, União Soviética	5,36	Los Angeles, EUA	9,51	Nova Délhi, Índia	15,92	Nova Délhi, Índia	18,60
7º	Buenos Aires, Argentina	5,10	Buenos Aires, Argentina	9,42	Xangai, China	14,99	Xangai, China	17,22
8º	Chicago, EUA	5,00	Calcutá, Índia	9,03	Calcutá, Índia	14,79	Calcutá, Índia	16,98
9º	Calcutá, Índia	4,51	Paris, França	8,87	Daca, Bangladesh	13,48	Daca, Bangladesh	16,84
10º	Pequim, China	4,35	Mumbai, Índia	8,66	Buenos Aires, Argentina	12,79	Jacarta, Indonésia	16,82

Adaptado de: UNPD. In: *Guia do Estudante – Geografia* – 2010. São Paulo: Abril, 2010, p. 22.

Considere as seguintes afirmativas:

I. Em 1950, as maiores aglomerações urbanas do mundo ficavam concentradas em países desenvolvidos. Hoje, cada vez mais, elas se localizam em países em desenvolvimento.

II. Metrópoles desenvolvidas como Tóquio, Nova York e Paris apresentaram crescimento populacional em todos os anos indicados.

III. Megacidades são cidades ou áreas metropolitanas com mais de 10 milhões de habitantes. O aumento do número de cidades nessas condições, no período analisado, é inexpressivo no contexto global.

IV. Entre as cidades que apresentaram crescimento significativo no período analisado, estão Cidade do México, Mumbai e São Paulo.

V. Atualmente, parcela significativa das aglomerações urbanas mundiais está localizada no continente europeu.

Assinale a alternativa que contém somente as afirmativas corretas.

a) I, II, III.
b) I, III, V.
c) II e V.
d) III e IV.
e) I e IV.

5. (IfSul-RS) Estão no topo de uma hierarquia urbana mundial, comportando-se como centros articuladores dos fluxos gerados pela globalização econômica. Destacam-se no espaço geográfico mundial por abrigar as matrizes de grandes empresas e por sediar as bolsas de valores mais movimentadas do planeta. São exemplos: Nova Iorque, Londres, Tóquio, Frankfurt.

As descrições acima referem-se às

a) megacidades.
b) cidades globais.
c) funções urbanas.
d) metrópoles nacionais.

Questões

6. (Unicamp-SP)

População urbana mundial (% do total) em 2012

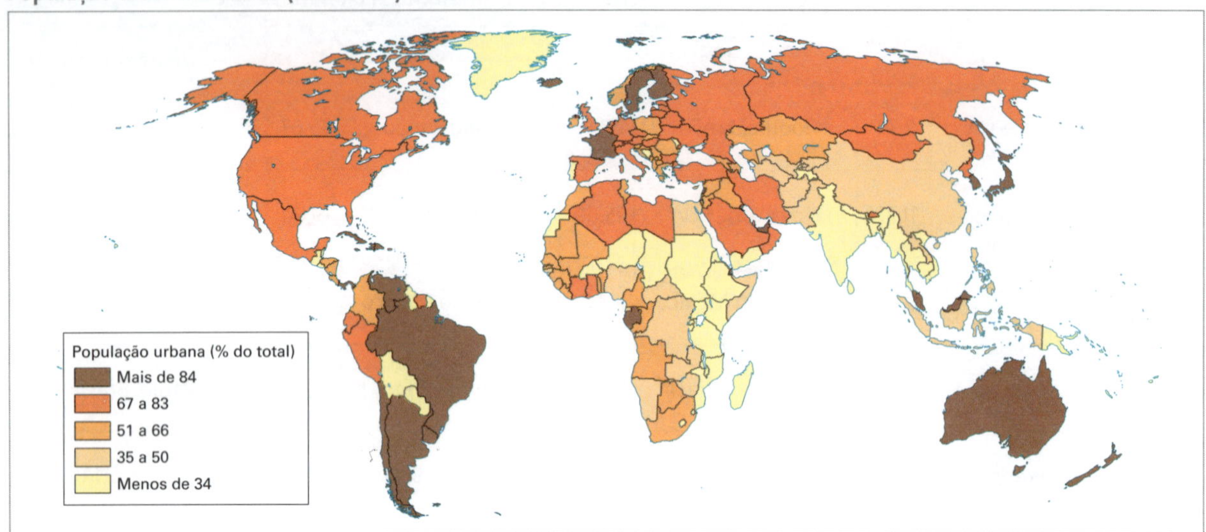

Banco Mundial, 2013.

Segundo dados da ONU (2013), em 2011, 51% da população mundial (3.6 bilhões) passou a viver em áreas urbanas, em contraste com pouco mais de um terço registrado em 1972. Essa mudança tem implicado grandes metamorfoses do espaço habitado, levando à formação de megacidades (aglomerados urbanos com mais de 10 milhões de habitantes) em todos os continentes.

a) Indique os fatores que impulsionam a urbanização mundial, levando à formação de megacidades nos países menos desenvolvidos.

b) Aponte, ao menos, três problemas relacionados à dinâmica do espaço urbano das megacidades em países menos desenvolvidos.

7. (Fuvest-SP) Observe os mapas com as maiores aglomerações urbanas no mundo.

Mapas: Allmaps/Arquivo da editora

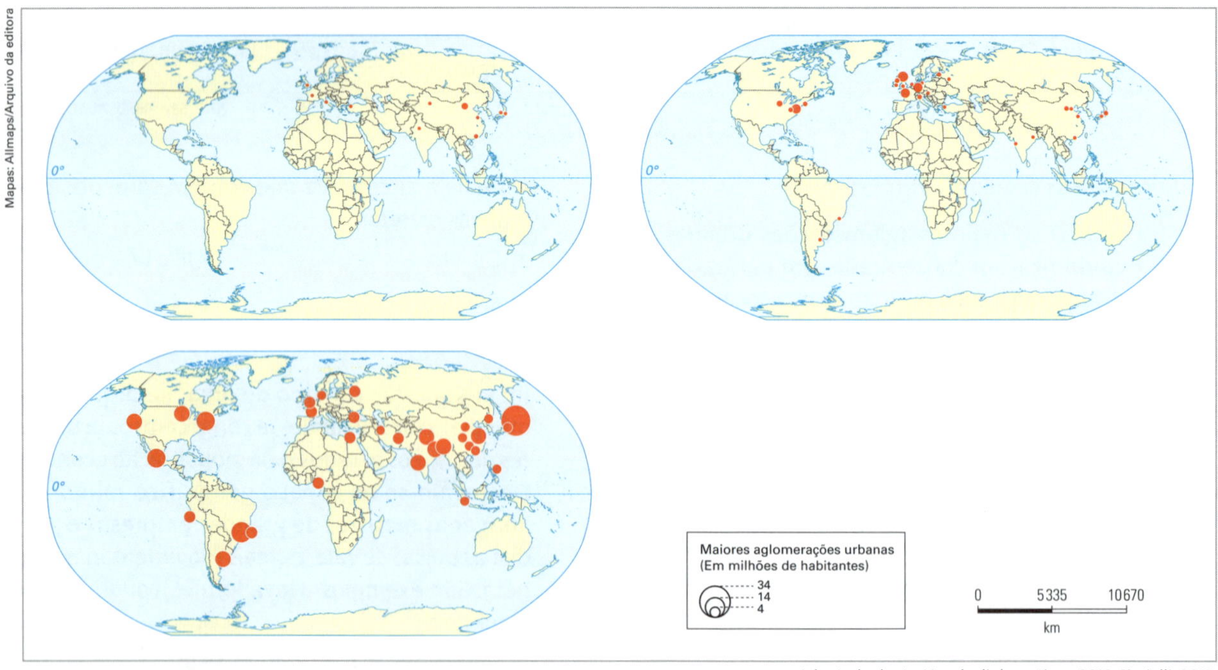

Adaptado de: *Le Monde diplomatique 2010*. Simielli, 2012.

Com base nos mapas e em seus conhecimentos,

a) identifique um fator natural e um fator histórico que favoreceram a concentração de cidades mais populosas na Europa Ocidental, no ano de 1900. Explique.

b) explique o processo de urbanização mundial considerando o mapa III.

MÓDULO 31 • As cidades e a urbanização brasileira

1. População urbana e rural

- O IBGE considera como população urbana o conjunto de pessoas que residem no interior do perímetro urbano de cada município e como população rural o que reside fora desse perímetro.
- Segundo o IBGE, em 2012, o Brasil tinha 85% de população urbana e 15% de população rural.
- Em 2010, quase 90% dos municípios brasileiros tinham até 50 mil habitantes e abrigavam cerca de 34% da população do país.

Brasil: índice de urbanização por região (%)			
Região	1950	1970	2010
Sudeste	44,5	72,7	92,9
Centro-Oeste	24,4	48,0	88,8
Sul	29,5	44,3	84,9
Norte	31,5	45,1	73,5
Nordeste	26,4	41,8	73,1
Brasil	**36,2**	**55,9**	**84,4**

IBGE. *Estatísticas históricas do Brasil*: séries econômicas, demográficas e sociais de 1550 a 1988. 2. ed. Rio de Janeiro, 1990. p. 36-37; IBGE. *Censo Demográfico 2010*. Disponível em: <www.ibge.gov.br>. Acesso em: 19 mar. 2014.

2. A rede urbana brasileira

- Ao longo da história da ocupação do território brasileiro, houve grande concentração de cidades na faixa litorânea.
- De acordo com o IBGE, em 1953 havia 2 273 municípios no Brasil. Em 2000, o Brasil passou a ter 5 561 municípios, representando um aumento de quase 40%. Em 2010 o número de municípios passou para 5 565.
- Entre as décadas de 1950 e 1980, ocorreu intenso êxodo rural e migração inter-regional, com forte aumento da população metropolitana no Sudeste, Nordeste e Sul.
- Da década de 1980 aos dias atuais, observa-se que o maior crescimento tende a ocorrer nas metrópoles regionais e cidades médias.
- Foi a partir da década de 1930, com a industrialização e a instalação de ferrovias, rodovias e novos portos integrando o território e o mercado, que se estruturou uma rede urbana em escala nacional.
- Até então, o Brasil era formado por "arquipélagos regionais" polarizados por suas metrópoles e capitais regionais. As redes urbanas estavam estruturadas apenas em escala regional, sendo tênues os fluxos inter-regionais.
- Até meados da década de 1970, o Governo Federal concentrou investimentos em infraestrutura industrial (produção de energia e sistema de transportes) na região Sudeste, que, em consequência, tornou-se o grande centro de atração populacional do país.
- Os migrantes que a região recebeu eram, em sua maioria, trabalhadores com baixa qualificação profissional e mal remunerados, que foram se instalando na periferia das grandes cidades, em casas autoconstruídas, muitas vezes em favelas, em locais desprovidos de infraestrutura urbana adequada.

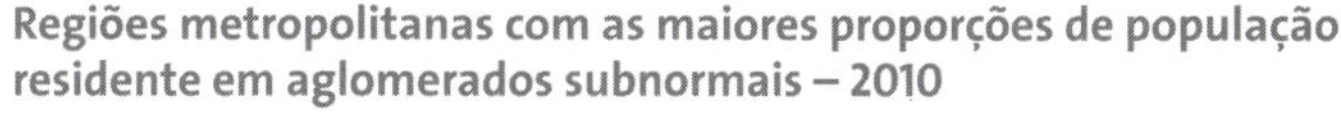
Regiões metropolitanas com as maiores proporções de população residente em aglomerados subnormais – 2010

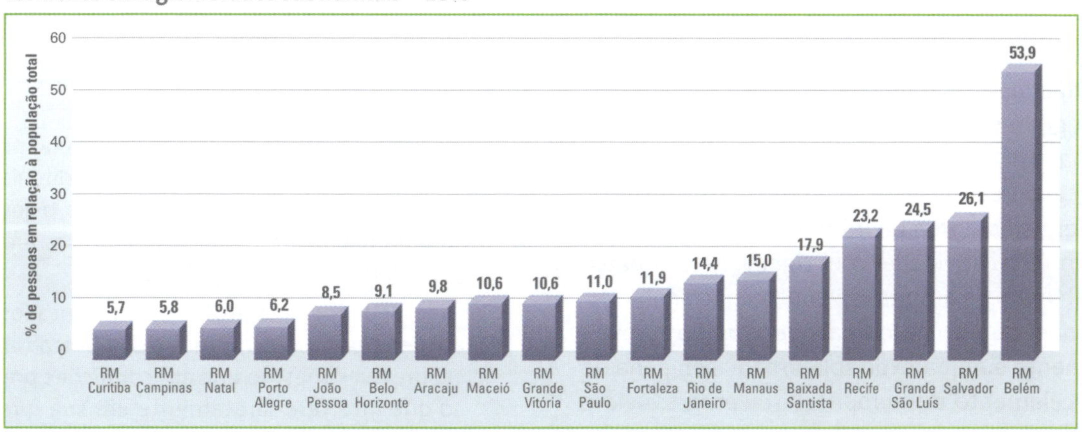

IBGE. *Aglomerado subnormal no Censo 2010*. Disponível em: <www.ibge.gov.br>. Acesso em: 30 mar. 2014.

3. As regiões metropolitanas brasileiras

- As regiões metropolitanas brasileiras foram criadas por lei aprovada no Congresso Nacional em 1973, que as definiu como "um conjunto de municípios contíguos e integrados socioeconomicamente a uma cidade central, com serviços públicos e infraestrutura comum".
- As Regiões Integradas de Desenvolvimento (Ride) também são regiões metropolitanas, mas os municípios que as compõem se situam em mais de um estado e, por causa disso, são criadas por Lei Federal.
- Em 2010, o Brasil possuía 36 regiões metropolitanas e três Regiões Integradas de Desenvolvimento.
    - Das 36 regiões metropolitanas existentes em 2010, duas (São Paulo e Rio de Janeiro) são consideradas nacionais.

4. Hierarquia e influência dos centros urbanos no Brasil

- O Centro-Sul do país possui uma rede urbana articulada com grande número de metrópoles, capitais regionais e centros sub-regionais bastante articulados entre si.
- Já na Amazônia, as cidades são esparsas e bem menos articuladas, o que leva centros menores a exercerem o mesmo nível de importância na hierarquia urbana regional que outros maiores localizados no Centro-Sul.

5. Plano Diretor e Estatuto da Cidade

- O Estatuto da Cidade fornece as principais diretrizes a serem aplicadas nos municípios, por exemplo: regularização da posse dos terrenos e imóveis, organização das relações entre a cidade e o campo, garantia de preservação e recuperação ambiental, entre outras.
- O Plano Diretor é obrigatório para municípios que apresentam uma ou mais das seguintes características:
    a) abriga mais de 20 mil habitantes;
    b) integra regiões metropolitanas e aglomerações urbanas;
    c) integra áreas de especial interesse turístico;
    d) insere-se na área de influência de empreendimentos ou atividades com significativo impacto ambiental de âmbito regional ou nacional;
    e) o poder público municipal quer exigir o aproveitamento adequado do solo urbano sob pena de parcelamento, desapropriação ou progressividade do Imposto Predial e Territorial Urbano.

Exercícios resolvidos

1. (UERJ)

> *Artigo 25, parágrafo 3º – Os Estados poderão, mediante lei complementar, instituir regiões metropolitanas, aglomerações urbanas e microrregiões, constituídas por agrupamentos de municípios limítrofes, para integrar a organização, o planejamento e a execução de funções públicas de interesse comum.*
>
> Constituição da República Federativa do Brasil
> Disponível em: <www.planalto.gov.br>. Acesso em: 20 ago. 2014.

O Brasil possui atualmente três Regiões Integradas de Desenvolvimento – RIDE, um tipo especial de região metropolitana que só pode ser instituída por legislação federal. Esta característica é explicada pelo fato de a integração decorrente das RIDE estar associada a:

a) unidades estaduais diferentes
b) áreas de fronteira internacional
c) espaços de preservação ambiental
d) complexos industriais estratégicos

Resposta

Alternativa **A**.

As regiões metropolitanas são instituídas por lei estadual; já as Rides, como envolvem municípios de mais de uma unidade da federação, são instituídas por lei federal.

2. (UFU-MG)

> *Favela é o termo usado para designar um fenômeno urbano definido pelas Nações Unidas, por meio de UN-HABITAT, como áreas que abrigam habitações precárias, desprovidas de regularização e serviços públicos.*
>
> Disponível em: <http://www.brasilescola.com/brasil/favela.htm>.
> Acesso em: 20 ago. 2014.

Morar e viver nos grandes centros urbanos do Brasil cada vez mais se torna um assunto relacionado à renda da terra urbana e ao local de moradia. Nesse contexto, as favelas

a) ocupam, nos grandes centros urbanos, áreas muito valorizadas, dotadas de infraestrutura básica e, por isso, são alvo do interesse de especuladores imobiliários.
b) mesmo ocupando áreas de terceiros ou públicas, têm, por lei, de ser providas, pela administração municipal, com infraestrutura básica, o que geralmente não ocorre, uma vez que essas áreas não atendem a interesses políticos.
c) apesar de todos os problemas enfrentados, constituem, para seus moradores, a única forma de sobreviver, mesmo que em condições precárias, o que interfere diretamente em sua qualidade de vida.

d) acentuaram-se a partir da década de 1950, devido, sobretudo, ao modelo político-econômico, ao processo de industrialização e à urbanização do país.

Resposta

Alternativa **D**.

O processo de industrialização concentrada em poucas cidades provocou intenso processo migratório entre diversas regiões, sem a correspondente contrapartida de investimentos em serviços públicos e infraestrutura urbana. Entre outros problemas urbanos, a falta de investimentos em moradia popular provocou intenso processo de favelização da população de baixa renda nas periferias e terrenos vazios dos centros das maiores cidades brasileiras.

Exercícios propostos

Testes

1. (Fuvest-SP) Observe os gráficos.

População urbana e rural do Brasil (em milhões de hab.)

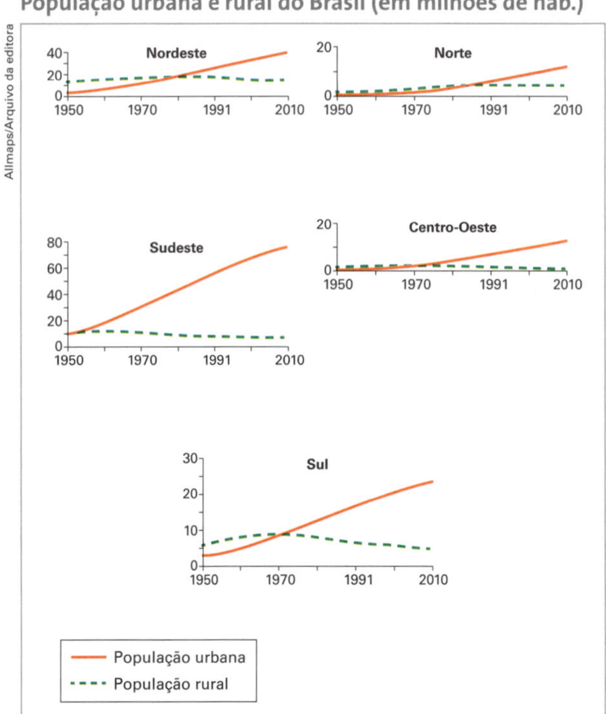

Disponível em: <www.seriesestatisticas.ibge.gov.br>. Acesso em: 20 ago. 2014.

Com base nos gráficos e em seus conhecimentos, assinale a alternativa correta.

a) Em função de políticas de reforma agrária levadas a cabo no Norte do país, durante as últimas décadas, a população rural da região superou, timidamente, sua população urbana.

b) O aumento significativo da população urbana do Sudeste, a partir da década de 1950, decorreu do desenvolvimento expressivo do setor de serviços em pequenas cidades da região.

c) O avanço do agronegócio no Centro-Oeste, a partir da década de 1970, fixou a população no meio rural, fazendo com que esta superasse a população urbana na região, a partir desse período.

d) Em função da migração de retorno de nordestinos, antes radicados no chamado Centro-Sul, a população urbana do Nordeste superou a população rural, a partir da década de 1970.

e) A maior industrialização na região Sul, a partir dos anos 1970, contribuiu para um maior crescimento de sua população urbana, a partir desse período, acompanhado do decréscimo da população rural.

2. (Ibmec-RJ) Levantamento do IBGE sobre os municípios brasileiros divulgado em 2010 mostra que as cidades médias, que têm entre 100 000 e 600 000 habitantes, elevaram em 2,5% sua participação no PIB nacional. Indicando que a riqueza não está mais concentrada nas grandes cidades, nada menos que 28,2% da economia do país são originados das cidades médias. Contudo, mesmo apontadas como verdadeiros oásis alternativos às violentas e estressantes metrópoles, essas cidades padecem de problemas típicos daquelas grandes metrópoles.
Considerando a importância do crescimento das cidades médias com suas contradições, no Brasil, assinale a afirmativa correta.

a) Problemas típicos das grandes metrópoles, nas cidades médias com a chegada maciça de imigrantes, atraídos por oportunidades de emprego, têm respostas imediatas das prefeituras, apesar dos gargalos financeiros, para aliviar a falta de planejamento.

b) Apesar de vulneráveis em termos de infraestrutura, serviços públicos e planejamento urbano, essas cidades médias não têm ônus pesado que possa contradizer os indicadores positivos sobre a qualidade de vida.

c) A expansão urbana das cidades médias é basicamente vertical, onde há tradicional especulação imobiliária nas áreas centrais, mas também a presença de condomínios fechados e programas de moradias populares.

d) Nas cidades médias, a periferia se expande de forma diferente da metrópole, pois mistura condomínios fechados para alta renda e os conjuntos populares de programas como o "Minha casa, Minha vida", além de invasões com favelização.

e) As cidades médias continuam cada vez mais compactas, o que traz problemas para o transporte público-urbano, repetindo os grandes e demorados deslocamentos de moradores para o trabalho como as metrópoles fazem.

3. (UERJ)

Nota intitulada "Urbano ou rural?" foi destaque na coluna Radar, na revista Veja. Ela apresenta o caso extremo de União da Serra (RS), município de 1900 habitantes, dos quais 286 são considerados urbanos. A reportagem da revista apontou as seguintes evidências: a) a totalidade dos moradores sobrevive de rendimentos associados à agropecuária; b) a "população" de galinhas e bois é 200 vezes maior que a de pessoas; c) nenhuma residência é atendida por rede de esgoto; d) não há agência bancária.

JOSÉ ELI DA VEIGA.
Adaptado de: <www.zeeli.pro.br>. Acesso em: 20 ago. 2014.

A situação descrita no texto ocorre porque, no Brasil, a classificação oficial de uma aglomeração urbana se dá exclusivamente a partir do seguinte critério:

a) hierárquico-funcional.
b) econômico-financeiro.
c) político-administrativo.
d) demográfico-quantitativo.

4. (Uespi) Examine atentamente o gráfico a seguir.

População Rural e Urbana do Brasil: 1950-2000

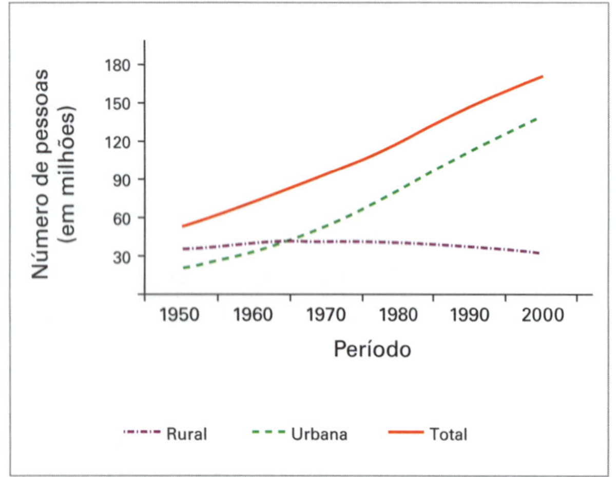

IBGE, 2007.

Com base nesse gráfico, é correto afirmar que:

1. nas décadas de 1970 e 1980, do século passado, a maior parte da população economicamente ativa exercia atividades remuneradas no setor Secundário da economia.
2. antes da década de 1960, a população brasileira era dominantemente rural; esse quadro modifica-se sensivelmente de 1970 em diante.
3. de 1965 até 2000, a população total permaneceu estável, enquanto a população rural atravessava um crescimento considerável, refletindo, assim, um nítido processo de urbanização do país.
4. as migrações internas da população diminuem consideravelmente a partir de 1965, em face das políticas proibitivas adotadas pelo regime de exceção instalado em 1964.

Está(ão) correta(s) apenas:

a) 1.
b) 2.
c) 1 e 4.
d) 3 e 4.
e) 2 e 3.

5. (EsPCEx-SP/Aman-RJ) Com relação às regiões metropolitanas (RM) no Brasil, leia as afirmativas abaixo:

I. De acordo com o estudo "Regiões de Influência das Cidades 2007", publicado pelo IBGE, São Paulo é a única RM a receber a denominação de Grande Metrópole Nacional;
II. A criação de uma região metropolitana é caracterizada pela conurbação de, no mínimo, duas metrópoles entre si;
III. A região metropolitana é resultante da necessidade da elaboração de soluções integradas para os serviços públicos que escapam à competência política das prefeituras municipais que a compõem;
IV. A Constituição de 1988 delegou aos municípios o poder de legislar sobre a criação de RM, por isso, na década de 1990, foram criadas diversas novas RM.

Assinale a alternativa que apresenta todas as afirmativas corretas:

a) I e II.
b) I, II e IV.
c) I e III.
d) II, III e IV.
e) III e IV.

Questão

6. (Unicamp-SP)

O Congresso Nacional aprovou a Lei n. 10.257, em vigor desde 10 de outubro de 2001, conhecida como Estatuto da Cidade. Esta Lei estabelece as diretrizes gerais da política urbana brasileira, fornecendo instrumentos urbanísticos para o desenvolvimento das funções sociais, do uso e da gestão da cidade.

Adaptado de: "Estatuto da Cidade: Guia para Implementação pelos Municípios e Cidadãos". Brasília: Instituto Pólis/ Laboratório de Desenvolvimento Local, 2001.

a) Aponte dois aspectos da urbanização brasileira, manifestados especialmente a partir da segunda metade do século XX, que produziram a necessidade de uma lei para orientar a política urbana do país.
b) O Plano Diretor, instrumento de planejamento urbano que consta da Constituição de 1988, foi reforçado no Estatuto da Cidade e é obrigatório para algumas categorias de municípios brasileiros. Destaque duas diretrizes de planejamento urbano que o Plano Diretor Municipal pode adotar para que seja garantido o direito de todos à cidade.

MÓDULO 32 • Organização da produção agropecuária

1. Os sistemas de produção agrícola

- Considerar a produção agrícola como um sistema envolve a análise de suas dimensões naturais (fertilidade do solo, topografia, disponibilidade de água) e socioeconômicas (desenvolvimento tecnológico, grau de capitalização, estrutura fundiária, relações de trabalho).
- As propriedades que apresentam elevados índices de produtividade praticam a **agricultura intensiva**.
- As propriedades que praticam a **agricultura extensiva** são as que não dispõem de capitais para investir e utilizam técnicas rudimentares, obtendo baixos índices de produtividade.
- Na pecuária, o rendimento é avaliado pelo número de cabeças por hectare.

Agricultura familiar

- Na agricultura familiar, a administração da propriedade e dos investimentos necessários sobre o que e como produzir é feita pelos membros de uma família.

Cosmephoto/Glow Images

Homem cuida da plantação de maçãs de sua família, em Cambromer (França), em 2013.

Agricultura de subsistência

- A agricultura de subsistência é voltada às necessidades imediatas de consumo alimentar dos próprios agricultores e seus dependentes. A produção é obtida com a utilização de técnicas tradicionais e rudimentares.
- Na agricultura de subsistência, predominam as pequenas propriedades, que podem ser cultivadas em:
  a) **parceria** – quando o agricultor aluga a terra e paga por seu uso com parte da produção;
  b) **arrendamento** – quando o aluguel é pago em dinheiro;
  c) **regime de posse** – quando os agricultores simplesmente ocupam terras devolutas (terras desocupadas, vagas, que não possuem dono regular ou que pertencem ao Estado).

Bjanka Kadic/Alamy/Glow Images

Agricultores colhem rabanetes em horta coletiva em Mindo (Equador), em 2010.

Agricultura de jardinagem

- Na agricultura de jardinagem há utilização intensiva de mão de obra. Esse sistema é praticado em pequenas e médias propriedades cultivadas pelo dono da terra e sua família ou em parcelas de grandes propriedades.

ThangCao/Shutterstock/Glow Images

Agricultores cultivam arroz em Mu Cang Chai, na área rural de Yen Bai (Vietnã), em 2014.

Cinturões verdes e bacias leiteiras

- Os cinturões verdes e as bacias leiteiras localizam-se ao redor dos grandes centros urbanos.
- Neles se praticam agricultura e pecuária intensivas, produzem-se hortifrutigranjeiros e cria-se gado para a produção de leite e derivados em pequenas e médias propriedades.

Ernesto Reghran/Pulsar Imagens

Plantação de verduras na área rural de Londrina (PR), em 2012.

Agricultura empresarial

- Na agricultura empresarial (ou patronal), prevalece a mão de obra contratada e desvinculada da família do administrador ou do proprietário da terra.
- Em geral a produtividade é muito alta e sua produção é voltada ao abastecimento tanto do mercado interno quanto do externo.
- As atividades agrícolas e pecuárias estão integradas aos setores industriais e de serviços, criando uma grande cadeia produtiva.
- Os agronegócios envolvem todas as atividades primárias, secundárias e terciárias que fazem parte da cadeia produtiva.
- Outro tipo de agricultura, cuja mão de obra está desvinculada do proprietário ou do administrador, é a *plantation* – grande propriedade monocultora, especializada na produção de gêneros tropicais específicos (café, frutas, cereais, etc.) voltados para a exportação.

Ramzi Boudina/Reuters/Latinstock

Pessoas trabalhando em campos de trigo nos arredores de Berouaguia (Argélia), em 2013.

2. A Revolução Verde

- A Revolução Verde (décadas de 1960-1970) consistiu na modernização das práticas agrícolas (utilização de adubos químicos, inseticidas, herbicidas, sementes melhoradas) e na mecanização da lavoura, visando ao aumento da produção de alimentos em grandes propriedades monocultoras.
- Em países e regiões pobres, sobretudo na África e no Sudeste Asiático, a mecanização da produção diminuiu a necessidade de mão de obra, contribuiu para o aumento dos índices de pobreza e provocou êxodo rural.

3. A população rural e o trabalhador agrícola

- Em países e regiões desenvolvidos e emergentes, a maioria dos habitantes da zona rural trabalha em atividades não agrícolas ou em cidades próximas.
- Ecoturismo e turismo rural, hotéis-fazenda, *campings*, pousadas, sítios, casas de campo, restaurantes típicos, parques temáticos, prática de esportes variados, transportes, produção de energia, abastecimento de água, etc. são atividades rurais que ocupam um contingente de trabalhadores maior que as atividades agropecuárias.
- Onde a agropecuária é descapitalizada e utiliza técnicas rudimentares de produção, a maioria dos trabalhadores rurais se dedica a atividades diretamente ligadas à agropecuária.

4. A produção agropecuária no mundo

- Nos países desenvolvidos a produtividade agrícola é elevada e, além de abastecer o mercado interno, é responsável por grande parcela dos produtos agropecuários que circulam no mercado mundial.
- No mundo em desenvolvimento, é impossível estabelecer generalizações, já que os contrastes verificados entre os países mais pobres e alguns emergentes – a Etiópia e o Brasil, por exemplo – se repetem também no interior dos próprios países, onde convivem, lado a lado, modernas agroindústrias e pequenas propriedades nas quais se pratica a agricultura de subsistência.

5. Biotecnologia e alimentos transgênicos

- A biotecnologia compreende o desenvolvimento de técnicas voltadas à adaptação ou ao aprimoramento de características dos organismos animais e vegetais, visando ao aumento da produção e a melhoria da qualidade dos produtos.

- Em meados da década de 1990 começou a produção de organismos geneticamente modificados (OGMs), os transgênicos.
- No caso das plantas, estas podem se tornar resistentes à ação de pragas ou de herbicidas. Seu cultivo provocou elevação nos índices de produtividade, redução do uso de agrotóxicos e consequente redução dos custos de produção e das agressões ambientais.
- Seu uso levou ao monopólio no controle das sementes.
- Em 2001, um estudo da Organização Mundial de Saúde (OMS) concluiu que os alimentos transgênicos aprovados para a comercialização não fazem mal à saúde e contribuem para melhorar as condições ambientais (essa posição passou a ser apoiada pela ONU em maio de 2004).
- No Brasil, a regulamentação e fiscalização do uso de alimentos transgênicos ficou a cargo da Comissão Técnica Nacional de Biossegurança (CTNBio), órgão vinculado ao Ministério da Ciência e Tecnologia.
- A Lei de Biossegurança (Lei 1.105, de 24 de março de 2005) obriga a explicitação no rótulo da embalagem de alimentos que contenham produtos transgênicos para que os consumidores tenham opção de escolha na compra.

6. A agricultura orgânica

Alamy/Glow Images

Produtos orgânicos à venda em supermercado em Maryland (Estados Unidos).

- A **agricultura orgânica** é um sistema de produção que não utiliza nenhum produto agroquímico (fertilizantes, inseticidas, herbicidas). A adubação do solo é realizada com **matéria orgânica** e o combate às pragas, com **controle biológico** (uso de predadores naturais).
- Há preocupação em manter o equilíbrio ecológico.
- A produção orgânica é mais dispendiosa no curto prazo e esses alimentos ainda custam mais caro nos supermercados e nas feiras, embora haja tendência de redução, caso aumente o consumo.
- O custo de reparação ambiental da agricultura química de larga escala deveria estar incluído em seus preços – ela provoca um passivo ambiental que toda a sociedade terá que pagar futuramente, o que torna sua produção mais barata que a orgânica apenas no curto prazo.
- A agricultura orgânica é praticada em propriedades policultoras, aumentando a oferta de ocupação produtiva à população rural e diminuindo a migração para as cidades.
- No caso da criação de animais, desde o nascimento eles recebem rações produzidas com matérias-primas livres de agrotóxicos e adubos químicos e não são submetidos ao crescimento acelerado com a ajuda de hormônios.
- A partir de janeiro de 2010, a Lei Federal 10.831/2003 passou a exigir que os produtores e fabricantes de produtos orgânicos coloquem o selo de certificação emitido por empresas habilitadas pelo Instituto Nacional de Metrologia (Inmetro) segundo as normas adotadas pela Associação Brasileira de Normas Técnicas (ABNT).

Exercícios resolvidos

1. (Aman-RJ) Sobre a Revolução Verde e seus efeitos na agricultura dos países subdesenvolvidos, podemos afirmar que

   I. conseguiu melhorar a produtividade e reduzir as quebras de safra causadas por enchentes ou pragas.
   II. ampliou o emprego intensivo de trabalho humano, reduzindo drasticamente o êxodo rural.
   III. deflagrou processos de valorização das terras e de concentração fundiária.
   IV. incentivou a policultura e a difusão de práticas tradicionais da agricultura de subsistência como a coivara e a rotação de terras.
   V. exigiu maior capitalização dos agricultores e maior especialização da força de trabalho.

   Assinale a alternativa que apresenta todas as afirmativas corretas.

   a) I e IV.
   b) II e IV.
   c) I, II e V.
   d) I, III e V.
   e) II, III e IV.

Resposta

Alternativa **D**.

A Revolução Verde consistiu no incentivo à produção monocultora, principalmente de grãos, em grandes propriedades com utilização intensiva de máquinas, adubos químicos e sementes selecionadas para obter aumento da produtividade e reduzir os custos de produção.

2. (UFU-MG) Observe as afirmações sobre a produção agropecuária e as novas relações cidade-campo.

I. A grande evolução tecnológica ocorrida com a Revolução Industrial propiciou o aumento da produção, a transição da manufatura para a indústria e a ampliação da divisão do trabalho. A industrialização consolidou a sociedade rural baseada em unidades produtivas autônomas e a subordinação da cidade ao campo, dando lugar a uma sociedade tipicamente rural.

II. Nos países desenvolvidos e industrializados, a produção agrícola foi intensificada por meio da modernização das técnicas empregadas, utilizando cada vez menos mão de obra. Enquanto isso, nos países subdesenvolvidos, as regiões agrícolas, principais responsáveis pelo abastecimento do mercado externo, passam por semelhante processo de modernização das técnicas de cultivo e colheita, mas, aliado a isso, tem-se o êxodo rural acelerado, que promove a expulsão dos trabalhadores agrícolas para as periferias das grandes cidades.

III. De acordo com o grau de capitalização e o índice de produtividade, a produção agropecuária pode ser classificada em intensiva ou extensiva. A agropecuária intensiva ocorre nas propriedades que utilizam técnicas rudimentares, com baixo índice de exploração da terra e, consequentemente, alcançam baixos índices de produtividade. Já as propriedades que adotam modernas técnicas de preparo do solo, cultivo, colheita e apresentam elevados índices de produtividade são classificadas em extensivas.

IV. Atualmente, observa-se a tendência à grande penetração do capital agroindustrial no campo, tanto nos setores voltados ao mercado externo quanto ao mercado interno. Nesse sentido, verifica-se que a produção agrícola tradicional tende a se especializar não para concorrer com o mais forte, mas para produzir a matéria-prima utilizada pela agroindústria.

Assinale a alternativa que apresenta as afirmações corretas.

a) Apenas II e III.

b) Apenas I, II e III.

c) Apenas I, III e IV.

d) Apenas II e IV.

Resposta

Alternativa **D**.

A evolução tecnológica que se seguiu a partir da Revolução Industrial intensificou a urbanização; a agricultura intensiva obtém alta produtividade através do uso de modernas tecnologias de produção e a extensiva é de baixa produtividade.

Exercícios propostos

Testes

1. (UFSJ-MG) Observe as imagens abaixo.

Reprodução/Prova da UFSJ

Reprodução/Prova da UFSJ

Sobre a agricultura, mostrada nas ilustrações acima, é **CORRETO** afirmar que ela

a) é altamente mecanizada e utiliza mão de obra especializada.

b) se destina, preferencialmente, ao abastecimento do mercado externo.

c) é comum em pequenas propriedades de regiões densamente povoadas.

d) produz monoculturas no sistema de *plantations* com rotação de culturas.

2. (UFRGS-RS) Observe a figura abaixo a respeito da produção agrícola de orgânicos.

Com base na figura, considere as seguintes afirmações sobre a produção agrícola de orgânicos.

I. A Oceania, diferente dos demais continentes, tem sua produção em grande escala.

II. A Europa e a América do Sul têm a produção de orgânicos com características muito semelhantes.

III. A América do Norte tem sua produção de orgânicos centrada em produtores com maior área de cultivo.

Quais estão corretas?

a) Apenas I.

b) Apenas II.

c) Apenas I e II.

d) Apenas I e III.

e) I, II e III.

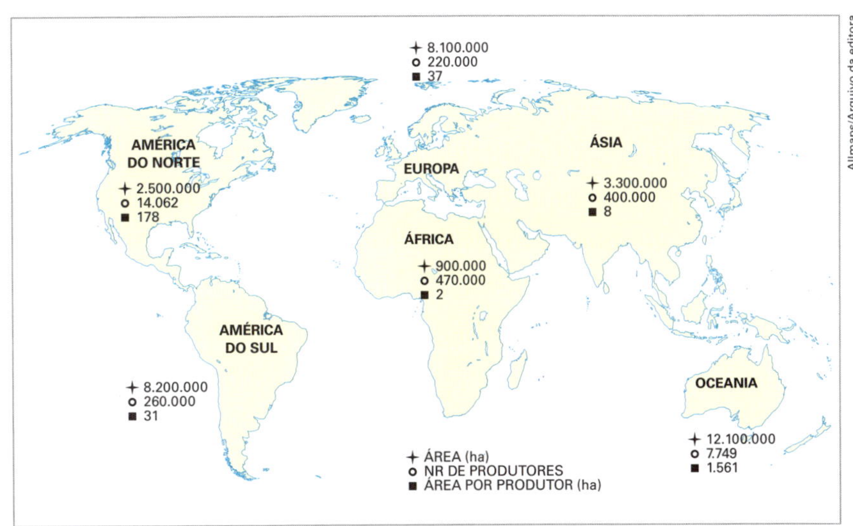

Adaptado de: <http://ipd.org.br/upload/tiny_mce/arquivos/Perfil_do_mercado_organico_brasileiro_como_processo_de_inclusao_social.pdf>. Acesso em: 31 ago. 2014.

3. (UEPB) Com a finalidade de gerar excedentes e se tornarem altamente competitivos no mercado internacional, os Estados Unidos desenvolveram uma agricultura comercial bastante especializada, que se utiliza de técnicas modernas e está bastante integrada à indústria e ao comércio daquele país, denominada de:

a) *Belts* ou Cinturões agrícolas

b) Agricultura de jardinagem

c) Kibutz

d) Kolkhozes

e) *Plantation*

4. (UEPG-PR) A respeito dos limites naturais do espaço agrário, assinale o que for correto.

(01) As plantas cultivadas, assim como os seres vivos, possuem cada qual o seu *habitat*, com destaque para as condições climáticas, além da altitude aliada à latitude como fator limitante para determinadas culturas.

(02) Algumas culturas são típicas de climas tropicais, como arroz, milho, cana-de-açúcar, café, algodão e cacau, e outras são características de climas temperados, como trigo, aveia, maçã e beterraba; porém a distinção não é rígida, pois há plantas que possuem ampla capacidade de adaptação, a exemplo do arroz e do fumo que, embora sejam tropicais, podem ser cultivadas durante o verão nas regiões subtropicais.

(04) A umidade é um fator de extrema importância na agricultura, pois tanto a aridez quanto o excesso de chuvas podem comprometer o cultivo.

(08) Os limites edáficos são aqueles que restringem o uso agrícola da terra por problemas, como excesso de salinidade, solos pouco profundos, baixa fertilidade natural ou solos encharcados.

(16) O relevo não interfere nas atividades agrárias, pois a topografia não interfere na profundidade dos solos, na utilização de máquinas agrícolas e nem na diversidade de produtos cultivados.

Questão

5. (UERJ) Leia.

Multinacionais de alimentos agravam pobreza

Documento da ActionAid, apresentado no Fórum Social Mundial de 2011, revela que um pequeno grupo de empresas domina a maior parte do comércio mundial de itens como trigo, café, chá e bananas. Um terço de todo o alimento processado do planeta está nas mãos de apenas 30 empresas. Outras 5 controlam 75% do comércio internacional de grãos. Do total da produção e da venda de agrotóxicos, também 75% são dominados por 6 companhias, e uma única multinacional, a Monsanto, detém 91% do setor de produção e venda de sementes.

Adaptado de: <www.observatoriosocial.org.br>. Acesso em: 20 ago. 2014.

O texto faz referência ao processo de modernização da agropecuária mundial, com a formação e a expansão de complexos agroindustriais.

Defina o que são complexos agroindustriais.

Com base na reportagem, aponte duas consequências socioeconômicas negativas resultantes da situação de reduzida concorrência no setor agrícola.

Desde a década de 1980 até os dias atuais, o crescimento do PIB agrícola foi maior que o dos demais setores da economia.

Brasil: uso da terra – 2006

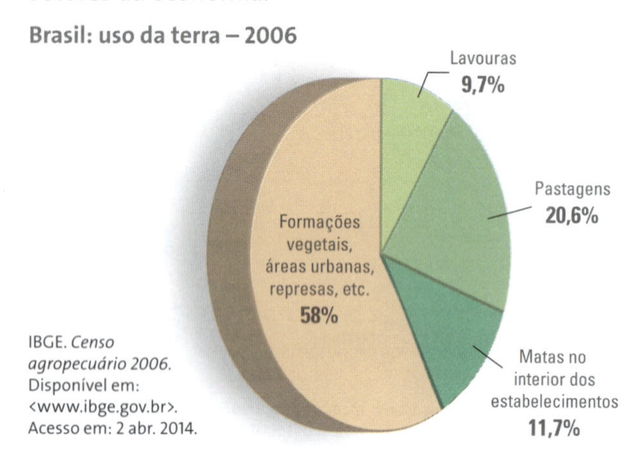

IBGE. *Censo agropecuário 2006*. Disponível em: <www.ibge.gov.br>. Acesso em: 2 abr. 2014.

1. A dupla face da modernização agrícola

- Entre as décadas de 1950 e 1980, a monocultura e a mecanização foram estimuladas como modelo de desenvolvimento e crescimento econômico por sucessivos governos.
- Enquanto isso, a agricultura familiar esteve relegada a segundo plano na formulação das políticas agrícolas, resultando no deslocamento de grandes contingentes de pequenos proprietários e trabalhadores rurais do campo para as cidades.
- Diferentemente do ocorrido em países desenvolvidos, em nosso país muitos dos empregos no setor urbano-industrial eram mal remunerados e não proporcionavam o acesso a condições adequadas de moradia, alimentação e transporte nem a outras necessidades cotidianas básicas.
- No Brasil, os fatores de repulsão do campo (concentração de terras, baixos salários, desemprego, etc.) foram os que mais contribuíram, e ainda contribuem, para explicar o movimento migratório rural-urbano.

2. Desempenho da agricultura familiar e empresarial

- Uma política de desenvolvimento da produção agropecuária deve contemplar o abastecimento interno, a reforma agrária, o fortalecimento da agricultura familiar e o aumento nas exportações.
- As unidades familiares são elementos fundamentais no espaço geoeconômico rural.
- As grandes propriedades produzem mais carne bovina, soja, café, cana-de-açúcar, laranja e arroz, enquanto as unidades familiares estão à frente na produção de milho, batata, feijão, mandioca, carnes suína e de aves, ovos, leite, verduras, legumes e frutas.
- Segundo o Censo Agropecuário do IBGE, em 2006, existiam 4,4 milhões de estabelecimentos de agricultura familiar no país, que representavam 84% do total, mas ocupavam apenas 24% da área destinada à agropecuária.
- Já os estabelecimentos patronais (cerca de 800 mil propriedades) representavam 16% do número de estabelecimentos e ocupavam 76% da área total.
- Esses números retratam uma estrutura agrária ainda muito concentrada no país: a área média dos estabelecimentos familiares era de 18 hectares, e a dos empresariais, de 309 hectares.
- No geral, as propriedades familiares são mais eficientes, isto é, nelas o aproveitamento econômico da área é maior do que nas propriedades empresariais, e isso vale para todas as regiões brasileiras.

3. As relações de trabalho na zona rural

- Em 2012, aproximadamente 15 milhões de pessoas (14,2% da PEA) trabalhavam em atividades agrícolas. Entre 1996 e 2006, cerca de 1,5 milhão de trabalhadores abandonaram as atividades agropecuárias, o que significou, nesse período, uma redução de 8,5% no contingente de trabalhadores agrícolas.
- Na zona rural brasileira encontramos as seguintes **relações de trabalho**:
  a) **trabalho temporário**: os boias-frias (Centro-Sul), os corumbás (Nordeste e Centro-Oeste) ou os peões (Norte) são trabalhadores diaristas e temporários;
  b) **trabalho familiar**: caracterizado pelo predomínio da mão de obra familiar em pequenas e médias propriedades (de subsistência ou comercial), representa cerca de 80% da mão de obra nos estabelecimentos agrícolas;
  c) **trabalho assalariado**: empregados em fazendas e agroindústrias representam apenas 10% da mão

de obra agrícola. São trabalhadores que têm registro em carteira e que recebem, portanto, pelo menos um salário mínimo por mês;

d) **parceria e arrendamento**: parceiros e arrendatários alugam a terra de um proprietário para cultivar alimentos ou criar gado. Se o aluguel for pago em dinheiro, diz-se que há arrendamento; se o aluguel for pago com parte da produção, combinada entre as partes, ocorre uma parceria;

e) **escravidão por dívida**: trata-se do aliciamento de mão de obra com falsas promessas. Ao se empregar na fazenda, o trabalhador é informado de que está endividado e, como seu salário nunca é suficiente para quitar a dívida, fica aprisionado sob a vigilância de jagunços (capangas armados a serviço de fazendeiros).

- Relações ilegais da posse de terra, que geram os conflitos no campo:

a) **posseiros** são trabalhadores rurais que ocupam terras sem possuir o título de propriedade.

b) **grileiros** são os invasores de terras que conseguem, mediante corrupção, uma falsa escritura de propriedade da terra.

4. O estatuto da terra e a reforma agrária

- O Estatuto da Terra (Lei 4.504, de 30 de novembro de 1964) foi promulgado para embasar um programa de reforma agrária que não foi realizado. No entanto, possibilitou a realização de um Censo agropecuário que forneceu dados estatísticos necessários à elaboração de uma política de reforma agrária.
- A propriedade familiar possui área de dimensão variável, levando em consideração basicamente três fatores que, ao aumentarem o rendimento da produção e facilitarem a comercialização, diminuem a classificação da propriedade pela área do módulo. Esses fatores são: **localização da propriedade**, **fertilidade do solo e clima** e **tipo de produto cultivado e tecnologia empregada**.
- São consideradas pequenas as propriedades com até 4 módulos rurais, médias as de 4 a 15 módulos e grandes as que superam 15 módulos.

5. Produção agropecuária brasileira

- Atualmente, as fronteiras agrícolas se expandem principalmente pelo Centro-Oeste e pela periferia da Amazônia, em regiões de relevo relativamente plano, o que facilita a mecanização, e de solos e climas favoráveis que necessitam corretivos e, às vezes, irrigação.
- Segundo o Censo Agropecuário, em 2006 somente 10% dos estabelecimentos agrícolas brasileiros utilizavam trator na preparação dos solos, cultivo ou colheita (um indicador básico de tecnologia no campo).
- Observe, no mapa ao lado, as regiões onde se desenvolve a agropecuária moderna e a tradicional, além da direção em que ocorre a expansão das fronteiras agrícolas.

Brasil: espaço geográfico

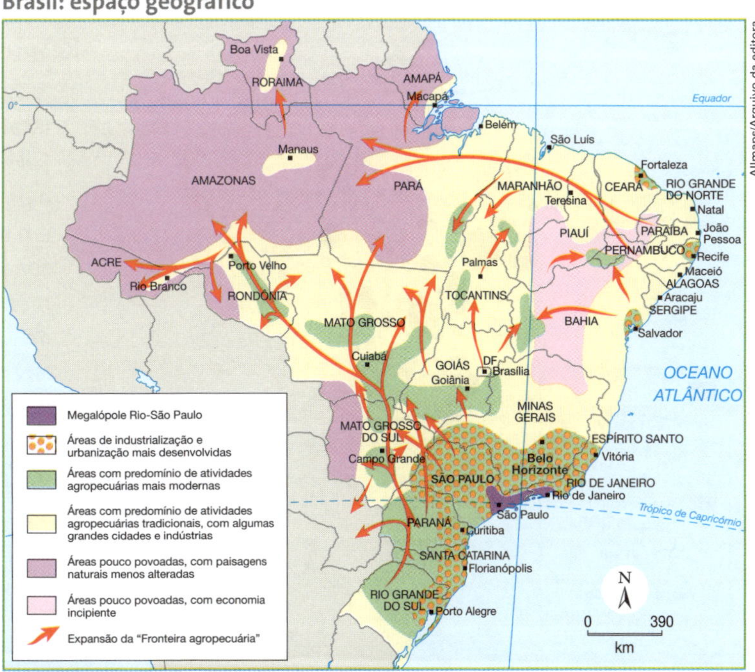

Adaptado de: SIMIELLI, Maria Elena. *Geoatlas*. 34. ed. São Paulo: Ática, 2012. p. 144.

- O Brasil e outros países em desenvolvimento enfrentam restrições que os impedem de aumentar o volume de exportações por conta do protecionismo dos países mais ricos. Entre essas medidas protecionistas, destacam-se:

a) barreiras tarifárias;

b) barreiras fitozoossanitárias;

c) cláusulas trabalhistas;

d) cláusulas ambientais;

e) embargo;

f) estabelecimento de cotas de importação.

- Além das dificuldades externas para a exportação de produtos agrícolas, há também fatores internos que reduzem o potencial de crescimento e a competitividade do Brasil:
  a) deficiências no setor de transportes e armazenagem, o que aumenta os custos operacionais;
  b) elevada carga tributária;
  c) baixa disponibilidade de crédito e financiamentos;
  d) falta de incentivo à formação de cooperativas;
  e) pequena abrangência espacial de energia elétrica na zona rural, inibindo investimentos em irrigação e armazenagem, entre outros.
- Em relação à criação de animais, as aves, sobretudo os galináceos, compõem o maior número; a Região Sudeste possui cerca de 35% das aves destinadas à produção de ovos, enquanto a Região Sul concentra mais de 50% das que são abatidas. O segundo rebanho do país é o de bovinos.

Rebanho brasileiro – 2012	
Número de cabeças (em milhões)	
Aves	1 266
Bovinos	211,3
Suínos	38,8
Ovinos	16,8
Caprinos	8,6
Equinos	5,3
Bubalinos	1,2
Muares	1,2
Asininos	0,9

IBGE. *Produção da pecuária municipal 2012*. Disponível em: <www.ibge.gov.br>. Acesso em: 2 abr. 2014.

Exercício resolvido

- (UEL-PR) Analise o mapa e os gráficos a seguir.

Allmaps/Arquivo da editora

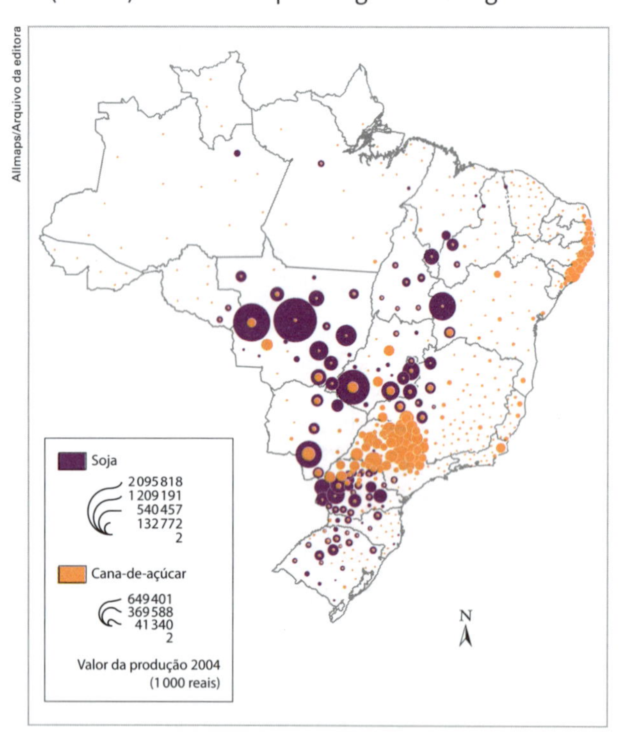

a) Descreva o mapa do Brasil com relação à distribuição espacial do valor da produção de soja e cana-de-açúcar para a produção de biocombustíveis.

b) Com base nos gráficos e nos conhecimentos sobre os cultivos da produção agrícola no Brasil, analise o impacto da ampliação da produção de cana-de-açúcar e soja sobre as áreas destinadas à produção de alimentos, destacando a produção dos alimentos orgânicos.

Resposta

a) A maior produção de soja ocorre no Centro-Oeste (Mato Grosso, Mato Grosso do Sul e Goiás) e no Sul (Paraná e Rio Grande do Sul); destaca-se, ainda, o oeste da Bahia, sul do Maranhão, sul do Piauí e, em menor escala, parte do Pará, Rondônia e Amazonas. A produção de cana-de-açúcar está amplamente concentrada no interior de São Paulo, sul de Minas Gerais, norte do Paraná, Zona da mata Nordestina, Mato Grosso do Sul, Goiás e norte do Rio de Janeiro. Entre outros produtos obtidos da soja e da cana, o primeiro é o principal cultivo destinado à produção de *biodiesel* e a cana destina-se à produção de etanol.

b) No período entre 1950 e 2007, houve um grande crescimento na produção de soja e cana-de-açúcar, que receberam muitos incentivos governamentais para aumento da produção de biocombustíveis e exportação de açúcar e soja. Esse grande avanço da produção de soja e cana não impediu o crescimento, no mesmo período, da produção de alimentos convencionais e orgânicos em pequenas e médias propriedades que abastecem o mercado interno de consumo.

Exercícios propostos

Testes

1. (Cesgranrio-RJ)

Frete em Mato Grosso é três vezes mais caro que nos Estados Unidos

O custo de transporte da soja no Norte de Mato Grosso é três vezes superior ao frete pago pelos produtores do estado americano do Iowa. (...) Os produtores que estão em Sorriso (MT), que fica a 2.282 km do Porto de Paranaguá (PR), têm um custo de US$ 97 por tonelada de soja transportada pela rodovia. Já os produtores de Iowa, que estão a 1576 km do porto, gastam US$ 33,98 por tonelada, dos quais US$ 10,09 são despesas com o frete do caminhão até os terminais do rio Mississípi e mais US$ 23,89 com o da barcaça que transporta a mercadoria até o Golfo do México. (...)

Segundo o levantamento do Departamento de Agricultura dos Estados Unidos (USDA, na sigla em inglês), no ano passado o custo de transporte representou 32% do preço da soja originária de Mato Grosso, desembarcada em Xangai, na China (...)

Venilson Ferreira. *O Estado de S. Paulo*. 06 maio 2010.

Na perspectiva do texto acima, analise as afirmativas a seguir.

I. Na tradição histórica norte-americana, o Destino Manifesto e a ideia de fronteira foram grandes responsáveis pela integração territorial, enquanto, no Brasil, a concentração da população no litoral e o controle rigoroso da metrópole portuguesa sobre as regiões mineradoras dificultaram bastante esse processo.

II. A rede hidrográfica, cuja utilização constante reduziria consideravelmente o valor do frete em algumas regiões, tem sido considerada secundária pela política de transportes, ao longo da história econômica brasileira.

III. A colonização inglesa da América do Norte estimulou o desenvolvimento do transporte barato, necessário para a Revolução Industrial em curso, enquanto, no Brasil colonial, o transporte fora da Estrada Real foi proibido pela Coroa Portuguesa até o século XIX, o que manteve o isolamento das capitanias interioranas.

IV. Com o avanço do agronegócio e o crescimento da economia brasileira, os investimentos em manutenção e expansão da infraestrutura viária têm sido constantes, o que, por si só, já justifica o alto custo final do produto.

As questões levantadas pelo texto possuem explicações não apenas econômicas, mas também geográficas e históricas, pontuadas corretamente na(s) afirmativa(s):

a) I, apenas.

b) III, apenas.

c) I e II, apenas.

d) I, II e IV, apenas.

e) I, II, III e IV.

2. (UFRGS-RS) Observe o quadro abaixo referente à produção de orgânicos no Brasil e à estrutura fundiária.

Distribuição do segmento orgânico no Brasil				
Regiões	Estabelecimentos	Área (ha)	Valor (milhões R$)	Área por estabelecimento (ha)
Norte	6133	618079	75,3	100,8
Nordeste	42236	1574008	423,4	37,8
Centro-Oeste	4138	1233150	75,3	298,0
Sudeste	18715	970685	262,9	51,9
Sul	19275	539551	193,8	28,0

Adaptado de: *Censo Agropecuário 2006*, IBGE. Disponível em: <http://ipd.org.br/upload/tiny_mce/arquivos/Perfil_do_mercado_organico_brasileiro_como_processo_de_inclusao_social.pdf>. Acesso em: 12 set. 2012.

Com base nos dados do quadro acima, considere as seguintes afirmações sobre a produção de orgânicos.

I. Nos estados da Região Sul, a agricultura orgânica desenvolve-se, em média, em pequenos estabelecimentos.

II. Nos estados da Região Centro-Oeste, o valor da produção por área é, em média, o maior entre as regiões.

III. Na Região Nordeste, encontra-se o menor valor de produção entre as regiões.

Quais estão corretas?

a) Apenas I.

b) Apenas II.

c) Apenas I e II.

d) Apenas I e III.

e) I, II e III.

3. (UFPA) Considere a tabela abaixo:

Características dos estabelecimentos agropecuários, segundo tipo de agricultura – Brasil 2006.

Características	Agricultura familiar		Agricultura não familiar	
	Valor	Em %	Valor	Em %
Número de estabelecimentos	4367902	84,0	807587	16,0
Área (milhões ha)	80,3	24,0	249,7	76,0
Mão de obra (milhões de pessoas)	12,3	74,0	4,2	26,0
Valor da produção (R$ bilhões)	54,4	38,0	89,5	62,0
Receita (R$ bilhões)	41,3	34,0	80,5	66,0

Estatísticas do meio rural 2010-2011. MDA/DIESSE. 2011. p. 181.

Em relação aos aspectos do espaço rural brasileiro do século XXI, é correto afirmar:

a) Na estrutura fundiária do espaço rural brasileiro predominam estabelecimentos de agricultura não familiar. Herança do período colonial, esses estabelecimentos ocupam as maiores extensões do campo, têm o maior valor de produção e receita, mas empregam menos mão de obra do que a agricultura familiar.
b) No meio rural brasileiro prevalecem os estabelecimentos que desenvolvem agricultura familiar. Eles abrangem as maiores extensões do campo, empregam mais mão de obra do que a agricultura não familiar, ainda que seu valor de produção e renda ainda sejam menores que o desta.
c) A tabela acima representa a concentração de área nos estabelecimentos que desenvolvem agricultura familiar, ainda que o maior valor da produção e da receita sejam obtidos pela agricultura não familiar. Tal configuração formou-se a partir da elaboração do I Plano Nacional de Reforma Agrária, no governo de Fernando Henrique Cardoso.
d) O número de estabelecimentos ocupados pela agricultura familiar, associado à área e quantidade de mão de obra empregada por estes, denuncia a estrutura agrária desigual, herança histórica que confere à agricultura não familiar as maiores áreas, apesar de empregar menos mão de obra.
e) O maior número de estabelecimentos ocupados com agricultura familiar é um fato recente e indica a desconcentração fundiária desencadeada a partir do II Plano Nacional de Reforma Agrária, durante o governo de Fernando Henrique Cardoso.

4. (UFRGS-RS) Observe o quadro abaixo.

Ano	Produção de leite (mil litros)	Produtividade litros/vaca/ano
1975	7 947 382	646
1980	11 162 245	676
1985	12 078 398	715
1990	14 484 414	759
1995	16 474 365	801
2000	19 767 206	1 105
2005	24 620 859	1 194
2010	30 715 460	1 340
2011	32 296 120	1 374

IBGE/Censo Agropecuário e Pesquisa da Pecuária Municipal.

Com base nos dados do quadro, considere as seguintes afirmações sobre a produção leiteira no Brasil.

I. A produção leiteira foi maior no período de 2000 a 2011.
II. A produtividade do leite pouco cresceu, visto que acompanhou apenas o crescimento proporcional da produção de leite.
III. O rebanho bovino leiteiro cresceu no período de 1975 a 2011, conforme demonstram a produção e a produtividade de leite.

Quais estão corretas?

a) Apenas I.
b) Apenas III.
c) Apenas I e III.
d) Apenas II e III.
e) I, II e III.

Exercícios-tarefa

MÓDULO 17

Testes

1. (Udesc) São exemplos da indústria de bens de consumo (ou leve):

   a) Indústria de autopeças e de alumínio.
   b) Indústria de automóveis e de eletrodomésticos.
   c) Indústria de plásticos e borracha e de alimentos.
   d) Indústria de máquinas e de aço.
   e) Indústria de ferramentas e chapas e ferro.

2. (IFSP) Leia o texto a seguir.

   A General Eletric, líder mundial na fabricação de produtos eletrônicos, reduziu seu número de funcionários em todo o mundo de 400 mil em 1981 para menos de 230 mil em 1993, triplicando suas vendas ao mesmo tempo. A GE achatou sua hierarquia gerencial nos anos 80 e começou a introduzir novos equipamentos de automação na fábrica. Na GE em Charlottesville, Virgínia, novos equipamentos de alta tecnologia montam componentes eletrônicos nas placas de circuitos, na metade do tempo da tecnologia anterior.

   Disponível em: <http://www.ime.usp.br>. Acesso em: 20 ago. 2014.

   As transformações no mundo do trabalho mostradas no texto podem ser relacionadas à

   a) Terceira Revolução Industrial.
   b) industrialização periférica.
   c) expansão das empresas estatais.
   d) formação do Terceiro Mundo.
   e) expansão do capitalismo.

3. (UEM-PR) Na virada do milênio ocorreu uma onda de desemprego estrutural. O desemprego conjuntural é provocado por crises localizadas e temporárias, enquanto o estrutural está relacionado à estrutura produtiva que sofreu modificações e gera um desemprego massivo, mesmo em países ricos. A OIT estimou em 1 bilhão de desempregados, no ano de 1998. Sobre as transformações no mundo do trabalho, conforme a ordem da estrutura econômica do Período Técnico Científico, é correto afirmar:

   (01) O sistema de organização científica do trabalho consiste em controlar os tempos e os movimentos dos trabalhadores e fraciona as etapas do processo produtivo. Esse sistema, que possibilita um enxugamento do quadro da empresa, é denominado taylorismo.

   (02) Henry Ford desenvolveu a linha de montagem no processo produtivo, o que trouxe inovações. A produção em massa exige consumo em massa, com isso criou um novo arranjo socioespacial que gerou desemprego estrutural.

   (04) O desenvolvimento tecnológico exigiu novos métodos de organização da produção, como o *just-in-time* e a flexibilização, em contraposição à rigidez do fordismo. A crescente automação das fábricas levou muitos operários a perderem seus postos de trabalho.

   (08) A crise econômica mundial levou a mudanças bruscas do processo produtivo. O consumo de massa foi reduzido e milhares de operários perderam seus postos, gerando desemprego apenas nos países desenvolvidos.

   (16) As mudanças no processo produtivo, como a produção enxuta, ou toyotismo, e a flexibilização da mão de obra tiveram como suporte o avanço da robótica, da automação e de todo aparato tecnológico, o que implicou, no entanto, a redução do número de empregados na produção.

4. (UERJ)

ANDRÉ DAHMER. Adaptado de *O Globo*, 25/04/2012.

A crítica feita nos quadrinhos se relaciona com uma contradição do capitalismo globalizado, o qual se caracteriza simultaneamente por:

a) elitização do acesso digital – popularização das mídias alternativas.

b) requinte dos sistemas produtivos – declínio dos regimes democráticos.

c) manipulação dos padrões técnicos – simplificação dos métodos de gestão.

d) consumo de produtos sofisticados – exploração da força de trabalho fabril.

5. (Unimontes-MG) A tecnologia possibilitou à indústria flexibilizar sua produção. No contexto da globalização, a produção flexível tornou-se prática comum no processo produtivo.

São características da flexibilização da produção e dos processos produtivos, **exceto**

a) a produção concentrada em um único local, para reduzir custos com transporte.

b) os produtos adequados e direcionados para mercados consumidores determinados.

c) a redução de estoques, usando o método de produção de acordo com a demanda.

d) os operários polivalentes que realizam tarefas em diferentes etapas do processo de produção.

6. (UFTM-MG) A organização do espaço geográfico através de redes de comunicação eliminou a necessidade de fixar as atividades econômicas num determinado lugar. Isso vale para um grande número de serviços, que podem ser prestados a partir de qualquer lugar do mundo para qualquer outro, bastando que estes locais estejam conectados.

Sobre essas redes de comunicação, é correto afirmar que:

a) eliminaram as restrições produtivas dos diferentes espaços geográficos, criando condições de trabalho igualitárias em todos os países do mundo.

b) contribuíram, pela velocidade da informação e diversidade de serviços, para a dispersão geográfica dos processos produtivos industriais, cujas etapas estão localizadas em diferentes países.

c) possibilitaram a disseminação dos lucros das empresas multinacionais, pela interligação de sistemas industriais de produção.

d) ampliaram as trocas no comércio internacional, mas não possibilitaram grandes transformações na organização do espaço geográfico mundial.

e) diminuíram, por sua ampliação, as desigualdades sociais entre os países, tendência mundial da atualidade.

7. (UERJ)

Quando os auditores do Ministério do Trabalho entraram na casa de paredes descascadas num bairro residencial da capital paulista, parecia improvável que dali sairiam peças costuradas para uma das maiores redes de varejo do país. Não fossem as etiquetas da loja coladas aos casacos, seria difícil acreditar que, através de uma empresa terceirizada, a rede pagava 20 centavos por peça a imigrantes bolivianos que costuravam das 8 da manhã às 10 da noite.

Os 16 trabalhadores suavam em dois cômodos sem janelas de 6 metros quadrados cada um. Costurando casacos da marca da rede, havia dois menores de idade e dois jovens que completaram 18 anos na oficina.

Adaptado de: *Época*, 4 abr. 2011.

A comparação entre modelos produtivos permite compreender a organização do modo de produção capitalista a cada momento de sua história. Contudo, é comum verificar a coexistência de características de modelos produtivos de épocas diferentes.

Na situação descrita na reportagem, identifica-se o seguinte par de características de modelos distintos do capitalismo:

a) organização fabril do taylorismo – legislação social fordista.

b) nível de tecnologia do neofordismo – perfil artesanal manchesteriano.

c) estratégia empresarial do toyotismo – relação de trabalho pré-fordista.

d) regulação estatal do pós-fordismo – padrão técnico sistêmico-flexível.

MÓDULO 18

Testes

1. (IFSP) Leia o excerto.

Em 1843, a revista inglesa The Artisan *publicou um artigo sobre as condições sanitárias dos operários nas cidades.*

O artigo nos revela que as ruas eram tão estreitas que qualquer um podia saltá-las e entrar na casa da frente pela janela; os prédios eram muito altos e estreitos de modo que a luz mal penetrava no pátio ou ruazinha que os separava; não havia esgotos ou banheiros públicos ou mesmo sanitários nas casas: imundícies e excrementos de pelo menos 50 000 pessoas corriam nas valetas, trazendo um mau cheiro insuportável, que não só feria o olfato, mas representava um grande perigo à saúde das pessoas. As casas dessa gente pobre que ali morava pareciam ser sempre muito sujas. A maior parte delas se compunha de um único cômodo, com pouquíssima ventilação, com janelas quebradas ou mal colocadas, por onde entrava um cortante vento no inverno. Não raras vezes, um monte de palha servia de cama para a família toda: ali se amontoavam, numa confusão revoltante, homens, mulheres, velhos e crianças. A água só existia nas bombas públicas e era muito difícil transportá-la, o que, logicamente, favorecia tamanha imundície.

Adaptado de: ENGELS, Friederich. *A situação da classe trabalhadora na Inglaterra*. São Paulo: Global. p. 47.

Na Inglaterra do século XIX, a vida miserável levada pelos operários se devia

a) à resistência desses trabalhadores aos ensinamentos dos patrões: para se ter saúde, a primeira condição é ter higiene.

b) à Revolução Gloriosa que, ao implantar o regime parlamentarista, deixou de lado as preocupações com a sociedade, pois isso não interessava economicamente aos lordes e aos burgueses.

c) à diminuição de empregos pelo fechamento das indústrias e à extinção dos programas habitacionais feitos pelo governo.

d) à crise econômica existente na Inglaterra, vítima de seguidas secas e excessivos gastos com a Coroa e com a nobreza britânicas.

e) aos baixíssimos salários que eram pagos, o que lhes impossibilitava viver de modo mais saudável e mais confortável.

2. (Unesp-SP) O processo de mundialização do sistema capitalista sempre esteve apoiado na difusão de políticas econômicas e na constituição de determinadas lógicas geopolíticas e geoeconômicas de organização do espaço mundial. Constituem-se em política econômica e em lógica capitalista de ordenamento do espaço mundial no período atual:

a) o keynesianismo e o colonialismo.

b) o desenvolvimentismo e o neocolonialismo.

c) o neoliberalismo e a globalização.

d) o mercantilismo e a descolonização.

e) o liberalismo e o imperialismo.

3. (Fatec-SP) No dia 25 de agosto de 2012, o jornal *O Estado de S. Paulo* publicou a seguinte notícia:

O astronauta norte-americano Neil Armstrong, primeiro homem a pisar na Lua, morreu neste sábado aos 82 anos. Em 1958, Armstrong foi selecionado para ser um dos pilotos-engenheiros do programa "Homem no Espaço Mais Cedo", da Força Aérea, com o qual os EUA pretendiam competir com o programa espacial soviético, mais avançado à época. A partir de 1962, ele passou a integrar o corpo de astronautas da NASA (Administração Nacional de Aeronáutica e Espaço), do qual era um dos dois únicos civis. Sua frase mais famosa foi quando seus pés tocaram a superfície lunar pela primeira vez: "Um pequeno passo para um homem, mas um grande passo para a humanidade".

Adaptado.

Considerando as informações da reportagem sobre o astronauta Neil Armstrong e o programa espacial dos EUA, é correto afirmar que

a) os EUA realizaram o programa de envio do homem à Lua com apoio do governo soviético.

b) o astronauta Neil Armstrong pode ser considerado um herói da Segunda Guerra Mundial.

c) o desenvolvimento de programas espaciais foi uma das características da Guerra Fria.

d) o astronauta Neil Armstrong participou da equipe soviética que chegou primeiro à Lua.

e) os programas espaciais dos EUA contavam apenas com a participação de militares.

4. (UEG-GO)

O maior estoque de ouro do mundo, mantido pelo governo americano, está guardado em Fort Knox, no estado de Kentucky, sob um forte esquema de segurança. Lá, está depositada grande parte das reservas de quase 9 mil toneladas mantidas pelos EUA, avaliada em US$ 550 bilhões.

Disponível em: <www.economia.ig.br/mercados/veja-onde-estao-guardados-os-maiores-depositos-de-ouro-do-mundo/n15970933600.html>. Acesso em: 20 ago. 2014.

O fato de os EUA possuírem as maiores reservas de ouro mundial se explica

a) pela manutenção do padrão-ouro que regula o sistema financeiro internacional, estabilizando o dólar.

b) pela produtividade incomum do metal retirado na chamada "corrida do ouro da Califórnia".

c) pelo emprego do ouro na produção tecnológica de ponta nas indústrias do Vale do Silício.

d) pelo seu poder econômico que permitiu concentrar o ouro produzido em vários lugares do mundo.

MÓDULO 19

Testes

1. (Aman-RJ)

Na política externa a aproximação com as potências ocidentais praticamente determinou o fim da Guerra Fria, trazendo desdobramentos como a queda do Muro de Berlim e a derrubada – pacífica ou violenta – dos ditadores na Europa Oriental [...] A Alemanha Oriental foi finalmente reunida à sua parte Ocidental, formando um só país.

BERUTTI, 2004.

Com base nas informações do fragmento, é correto concluir que o autor se refere a(à)

a) unificação do Estado alemão, em 1871.

b) política externa adotada pela Rússia logo após a revolução bolchevique.

c) algumas consequências das medidas liberalizantes adotadas na União Soviética na década de 1980.

d) formação do COMECOM reunindo as principais economias da Europa Oriental aos Estados Unidos, na década de 1940.

e) algumas consequências do Plano Marshall adotado na década de 1940 para recuperar a economia europeia.

2. (Fatec-SP)

Na Alemanha, foram desenvolvidos os balões dirigíveis, como o famoso Graf Zeppelin, uma máquina capaz de atravessar o Atlântico. Em 1930, o Zeppelin cruzou os ares do Brasil em voos demonstrativos pelas cidades de Recife e Rio de Janeiro.

Este balão era um dos principais elementos de propaganda de uma Alemanha que havia sido derrotada em 1918, na Primeira Guerra. O grande aparelho, com a tecnologia mais avançada da época, mostrava como a Alemanha tinha se recuperado dos estragos sofridos na guerra.

Adaptado de: *Revista de História da Biblioteca Nacional*, maio de 2010, p. 51.

Considerando as informações do texto, é possível concluir corretamente que a Alemanha, após a Primeira Guerra Mundial,

a) evidenciava não ter condições de enfrentar uma nova guerra, após a derrota de 1918.

b) desenvolvia novas tecnologias e pretendia demonstrar ao mundo uma imagem arrojada.

c) utilizava os balões dirigíveis para comprometer a soberania do Brasil, ameaçando atacá-lo.

d) pretendia utilizar os balões como forma de estímulo à expansão da Internacional Socialista.

e) diminuiu os investimentos na área tecnológica em benefício das estratégias de propaganda.

MÓDULO 20

1. (PUC-RJ) A Guerra Fria é a denominação de um período histórico das relações internacionais sobre o qual é **CORRETO** afirmar que:

a) conflitos regionais ocorreram em todos os continentes provocados, fundamentalmente, pelo choque cultural entre Ocidente e Oriente.

b) as grandes potências globais procuraram "esfriar" suas disputas através da criação de instituições de negociação internacional como, por exemplo, a ONU.

c) refere-se às disputas estratégicas e aos conflitos indiretos entre os Estados Unidos e a União Soviética.

d) foi um período de grande instabilidade nas relações políticas entre as nações, devido à competição por posições estratégicas globais entre um grande número de países.

e) a tensão internacional tornou-se "fria" e sem conflitos regionais, pois foi limitada a disputas por mercados entre o modelo capitalista e o socialista.

2. (IFSP) Leia o texto a seguir.

Seguindo uma tendência observada nas empresas europeias e americanas, alguns investidores brasileiros estão migrando parte de seus negócios da China para o Vietnã. Os setores calçadista e têxtil são os que mais observaram esse tipo de mudança, com a instalação principalmente de fábricas americanas e europeias no Vietnã. Em estudo divulgado em março, a Câmara de Comércio Americana de Xangai, a AmCham, apontou que 88% das empresas estrangeiras sondadas optaram inicialmente por operar na China por causa dos baixos custos, porém, 63% dessas afirmaram que se mudariam ao Vietnã para cortar ainda mais o preço de produção.

Adaptado de: <www.bbc.co.uk/portuguese/reporterbbc/story/2008/07/080709_vietannegociosmw.shtml>. Acesso em: 20 ago. 2014.

Pode ser associada ao conteúdo da notícia a seguinte afirmação:

a) atualmente, grande parte das empresas multinacionais é originária dos países subdesenvolvidos e aí estão instaladas.

b) embora seja objeto de investimentos capitalistas, o sistema socialista chinês ainda afugenta as empresas multinacionais.

c) a globalização facilitou a mobilidade de capitais e empresas, aumentando a competição entre países.

d) nos países asiáticos, o alto custo da mão de obra é compensado pela abundância de matérias-primas minerais baratas.

e) a abertura comercial propiciada pela globalização permitiu às empresas brasileiras concorrerem com as dos países europeus.

MÓDULO 21

Testes

1. (Ifal) O comércio internacional tem sido um dos principais impulsionadores da globalização, fundamental para o aumento da interdependência entre as nações. Brasil, Rússia, Índia e China – países conhecidos como Bric* –, têm chamado a atenção e despertado o interesse de alguns países desenvolvidos industrializados devido ao grande e rápido crescimento econômico desse conjunto de países em um mundo cada vez mais globalizado. Os países que constituem o Bric destacam-se, entre as demais nações do mundo, devido a características como:

a) significativa extensão territorial; elevada população absoluta e mercado consumidor; ricos em reservas minerais.

b) grandes reservas minerais; baixíssima população absoluta; grande destaque na pecuária para exportação.

* (Comentário: com a entrada da África do Sul, em 2011, passou a ser chamado BRICS.)

c) são países socialistas; elevado mercado consumidor; grandes produtores de petróleo; todos são países desenvolvidos.

d) são países subdesenvolvidos; elevada densidade demográfica; mercado consumidor em potencial; agropecuária voltada para exportação.

e) pequena extensão territorial; grande população absoluta; baixo mercado consumidor; são países socialistas.

2. (UTFPR) Apesar da importância econômica dos "Tigres Asiáticos", o Sudeste da Ásia ainda registra grande população rural e baixos índices de desenvolvimento humano. Os "novos Tigres Asiáticos", no entanto, tentam mudar essa realidade.

Assinale a única alternativa que explica corretamente esse processo econômico em curso na região.

a) Investem na produção de maquinofaturas para exportação.

b) A tecnologia da indústria é fornecida pelos Estados locais.

c) O motor da economia na região é a agricultura de exportação.

d) A base desse processo é a exploração de petróleo e ferro.

e) O crescimento econômico deve-se à emergência da Índia.

3. (UFSM-RS) Analise o fragmento a seguir.

A primeira grande fome registrou-se entre os anos de 1800 e 1825 e matou 1,4 milhão de pessoas. De 1827 a 1850, morreram de fome cinco milhões de pessoas. Entre 1875 e 1900, a Índia sofreu dezoito grandes epidemias de fome que mataram 26 milhões de pessoas. Em 1918, houve mais de oito milhões de mortos por desnutrição e gripe.

BRUIT, Héctor. In: VICENTINO, Cláudio. *História Geral*: ensino médio. São Paulo: Scipione, 2006. p. 356.

Essas acentuadas perdas humanas foram consequência da desestruturação da economia tradicional e da imposição de novos padrões de produção e consumo durante o período em que a Índia esteve sob a dominação colonial do(a)

a) China.

b) Império Otomano.

c) França.

d) Inglaterra.

e) Império Russo.

4. (Unesp-SP)

Coreia do Norte anuncia "estado de guerra" com a Coreia do Sul

A Coreia do Norte anunciou nesta sexta-feira [29.03.2013] o "estado de guerra" com a Coreia do Sul e que negociará qualquer questão entre os dois países sob esta base. "A partir de agora, as relações intercoreanas estão em estado de guerra e todas as questões entre as duas Coreias serão tratadas sob o protocolo de guerra", declara um comunicado atribuído a todos os órgãos do governo norte-coreano.

Adaptado de: <http://noticias.uol.com.br>. Acesso em: 20 ago. 2014.

A tensão observada entre a Coreia do Norte e a Coreia do Sul está associada a

a) divergências políticas e comerciais, sendo que sua origem se deu após a emergência da Nova Ordem Mundial.

b) divergências comerciais e econômicas, sendo que sua origem remete ao período da Guerra Fria.

c) divergências políticas e ideológicas, sendo que sua origem se deu após a emergência da Nova Ordem Mundial.

d) divergências políticas e ideológicas, sendo que sua origem remete ao período da Guerra Fria.

e) um incidente diplomático ocasional, que não corresponde à grande tradição pacifista existente entre as Coreias.

MÓDULO 22

Testes

1. (UPE)

Europa e EUA querem barrar "tentação protecionista"

A Proposta dos governos americano e europeu é a de que países emergentes e ricos congelem tarifas de importação por tempo indeterminado

Europa e Estados Unidos propõem que todos os países emergentes, além dos próprios ricos, congelem suas tarifas de importação por um tempo indeterminado como forma de barrar a "tentação protecionista". A proposta está sendo feita depois que ficou claro, para a comunidade internacional, que a Rodada Doha da Organização Mundial do Comércio (OMC) não será concluída no curto ou médio prazo. Nesta terça-feira, 21, o diretor-geral da entidade, Pascal Lamy, confirmou que a pressão protecionista no mundo cresce de forma perigosa, à medida que as repercussões da crise insistem em afetar a economia mundial. Sem conseguir um acordo para liberalizar o comércio nos países emergentes, como Brasil, China e Índia, os governos de Estados Unidos e Europa querem pelo menos que essas três grandes economias se comprometam a não mais elevar suas tarifas de importação.

Adaptado de: Jornal *O Estado de S. Paulo*. 21 de junho de 2011.

O protecionismo, tratado no texto acima, se caracteriza pela adoção isolada ou conjunta de algumas medidas. Identifique-as entre os itens a seguir:

I. Cláusulas ambientais e trabalhistas

II. Barreiras fitozoossanitárias

III. Cláusulas culturais
IV. Barreiras tarifárias
V. Barreiras não tarifárias

Apenas estão corretos

a) I e II.
b) III e V.
c) II e IV.
d) I, IV e V.
e) I, II, IV e V.

2. (UFRGS-RS) Considere as seguintes afirmações sobre acordos econômicos firmados na América Latina.

I. O principal acordo em volume de negócios e superfície territorial na América Latina é o Mercosul.
II. A Aliança Bolivariana para os "Povos de Nossa América" é composta por Cuba, Bolívia, Equador e Venezuela.
III. Chile, Peru e Colômbia firmaram o Tratado de Livre Comércio com os Estados Unidos.

Quais estão corretas?

a) Apenas I.
b) Apenas II.
c) Apenas I e II.
d) Apenas II e III.
e) I, II e III.

3. (Cefet-MG) Sobre o MERCOSUL, afirma-se que:

I. A adoção de uma moeda comum está prevista para 2013.
II. A Venezuela teve sua adesão ao grupo confirmada recentemente.
III. O avanço na integração regional permitiu sua transformação na UNASUL.
IV. O Paraguai foi suspenso desse grupo devido à destituição de seu presidente.
V. O bloco pode ascender-se como potência energética, geopoliticamente.

Estão corretas apenas as afirmativas

a) I e IV.
b) II e III.
c) I, III e V.
d) II, IV e V.

4. (UFTM-MG) A organização do espaço geográfico através de redes de comunicação eliminou a necessidade de fixar as atividades econômicas num determinado lugar. Isso vale para um grande número de serviços, que podem ser prestados a partir de qualquer lugar do mundo para qualquer outro, bastando que estes locais estejam conectados.

Sobre essas redes de comunicação, é correto afirmar que:

a) eliminaram as restrições produtivas dos diferentes espaços geográficos, criando condições de trabalho igualitárias em todos os países do mundo.
b) contribuíram, pela velocidade da informação e diversidade de serviços, para a dispersão geográfica dos processos produtivos industriais, cujas etapas estão localizadas em diferentes países.
c) possibilitaram a disseminação dos lucros das empresas multinacionais, pela interligação de sistemas industriais de produção.
d) ampliaram as trocas no comércio internacional, mas não possibilitaram grandes transformações na organização do espaço geográfico mundial.
e) diminuíram, por sua ampliação, as desigualdades sociais entre os países, tendência mundial da atualidade.

5. (UEM-PR) Sobre a nova divisão internacional do trabalho, assinale o que for correto.

(01) Os países industrializados centrais iniciaram sua industrialização ainda no século XIX, formando uma indústria nacional e consolidando um mercado interno. Como exemplo, podem-se citar os Estados Unidos, Alemanha, França, Reino Unido, entre outros.
(02) As sete nações mais industrializadas são os Estados Unidos, Alemanha, Bélgica, Suíça, Japão, Finlândia e Holanda, que fazem parte do G-7. Em alguns casos, a China integra esse grupo, que passa a ser denominado G-8.
(04) Os Tigres Asiáticos têm aumentado sua participação nas exportações mundiais de bens manufaturados, constituindo uma indústria nacional voltada para o mercado internacional, abastecendo-o com produtos de tecnologia avançada.
(08) Os países semiperiféricos, exportadores mais dinâmicos, que respondem por até 80% das exportações dos países em desenvolvimento, de baixa, média e alta tecnologia, são apenas sete: China, Coreia do Sul, Malásia, Cingapura, Taiwan, México e Índia.
(16) A sigla 'Bric' reúne as iniciais de Brasil, Romênia, Indonésia e Chile, países que, apesar de serem considerados a elite dos mercados emergentes, com crescente importância na economia mundial, não contribuíram efetivamente, nos últimos anos, com o crescimento do produto global.

MÓDULO 23

Testes

1. (UEL-PR) A partir dos anos de 1930, o Brasil intensificou seu processo de industrialização e, assim, a indústria superou a agropecuária em termos de participação no PIB. Até os anos de 1980, o Estado atuou de forma decisiva nesse processo.

Com base nos conhecimentos sobre a participação do Estado no processo de industrialização brasileira entre 1930 e 1980, é correto afirmar que o Estado brasileiro:

a) Investiu na chamada indústria de base, construiu infraestrutura nos setores de energia, transporte e comunicação e foi responsável pela criação da legislação trabalhista.
b) Priorizou o transporte ferroviário, estatizou as empresas do setor de bens de consumo, adotou legislação trabalhista mais rígida em relação àquela que vigorou no período Vargas.
c) Estatizou a indústria de bens de consumo duráveis, privatizou as empresas estatais de geração e distribuição de energia elétrica, petróleo e gás natural e revogou a legislação trabalhista do período Vargas.
d) Incentivou, por meio de privatizações, investimentos no setor de infraestrutura de transportes, tais como estradas e hidrovias, e abriu o mercado interno à importação reduzindo barreiras alfandegárias.
e) Abriu, por meio de parcerias, o mercado interno ao investimento especulativo estrangeiro nas áreas de seguridade social, telecomunicações e finanças, facilitando a remessa de recursos financeiros para o exterior.

2. (UFPB) O processo de industrialização brasileira encontrou, no centro-sul do país, principalmente em São Paulo, os elementos indispensáveis ao seu desenvolvimento: mão de obra assalariada, mercado consumidor, eletricidade, sistema de transportes e excelente sistema bancário. Sobre esse processo, é **incorreto** afirmar que:

a) a concentração da produção industrial brasileira ocorre, desde os seus primórdios, em São Paulo.
b) a elevada concentração industrial em São Paulo gerou uma deseconomia de escala, responsável pela desconcentração espacial das indústrias, a partir de 1970.
c) o processo de desconcentração espacial das indústrias paulistas gerou um surto de industrialização no Nordeste e no Sul, equilibrando, assim, a produção industrial por regiões.
d) o crescimento industrial nas diversas regiões do país passa, a partir dos anos 1970, a ser promovido pelos governos estaduais e federal, através de incentivos.
e) as atividades industriais concentram-se, atualmente, em São Paulo, tendo as outras regiões do país como mercados consumidores, de acordo com a lógica da acumulação capitalista.

3. (UFSC) Sobre a economia brasileira, assinale a(s) proposição(ões) correta(s).

(01) O Brasil é histórica e geograficamente caracterizado por regiões com diferentes estruturas socioeconômicas.
(02) A industrialização brasileira seguiu os moldes europeus, especialmente da Inglaterra, dado que este país tinha grandes interesses no Brasil e auxiliou na fabricação de máquinas e equipamentos desde os anos 1940.
(04) Os setores da indústria e da agricultura sempre defenderam o uso mais consciente dos recursos naturais, especialmente depois das conferências sobre meio ambiente nos anos 1972 e 1992.
(08) O período entre o início dos anos 1930 e o final da década de 1980 ficou marcado sobretudo como Processo de Substituição de Importações, cuja industrialização brasileira pode ser definida como um processo lento, gradual e contínuo.
(16) Apesar das evidentes desigualdades regionais, durante o período de 1950 a 1980 não houve um favorecimento para a implantação de grandes empresas da região Sudeste, pois esta região já estava saturada e altamente concentrada industrialmente.
(32) A infraestrutura derivada da cafeicultura desenvolvida no estado de São Paulo permitiu a base para a industrialização sobretudo do Sudeste.
(64) As políticas regionais de desenvolvimento dotaram regiões carentes de infraestrutura produtiva e levaram à melhor distribuição de renda entre as respectivas populações.

4. (UFPR) Leia os trechos da letra da canção a seguir:

Três apitos

Quando o apito da fábrica de tecidos
Vem ferir os meus ouvidos
Eu me lembro de você.
[...]
Você que atende ao apito
De uma chaminé de barro,
Por que não atende ao grito tão aflito
Da buzina do meu carro?
[...]
Mas você não sabe
Que enquanto você faz pano
Faço junto do piano
Estes versos pra você.
Nos meus olhos você vê
Que eu sofro cruelmente,
Com ciúmes do gerente impertinente
Que dá ordens a você.

(Noel Rosa)

Disponível em: <http://tresapitos.noelrosa.letrasdemusicas.com.br/>. Acesso em: 20 ago. 2014.

Com base na letra da canção e nos conhecimentos sobre industrialização brasileira, é correto afirmar:

a) Trata-se de um processo destituído de relevância social, porque passou despercebido pela população das metrópoles, cujo cotidiano manteve-se inalterado.

b) Alterou as relações campo-cidade, as paisagens urbanas, os hábitos de consumo das pessoas, as relações sociais e criou novas profissões e postos de trabalho.

c) A indústria têxtil prejudicou o desenvolvimento do setor automobilístico, porque em ambos havia grande necessidade de mão de obra especializada.

d) Os apitos das fábricas foram proibidos nas grandes metrópoles industrializadas, porque provocavam poluição sonora que era potencializada pelas buzinas dos carros.

e) Manteve inalterado o equilíbrio populacional entre campo e cidade, porque as indústrias têxteis demandavam pouca mão de obra, dado o seu alto grau de mecanização.

Questão

5. (Unicamp-SP) O texto a seguir descreve alguns aspectos da implantação da indústria automobilística no Brasil.

> [...] *as montadoras estrangeiras, a começar pelas europeias, aceitaram o convite e instalaram suas fábricas no Brasil, ao lado das empresas já em operação no país: a Fábrica Nacional de Motores (FNM), produzindo inicialmente alguns caminhões, e a Vemag (automóveis e utilitários)* [...], *ambas de capital nacional. A Vemag foi comprada pela Volkswagen* [...], *a FNM foi comprada pela Alfa Romeo e posteriormente incorporada à Fiat.*
>
> Adaptado de: *Retratos do Brasil.* São Paulo, p. 262.

a) A partir de quando as grandes montadoras estrangeiras vieram para o Brasil e onde se instalaram?

b) Quais as características da industrialização brasileira, a partir desse momento?

MÓDULO 24

Testes

1. (Unicamp-SP) Importantes transformações produtivas e na forma de organização do trabalho têm ocorrido nas últimas décadas em todo o mundo e também no Brasil. Assinale a alternativa correta.

a) Em todo o mundo vêm sendo observadas mudanças em relação ao assalariamento e ao desemprego, como a precarização das relações de trabalho para desoneração da produção, e o crescimento da informalidade.

b) Acordos e tratados internacionais, dos quais o Brasil é signatário, tratam da questão do trabalho escravo e proíbem a escravidão por dívida, razão pela qual esse tipo de trabalho forçado não é registrado no país desde 1888.

c) Considerando a oferta de trabalho no Brasil, observa-se uma mudança de tendência, com a diminuição de oferta de emprego no setor primário e terciário, e efetivo aumento da oferta de emprego no setor secundário da economia.

d) Uma característica marcante das relações de trabalho na etapa atual do modo de produção é a maior organização sindical.

2. (FGV-SP)

> *Para produzir modernamente, essas indústrias convocam outros atores para participar de suas ações hegemônicas, levados, desse modo, a agir segundo uma lógica subordinada à da firma global.* [...] *Nos lugares escolhidos, tudo é permeado por um discurso sobre desenvolvimento.* [...] *Nada se fala sobre a robotização do setor e a drenagem dos cofres públicos para essa implantação industrial.*
>
> Milton Santos & M. Laura Silveira. *O Brasil: Território e sociedade no início do século XXI*. Rio de Janeiro: Record, 2001. p. 112.

O texto apresenta estratégias de descentralização das indústrias

a) mecânicas.
b) de vestuário.
c) siderúrgicas.
d) petroquímicas.
e) automobilísticas.

3. (UFRGS-RS) Considere as seguintes afirmações sobre a globalização mundial.

I. Existe uma grande proteção alfandegária à produção industrial nacional.

II. A produção industrial dirige suas ações para a redução de estoques e pronto fornecimento (*Just-in-time*).

III. As unidades da federação praticam a renúncia fiscal para atrair investimentos externos, descentralizando a produção industrial.

Quais estão corretas?

a) Apenas I.
b) Apenas II.
c) Apenas I e III.
d) Apenas II e III.
e) I, II e III.

4. (UEPG-PR) Com relação à política econômica brasileira em certas épocas do período republicano, assinale o que for correto.

(01) O chamado Plano de Metas foi um exemplo de política econômica bem-sucedida do presidente Juscelino Kubitschek, entre 1956 e 1960, que incentivou a indústria automobilística e a abertura de estradas, dentre outros itens.

(02) No governo de Fernando Henrique Cardoso, o Plano Real teve êxito no controle da inflação e os gastos públicos desenfreados foram controlados com a implantação da Lei de Responsabilidade Fiscal, além desse governo ter promovido a privatização de empresas estatais.

(04) O governo Lula lançou o Programa de Aceleração de Crescimento – PAC, destinado a acelerar o crescimento econômico do país.

(08) O plano econômico do governo Collor foi o de maiores resultados positivos para a economia brasileira, com controle da inflação e dos gastos públicos excessivos, além da facilidade de empréstimos bancários a juros baixíssimos pela população mais pobre.

(16) Os governos militares, no incentivo ao desenvolvimento do país com a ideia de "Brasil Grande", investiram em infraestrutura: abertura de milhares de quilômetros de estradas, a ponte Rio-Niterói, usinas hidrelétricas, como a de Itaipu, e a criação do Pró-Álcool e da Telebrás, dentre outros.

5. (Uesc-BA) Dentre os fatores responsáveis pelas mudanças na distribuição espacial da atividade industrial no Brasil, encontra-se

a) a fuga das empresas das grandes cidades, devido ao enfraquecimento dos sindicatos ligados às atividades industriais.
b) o desequilíbrio da matriz de transporte, que encarece os custos do processo produtivo.
c) a criação planejada de megapolos industriais, especificamente na Região Sudeste, em detrimento de outros ramos industriais.
d) o crescimento da oferta de mão de obra, ainda que desqualificada e mais barata, na Região Nordeste.
e) a criação do MERCOSUL (Mercado Comum do Sul), que atraiu empresas para os estados brasileiros que fazem fronteira com os países-membros desse bloco.

6. (Vunesp-SP) Analise a tabela.

Evolução do PIB do Brasil e das suas regiões, entre 1999 e 2008						
PIB em milhões de reais						
Ano	Norte	Nordeste	Centro-Oeste	Sul	Sudeste	Brasil
1999	107 967	307 346	161 150	415 214	1 353 209	2 344 913
2008	160 673	412 859	289 780	521 422	1 764 124	3 148 858
Variação (%)	48,8	34,3	79,8	25,6	30,4	34,3

Adaptado de: Júlio Miragaya. *Mapa da Distribuição Espacial da Renda no Brasil*, 2011.

A partir dos dados apresentados na tabela, conclui-se que, durante o período analisado,

a) a evolução percentual dos PIBs das regiões Sul e Sudeste foi superior à evolução dos PIBs das demais regiões brasileiras.
b) os PIBs das regiões Norte, Nordeste e Centro-Oeste superaram os PIBs das Regiões Sul e Sudeste em 2008.
c) a evolução percentual dos PIBs das regiões Norte, Nordeste e Centro-Oeste foi inferior à evolução da média nacional.
d) a evolução percentual dos PIBs das regiões Sul e Sudeste foi superior à evolução da média nacional.
e) a evolução percentual dos PIBs das regiões Norte e Centro-Oeste foi superior à evolução da média nacional.

7. (UFTM-MG) Uma das maiores transnacionais brasileiras e uma das maiores mineradoras do mundo, o grupo empresarial da Vale é composto por, pelo menos, 27 empresas coligadas, controladas ou *joint ventures*, distribuídas em mais de 30 países, como Brasil, Angola, Austrália, Canadá, Chile, Colômbia, Equador, Indonésia, Moçambique, Nova Caledônia e Peru, onde desenvolve atividades de prospecção e pesquisa mineral, mineração, operações industriais e logística.

A Vale no mundo

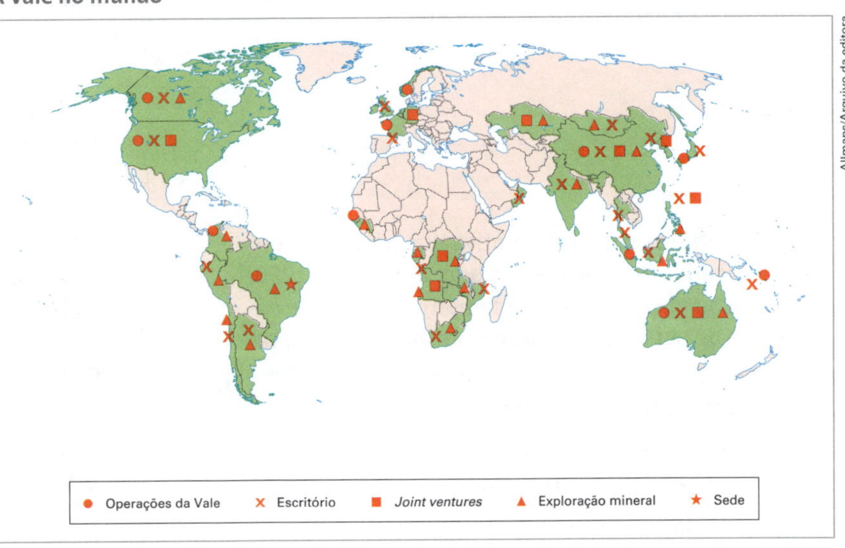

Adaptado de: *Caros Amigos*, n. 158.

A partir da observação do mapa, da leitura do texto e de seus conhecimentos geográficos, pode-se afirmar que:

a) a Vale atua em todos os continentes, com exceção da Antártida.

b) a Vale é uma empresa de capital exclusivamente brasileiro.

c) por sua origem brasileira, a Vale evita atuações que superexplorem a mão de obra.

d) o continente com o maior número de empreendimentos da empresa é a Oceania.

e) a base principal das operações da Vale é o enriquecimento de urânio, em parceria com o Irã.

Questão

8. (Vunesp-SP)

Seis estados disputam fábrica da BMW no país

Seis estados disputam a fábrica da BMW no Brasil, após a matriz da montadora anunciar em março de 2011, na Alemanha, que considera instalar uma unidade na América do Sul. São Paulo, Minas Gerais, Rio de Janeiro, Pernambuco e Bahia discutem com a empresa a possibilidade de conceder incentivos fiscais para sediar o novo empreendimento. O sexto estado seria da região central do país. O presidente da companhia no Brasil, Jörg Henning Dornbusch, confirma o interesse e que há negociações em curso, mas não revela de que regiões do país as propostas começam a chegar. "Existe interesse dos estados, mas não há uma proposta fechada. O que está sendo feito é um mapeamento para avaliar o mercado não só no Brasil, mas em outros países. O México é um forte concorrente, apesar de o Brasil ser o maior mercado da América do Sul em termos de relevância", afirma o executivo.

Adaptado de: <www.folha.com.br>. Acesso em: 20 ago. 2014.

Explique no que consiste a chamada "guerra fiscal" ou "guerra dos lugares" e cite um efeito positivo e outro negativo resultantes da disputa entre os estados do país para a atração de empresas.

MÓDULO 25

Testes

1. (Aman-RJ) Assinale a alternativa que apresenta um significativo acontecimento que, a partir de 1998, provocou uma mudança no campo da pesquisa e extração de petróleo e de gás natural no território brasileiro.

a) Privatização da Petrobras

b) Estatização da Petrobras

c) Fim do monopólio da Petrobras

d) Início da produção de petróleo em áreas continentais

e) Proibição da participação das empresas estrangeiras no setor energético brasileiro

Mapa para a próxima questão:

América do Sul com localização do lago de Itaipu

Allmaps/Arquivo da editora

2. (UEL-PR) Com base nos conhecimentos sobre usinas hidrelétricas e na análise do mapa, atribua V (verdadeiro) ou F (falso) para as afirmativas a seguir.

( ) No mapa, é possível visualizar alagamentos de grandes áreas a montante da barragem, formando o lago de Itaipu; já a jusante do curso do rio Paraná, a vazão mostra-se reduzida.

( ) A usina de Itaipu foi a primeira obra a utilizar Estudos e Relatórios de Impacto Ambiental (EIA-RIMA) para a preservação de sítios arqueológicos e de territórios habitados pelas populações ribeirinhas.

( ) Apesar da amplitude do lago de Itaipu, a sua formação não gerou variabilidade climática na região, entretanto causou influências no microclima local, com o aumento do albedo nessas áreas.

( ) Os municípios envolvidos na implantação de uma usina hidrelétrica recebem *royalties* como compensação financeira pela utilização do potencial hidráulico dos rios.

( ) O relevo propício para a construção de usinas hidrelétricas abarca planaltos como o de Foz do Iguaçu, com rios caudalosos e de boa vazão.

Assinale a alternativa que contém, de cima para baixo, a sequência correta.

a) V, V, V, F, F.

b) V, F, V, V, V.

c) V, F, F, V, V.

d) F, V, F, F, F.

e) F, F, F, F, V.

3. (Fuvest-SP) A representação gráfica abaixo diz respeito à oferta interna de energia, por tipo de fonte, em quatro países.

Oferta interna de energia, por tipo de fonte

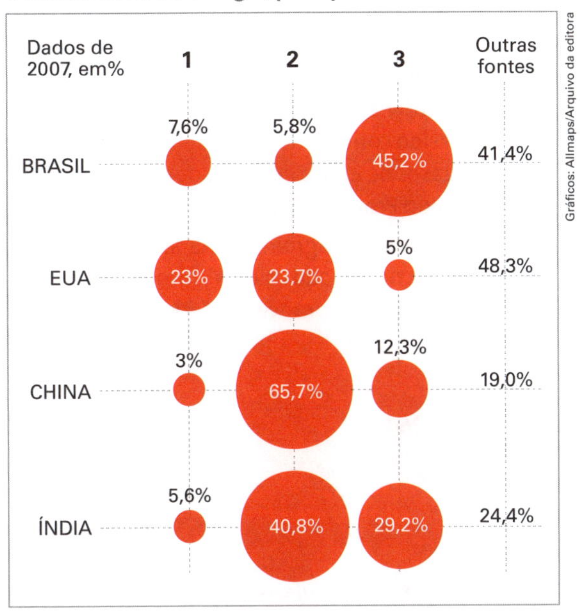

Adaptado de: *O Estado de S.Paulo*, 01/09/2010.

As fontes de energia **1**, **2** e **3** estão corretamente identificadas em:

	1	2	3
a)	petróleo	nuclear	gás natural
b)	gás natural	carvão mineral	fontes renováveis
c)	fontes renováveis	nuclear	carvão mineral
d)	petróleo	gás natural	nuclear
e)	carvão mineral	petróleo	fontes renováveis

4. (FGV-SP)

Brasil: dependência externa de energia

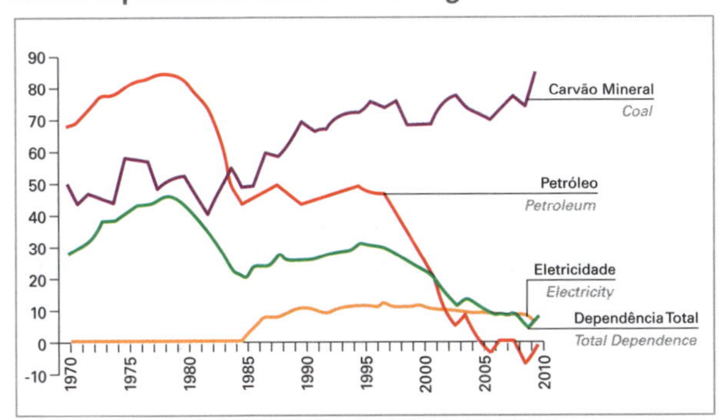

EPE: Balanço Energético Nacional 2011, ano-base 2010. Disponível em: <https://ben.epe.gov.br/BENRelatorioFinal2011.aspx>. Acesso em: 20 ago. 2014.

Sobre a dependência externa de energia registrada pelo Brasil e as causas de sua evolução recente, é correto afirmar que:

a) O aumento da dependência externa de eletricidade, registrado a partir de 1985, resultou da entrada em operação de hidrelétricas binacionais na região amazônica.

b) Uma parcela cada vez maior do carvão mineral usado no Brasil é importada, fato que vem agravando a dependência externa de energia registrada pelo país.

c) A partir de 2000, quando teve início a exploração em larga escala das camadas pré-sal, o Brasil se tornou autossuficiente em petróleo.

d) Entre 1970 e 2000, o petróleo era responsável por parcela significativa da dependência externa de energia.

e) A diminuição da dependência externa do petróleo resultou da transição brasileira para um modelo energético mais sustentável e limpo.

5. (Uesc-BA) Cada vez mais o mundo precisa de energia, daí a importância do desenvolvimento de fontes renováveis, que não prejudiquem o meio ambiente.

Sobre a questão energética no Brasil e no mundo, pode-se afirmar:

a) As fontes de energia alternativas, como a solar e a eólica, tornam-se cada vez mais atrativas, devido aos problemas ambientais e geopolíticos, porém, por serem economicamente inviáveis, seu uso é restrito aos países ricos.

b) A matriz energética brasileira é a mais equilibrada entre os países do mundo, pois quase metade da energia utilizada provém de fontes renováveis, como a água e a cana-de-açúcar.

c) O uso de usinas nucleares é a forma de energia dominante no mundo desenvolvido, tendo sido ampliado após a assinatura do Protocolo de Kyoto, como solução para conter os poluentes das termoelétricas a carvão mineral e petróleo, uma vez que esse tipo de energia não libera gases do efeito estufa na atmosfera.

d) O Brasil, considerando todas as etapas para construção de uma hidrelétrica e o processo de preservação de seus mananciais, priorizou a energia hidráulica, por se tratar de uma forma de energia totalmente limpa e altamente sustentável.

e) O comércio, por ser o setor econômico que emprega o maior contingente de população economicamente ativa, é também o que mais consome energia, sobretudo nos países em desenvolvimento, onde esse setor é hipertrofiado e, aliado ao uso de tecnologias defasadas, exige um maior consumo de energia.

Questões

6. (UERJ)

Cresce geração de energia eólica no Brasil

A capacidade de geração de energia eólica no Brasil aumentou 77,7% em 2009, em relação ao ano anterior. Os dados divulgados pelo Conselho Global de Energia Eólica mostram que o Brasil cresceu mais do que o dobro da média mundial nesse período: 31%.

O crescimento brasileiro foi maior, por exemplo, que o dos Estados Unidos (39%), o da Índia (13%) e o da Europa (16%), mas menor que o da China, cuja capacidade de geração ampliou-se em 107%.

De acordo com a Associação Brasileira de Energia Eólica, a capacidade instalada desse tipo de energia no Brasil deve crescer ainda mais. Um leilão realizado em 2009 comercializou 1805 MW que devem ser entregues até 2012.

Adaptado de: <portalexame.abril.com.br>. Acesso em: 20 ago. 2014.

Velocidade média dos ventos no Brasil (1998)

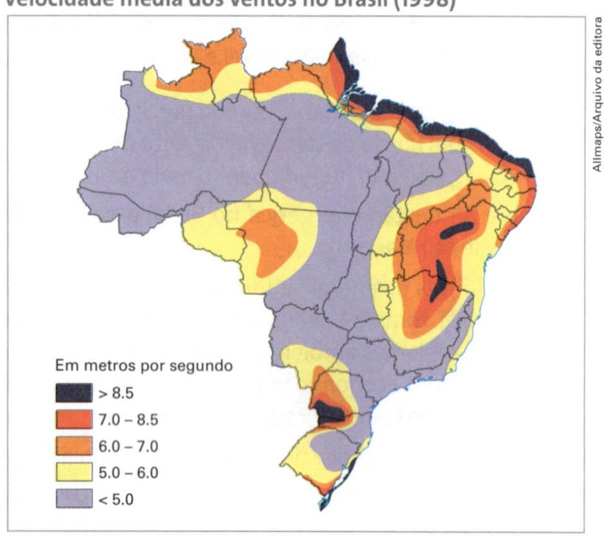

Disponível em: <aneel.gov.br>. Acesso em: 20 ago. 2014.

Nomeie a macrorregião brasileira com maior potencial eólico. Apresente, também, duas vantagens ambientais das usinas eólicas.

7. (UnB-DF)

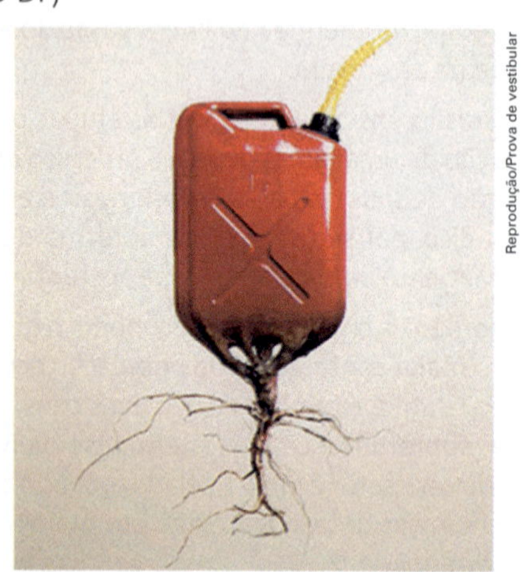

A produção de combustíveis oriundos da biomassa faz parte das políticas de governo de vários países, entre os quais se inclui o Brasil. A respeito desse tema, julgue os itens subsequentes.

a) O aumento da produção de etanol no Brasil tem reduzido a concentração da posse de terras e incentivado a diversificação agrícola.

b) No setor de transportes, o uso de biocombustíveis tem sido considerado uma solução para a redução de gases de efeito estufa, o que atende aos propósitos do Protocolo de Kyoto.

c) Atualmente, a agroindústria açucareira, tal como ocorreu no período colonial, fornece matéria-prima energética e promove a interiorização da população brasileira.

MÓDULO 26

Testes

1. (FGV-RJ)

Transições demográficas em curso nos diferentes países do Sul, inverno demográfico em certos países do Norte, envelhecimento da população, urbanização sem precedentes: eis o que desenha uma paisagem demográfica inédita. Soma-se a questão das circulações migratórias: 214 milhões de pessoas residem de modo permanente em um país diferente daquele em que nasceram – um número que não inclui nem refugiados nem deslocados.

Gérard-François Dumont, 1º de julho de 2011.
Disponível em: <http://diplomatique.uol.com.br/artigo.php?id=961>.
Acesso em: 20 ago. 2014.

Sobre o significado dos conceitos utilizados no texto acima para descrever a atual paisagem demográfica, leia as seguintes afirmações:

I. Transição Demográfica refere-se ao período de transição entre uma situação de elevadas taxas de mortalidade e de natalidade para um regime de baixa mortalidade e natalidade, em dado país ou região.

II. Inverno Demográfico refere-se a uma situação na qual a natalidade continua a diminuir no final da transição demográfica, em dado país ou região.

III. Urbanização refere-se ao crescimento absoluto da população que reside em assentamentos definidos como urbanos, em dado país ou região.

IV. Deslocado refere-se ao migrante que atravessa uma fronteira política internacional em busca de inserção no mercado de trabalho em um país estrangeiro.

Está correto apenas o que se afirma em

a) I, II e III.
b) I e II.
c) I, II e IV.
d) I e III.
e) I, II, III e IV.

2. (FGV-SP)

O declínio da fertilidade no mundo é surpreendente. Em 1970, o índice de fertilidade total era de 4,45 e a família típica no mundo tinha quatro ou cinco filhos. Hoje é de 2,435 em todo o mundo, e menor em alguns lugares surpreendentes. O índice de Bangladesh é de 2,16, uma queda de 50% em 20 anos. A fertilidade no Irã caiu de 7, em 1984, para 1,9, em 2006. Grande parte da Europa e do Extremo Oriente tem índices de fertilidade abaixo dos níveis de reposição.

Carta Capital. 02-11-2011.

A queda da fertilidade em um país é responsável por novos arranjos demográficos, dentre eles

a) o forte aumento das taxas de urbanização.

b) a emergência de padrões de vida mais elevados.

c) a mudança na composição etária da população.

d) o aumento da expectativa de vida.

e) a estabilização da densidade demográfica.

3. (UEPG-PR) Com relação a teorias demográficas e evolução do crescimento demográfico, assinale o que for correto.

(01) Desde os primórdios da humanidade até o final do século XIX, o crescimento da população teve baixo índice, pois se caracterizava por altas taxas de natalidade e também de mortalidade, sendo que isso ocorre em alguns países nos dias atuais.

(02) A fase do crescimento rápido da população ocorre quando as taxas de natalidade são elevadas e as taxas de mortalidade são baixas, o que tem ocorrido, atualmente, em alguns países subdesenvolvidos.

(04) Os chamados neomalthusianos defendiam teorias demográficas marxistas e consideravam a própria miséria responsável pelo acelerado crescimento populacional, enquanto os chamados reformistas defendiam a ideia de que é o acelerado crescimento populacional que leva à situação de miséria dos países subdesenvolvidos.

(08) A tendência de equilíbrio da população mundial ocorre na medida em que diminuem as taxas de mortalidade e de natalidade sendo que só por volta de 2050 a população mundial deixará de ter um crescimento acentuado, segundo estimativa da Organização das Nações Unidas – ONU.

(16) Baixíssimo crescimento populacional ocorre quando as taxas de natalidade e de mortalidade são muito baixas, sendo que muitos países desenvolvidos encontram-se nessa fase, com taxas de crescimento geralmente inferiores a 1%, ou até em estágio de estagnação com taxas nulas, e até negativas.

4. (UFJF-MG) Leia o texto a seguir.

Há um desafio demográfico na União Europeia (UE). Em 2009, a UE tinha a relação de 1,59 filho por mulher em idade reprodutiva. O mínimo para que a população se mantenha é de 2,1 – duas crianças substituem os pais, e a fração 0,1 compensa as meninas que morrem antes de atingir a idade reprodutiva.

Outro fator que contribui para o desafio demográfico é o envelhecimento da população. Segundo projeções das Nações Unidas, em 2050, 37% dos europeus terão mais de 60 anos.

SUZIN, Giovana Moraes. A União Europeia pede ajuda. *GE Atualidades*, São Paulo, ed. 15. p. 96, jan./jun. 2012.

A situação demográfica europeia resulta do(a):

a) incremento da população que migra para as antigas colônias africanas.

b) aumento da taxa de mortalidade infantil e aumento do desemprego.

c) aumento da expectativa de vida e do declínio da taxa de fecundidade.

d) diminuição da população economicamente ativa e da transumância.

e) incremento das políticas do filho único e do desenvolvimento sustentável.

MÓDULO 27

Testes

1. (FGV-MG) A partir de levantamentos demográficos, o órgão da ONU que estuda a população elaborou as pirâmides etárias que representam modelos de estrutura demográfica dos continentes.

Observe as pirâmides I, II e III, referentes ao ano de 2010, apresentadas a seguir.

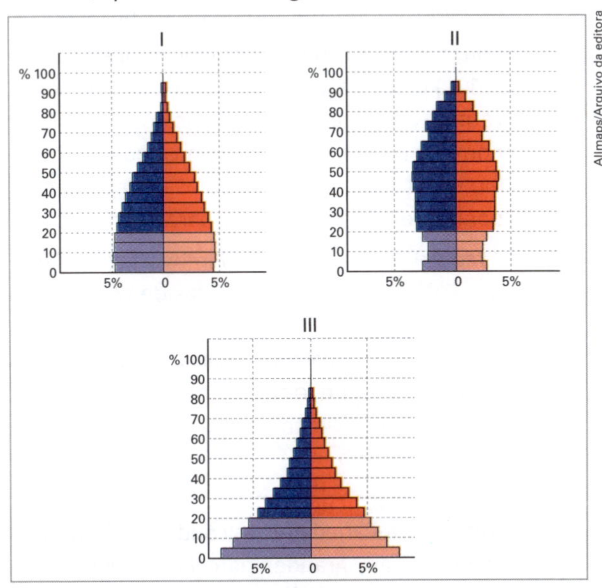

Disponível em: <http://esa.un.org/wpp/population-pyramids/population-pyramids_percentage.htm>.

Considerando a dinâmica demográfica predominante em cada continente, pode-se afirmar que a pirâmide

a) I é representativa da explosão demográfica observada nas décadas de 1960/80 na América Latina.

b) II é característica da Ásia, onde o crescimento demográfico é garantido pelos imigrantes.

c) II é típica da Europa, que reduziu a natalidade a partir das últimas décadas do século XX.

d) III é característica da África, onde a transição demográfica encontra-se nas fases iniciais.

e) III é típica da Oceania, onde os grupos humanos apresentam elevada taxa de fecundidade.

2. (UEM-PR)

Com quase 80% de sua população nas cidades, a América Latina é uma das regiões mais urbanizadas do mundo, mas convive com redução do crescimento demográfico e praticamente com o fim da migração campo-cidade, responsável pelo "boom" da urbanização até os anos 90.

Folha de S.Paulo, 22 de agosto de 2012, p. A15.

Considerando o enunciado e seus conhecimentos sobre demografia, assinale a(s) alternativa(s) **correta(s)**.

(01) A redução do crescimento demográfico tem como causa principal a incapacidade de o continente latino-americano gerar postos de trabalhos por meio da industrialização. Na última década, por exemplo, enquanto em outros continentes a industrialização avançou 10% ao ano, ela não atingiu 3% ao ano na América Latina.

(02) A urbanização é um sinal característico da modernização econômica. A transferência da população do meio rural para o meio urbano acompanha a transição de um padrão de vida econômico, apoiado na produção agrícola, para outro padrão, baseado na indústria, no comércio e nos serviços.

(04) Com o início do processo de globalização, no ano 2010, a urbanização foi intensificada na América Latina. Na época, a implantação dos blocos econômicos regionais ampliou o mercado de trabalho urbano, o que estimulou os deslocamentos populacionais da zona rural para a zona urbana.

(08) A redução do crescimento demográfico na América Latina deve-se às políticas de controle da natalidade, patrocinadas pelos governos nacionais. Em muitos países, famílias foram proibidas de terem o segundo filho como estratégia para manter um crescimento populacional de, no máximo, 1% ao ano.

(16) A concentração da propriedade das terras agrícolas e a precariedade das condições de vida no campo levam grandes parcelas da população rural a migrarem para as cidades, de modo que estas, às vezes, crescem desordenadamente. Na paisagem urbana de alguns países latinos, são comuns as submoradias, a falta de saneamento básico e outras situações que denotam más condições de vida.

3. (FGV-RJ)

*De acordo com o jornal argelino **Liberté**, uma embarcação com espanhóis foi interceptada, em abril, ao tentar atracar irregularmente na Argélia. Segundo a reportagem, quatro jovens imigrantes tinham perdido seus empregos na Espanha e se dirigiram a Orã, cidade no litoral mediterrâneo da Argélia, em busca de novas fontes de trabalho. Com o pedido de visto negado, o grupo foi interceptado pela guarda costeira argelina, durante uma tentativa de entrada irregular no país africano.*

Disponível em: <http://operamundi.uol.com.br/conteudo/noticias/23124/guarda+costeira+da+argelia+interceptou+barco+com+imigrantes+espanhois+diz+jornal.shtml>. Acesso em: 20 ago. 2014.

Sobre o assunto da reportagem, é CORRETO afirmar:

a) A crise europeia, que repercute intensamente na Espanha, vem gerando uma nova tendência nos movimentos migratórios: a fuga de mão de obra da zona do euro.

b) Dentre todas as ex-colônias africanas da Espanha, a Argélia é a que mais recebe imigrantes europeus.

c) A interceptação do bote espanhol é inusitada, posto que a entrada de imigrantes africanos em território espanhol vem aumentando significativamente nos últimos meses.

d) A reportagem trata de um incidente isolado, pois a Espanha registra uma das mais baixas taxas de desemprego da Europa.

e) Na maior parte dos casos, os jovens espanhóis que deixam o país não possuem educação formal ou qualquer tipo de qualificação.

4. (UFSM-RS)

"Tráfico humano - Séculos XVII-XIX"

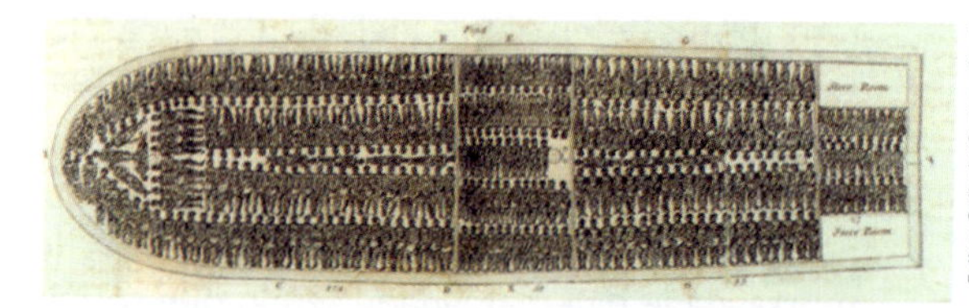

Felipe Galindo/CartoonStock

"Século XXI"

Nas figuras, o cartunista compara o tráfico negreiro com o transporte ilegal de imigrantes. A comparação do cartunista e os conhecimentos sobre as migrações no mundo revelam que os imigrantes

I. em situação irregular ficam sujeitos a incertezas e discriminações e acabam por integrar marginalmente a força de trabalho, o que se transforma, em alguns casos, em escravidão.

II. têm plena cidadania, gozam dos direitos civis, como serviço de saúde, de educação e de transporte.

III. assumem trabalho pesado com baixa remuneração e vivem em bairros afastados ou nos subúrbios das cidades.

IV. são vítimas de atitudes racistas e/ou de intolerância conhecidas como xenofobia.

Está(ão) correta(s)

a) apenas I e II.
b) apenas III.
c) apenas II e IV.
d) apenas I, III e IV.
e) I, II, III e IV.

5. (Unimontes-MG) Os movimentos migratórios ocorrem desde os tempos pré-históricos. Razões diversas levam as pessoas a migrarem, e sabe-se que esses movimentos acabam contribuindo para o crescimento demográfico do país ou região receptora. Considerando os movimentos migratórios, assinale a alternativa incorreta.

a) Ao longo de sua história, por causa da cultura milenar e do crescimento econômico, o Japão sempre se identificou como país de imigração.
b) Nas últimas décadas do século XX, os países europeus tornaram-se destino de muitos imigrantes da América Latina.
c) A emigração constitui-se na subtração do contingente populacional pelo fato de as pessoas saírem para ir morar em outro país.
d) A África e a Ásia contribuem com parcela significativa de refugiados para o crescimento da migração internacional.

6. (UFPB) A falta de controle no setor especulativo de capital gerou o colapso do sistema financeiro internacional em setembro de 2008, provocando grande crise, que levou a economia global a um estado de recessão. Essa recessão teve início no último trimestre daquele ano e foi até 2010, atingindo vários setores vitais da economia em quase todos os países do planeta. Dentre as principais consequências dessa crise destaca-se, no plano social, o aumento das taxas de desemprego, influenciando, inclusive, o processo de mobilidade internacional da força de trabalho.

Considerando o exposto, é correto afirmar que essa crise econômica teve influência no tratamento dispensado aos imigrantes destinados aos países ricos e teve como consequência:

( ) O aumento do nacionalismo interno, ampliando a resistência aos imigrantes, que foram expulsos, em muitos casos, sem justificativas.

( ) A diminuição do preconceito em relação aos imigrantes, pois estes passaram a ser vistos como força de trabalho barata, especialmente pelos empresários.

( ) A redução da xenofobia em relação aos imigrantes, pois estes são, agora, taxados como a escória social e considerados culpados pelo desemprego, violência, etc.

( ) A estagnação do processo de mobilidade demográfica internacional, uma vez que a crise paralisou o ir e vir da força de trabalho no espaço mundial.

( ) A nacionalização dos povos imigrantes, proporcionada pela regularização dos seus vistos, garantindo-lhes residências definitivas nos países.

Questão

7. (UEG-GO) Observe o gráfico das pirâmides etárias.

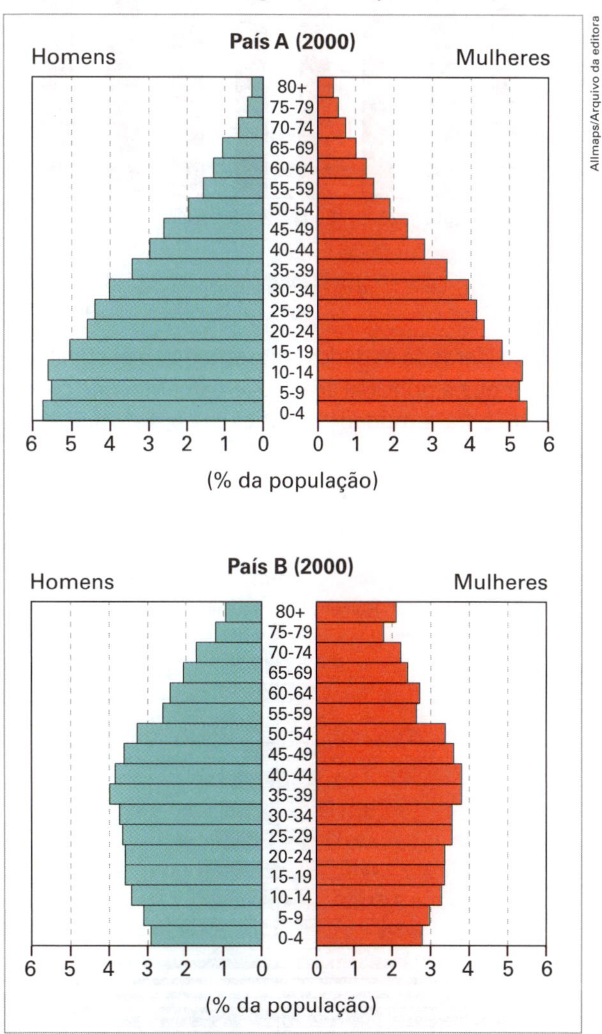

Atlas geográfico escolar. 2. ed. Rio de Janeiro: IBGE, 2004. p. 81.

Explique que tipo de países essas pirâmides podem retratar, justificando sua resposta com análise das referidas pirâmides.

MÓDULO 28

Testes

1. (UERJ) O exame da distribuição de renda da população auxilia na avaliação do grau de justiça social, da qualidade da ação previdenciária do Estado e da eficácia das políticas públicas de combate à pobreza.

   Observe o gráfico que indica a razão entre a renda anual dos 10% mais ricos e a renda anual dos 40% mais pobres, no Brasil, nos anos de 2001 a 2008.

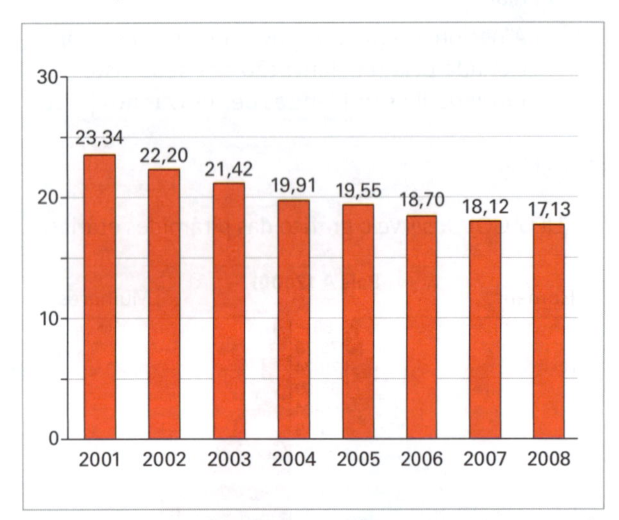

LUCCI, Elian A. e outros. *Território e sociedade no mundo globalizado*: geografia geral e do Brasil. São Paulo: Saraiva, 2010.

   Considerando os dados apresentados, é possível afirmar que a principal ação governamental que contribuiu para a mudança verificada na distribuição da renda na sociedade brasileira durante o período indicado foi:

   a) elevação do valor real do salário mínimo.
   b) redução da carga tributária do setor produtivo.
   c) diminuição da taxa básica de juros ao consumidor.
   d) ampliação do investimento público em infraestrutura.

2. (UFRN) O Brasil vivencia uma mudança na estrutura etária de sua população que repercute nas políticas estatais. As pirâmides etárias constituem uma forma de representação de dados importante para planejar e implementar políticas que visem à melhoria da qualidade de vida da população.

   Observe as pirâmides abaixo.

   Levando em conta as informações das pirâmides e as perspectivas de melhoria da qualidade de vida da população brasileira, as políticas governamentais atuais devem considerar

   a) o aumento da população de idosos, que gera demandas de aposentadorias e adequações no sistema de saúde.
   b) o aumento da população de crianças, que implica a necessidade de ampliação da rede de escolas e creches.
   c) a diminuição da população de crianças, que exige a adoção de programas de incentivo à natalidade e de distribuição de renda.
   d) a diminuição da população de idosos, que requer a melhoria no sistema de previdência e assistência social.

Brasil: pirâmide etária

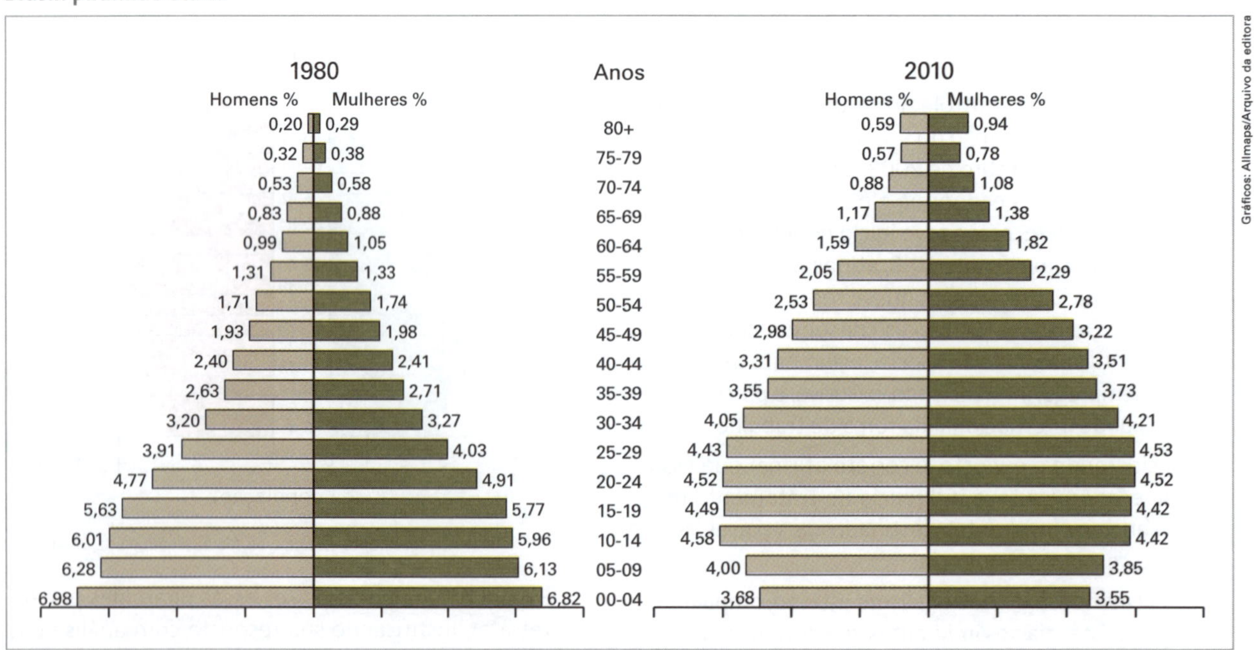

Adaptado de: *Censo demográfico 1980 a 2010*. Disponível em: <www.ibge.gov.br/sidra>. Acesso em: 14. jun. 2012.

3. (UEPB) Uma professora de geografia, querendo lembrar brincadeiras de sua infância, convidou seus alunos para brincar e estabeleceu este diálogo:

PROFESSORA – Boquinha de forno?

ALUNOS – Forno.

PROFESSORA – Pra onde eu mandar?

ALUNOS – Vou.

PROFESSORA – Senhor Rei mandou perguntar como anda o trabalho infantil no Brasil.

Os alunos, de posse das fotografias abaixo, as enviaram para o Rei.

Posteriormente, a professora apresentou as seguintes proposições, conforme propostas sugeridas pelo Rei. Com base nos seus conhecimentos sobre o tema analise-as e marque a alternativa correta.

I. Quando a renda dos pais é insuficiente para a sobrevivência da família, as crianças são empurradas para a mineração, olarias, carvoarias, pedreiras, aos lixões etc., onde passam o dia cavando, quebrando pedras, cortando e transportando lenha, em contato com agentes cancerígenos, como o mercúrio, expostas a temperaturas elevadas e ruídos insuportáveis, sem falar do uso como prostitutas em bordéis nas rodovias brasileiras. Nesses locais de trabalho foi passada a borracha nos artigos da Constituição que trata dos diretos das crianças e adolescentes.

II. Segundo a Organização do Trabalho Infantil – OTI, o que mais preocupa nas cidades nordestinas é a questão das meninas mães. Na maioria das vezes abandonadas pelo namorado, pela sociedade e muitas vezes pela própria família, sem qualificação educacional e profissional, sem amparo para sustentar a si mesmas e à criança, sujeitam-se à prostituição, ao tráfico de drogas e ao trabalho doméstico, vivendo, em algumas situações, sob regime de escravidão.

III. É comum ouvirmos a expressão "órfãos da violência": não são apenas meninas e meninos cujos pais morreram, mas também crianças cuja ausência de pais vivos é sentida logo cedo. Sem família, sem escola, sem abrigo, estas crianças ficam expostas ao tráfico de drogas, aos pedófilos que usam seus corpos e como matéria-prima para espetáculos pornográficos.

IV. Apesar dos avanços e da fiscalização do Ministério Público do Trabalho, da OIT e da UNICEF, em relação à exploração do trabalho infantil, a historiografia brasileira ainda não conseguiu banir definitivamente de suas páginas essa nódoa que tanto envergonha qualquer sociedade.

Está(ão) correta(s):

a) Apenas a proposição I.
b) Todas as proposições.
c) Apenas a proposição II.
d) Apenas a proposição III.
e) Apenas a proposição IV.

4. (Ibmec-RJ)

Menos crianças

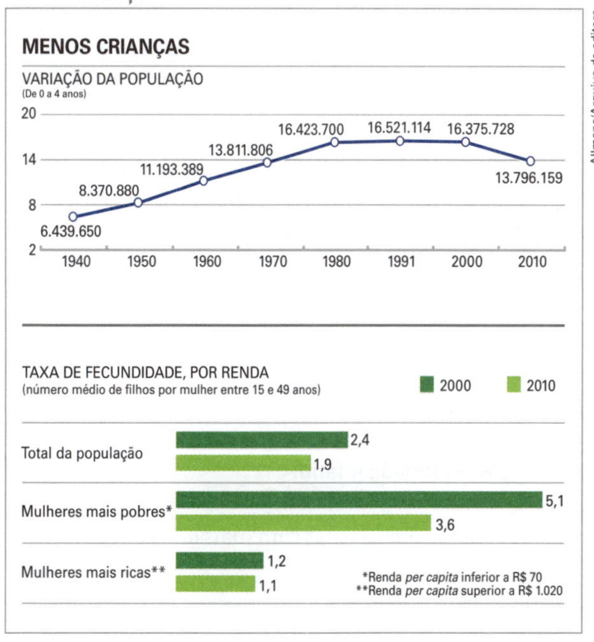

Adaptado de: *O Globo*. Rio de Janeiro, 12.8.2012.

A diferença entre o número médio de filhos das mulheres mais pobres e mais ricas no Brasil caiu significativamente na década passada. Dados do Censo do IBGE tabulados pelo Ministério do Desenvolvimento Social revelam que a maior redução da fecundidade aconteceu entre a população que vive abaixo da linha de miséria, com menos de R$ 70 per capita *mensais.*

A respeito da queda das taxas de fecundidade no Brasil, e considerando os dados acima, todas as afirmativas a seguir estão corretas, À EXCEÇÃO DE UMA, assinale-a:

a) Um número menor de crianças facilita a tarefa do poder público de aumentar os investimentos *per capita* na infância, e também na sustentabilidade da Previdência, pois chegou o momento dos idosos ocuparem seu espaço numa sociedade cada vez mais envelhecida.

b) A queda da fecundidade em todas as faixas de renda tem impactos significativos em políticas públicas, pois, com os dados, se dependesse só da população de crianças de até 4 anos, o país já estaria em ritmo acelerado de encolhimento populacional.

c) A taxa de fecundidade caiu mais entre mulheres de menor renda, enquanto isso, entre a população mais rica, a taxa média de filhos por mulher praticamente se estabilizou próximo ao patamar de apenas um filho por mulher.

d) Vendo reduzir rapidamente o número de crianças e simultaneamente crescer o número de pessoas mais velhas, no Brasil, surgem novas exigências de políticas públicas, além de inserção dos idosos na vida social, que têm estrutura para atendê-los considerada precária.

e) Com a maior queda da taxa de fecundidade ocorrendo no grupo mais pobre, as famílias numerosas passaram a ser exceção, e não mais a regra, pois do total de mulheres abaixo da linha da miséria, 57% têm dois filhos ou menos, e somente 18%, cinco filhos ou mais.

5. (UFRGS-RS) A tabela abaixo fornece dados de alguns estados brasileiros, identificados pelas letras A, B, C e D, segundo publicação do IBGE.

Assinale a alternativa que apresenta os nomes dos estados brasileiros correspondentes às letras A, B, C e D, respectivamente.

a) Rio Grande do Sul – Rio de Janeiro – Goiás – Tocantins

b) Minas Gerais – São Paulo – Santa Catarina – Alagoas

c) Rio Grande do Sul – Pernambuco – Ceará – Sergipe

d) Paraná – São Paulo – Goiás – Alagoas

e) Minas Gerais – Pernambuco – Santa Catarina – Tocantins

6. (UFPA)

Nos últimos vinte anos o Brasil tem desenvolvido novas formas técnicas e organizacionais, como a informatização e a automação nas atividades agropecuárias, na indústria e nos serviços, os atuais tipos de contratação e as políticas trabalhistas conduziram, entre outros aspectos, a um aumento do desemprego e da precarização das relações de trabalho.

Adaptado de: SANTOS, Milton; SILVEIRA, Maria Laura. *O Brasil*: território e sociedade no início do século XXI. 2. ed. Rio de Janeiro: Record, 2001. p. 220.

A implicação das mudanças tecnológicas no mundo do trabalho, no Brasil, sugerida no texto, está identificada na alternativa:

a) A redução dos postos de trabalho nas atividades agropecuárias e industriais foi compensada pelo investimento dos setores público e privado em postos de trabalho nos grandes centros urbanos.

b) As ampliações das necessidades produtivas, sobretudo a partir da revolução das telecomunicações, têm contribuído para o aumento do desemprego no setor informal da economia.

c) As novas formas de contratação de trabalho, principalmente a terceirização, são um dos indicadores de que as relações de emprego se tornaram precárias, o que foi acompanhado da redução da renda do trabalhador brasileiro.

d) A crescente diversificação das profissões atende às novas necessidades produtivas do mercado, no entanto é responsável pelo crescimento do desemprego no setor de serviços e na economia informal do país.

Indicadores sociais das condições de vida da população brasileira	A	B	C	D
População Total (Hab.) (2010)	19 597 330	41 262 199	6 248 436	3 120 494
Taxa de Fecundidade Total (2009)	1,67	1,78	2,08	2,29
Taxa de Mortalidade Infantil (2009)	19%	15%	15%	46,4%
Analfabetismo em pessoas com mais de 15 anos (2009)	9,5%	4,7%	4,9%	24,6%
Incidência em pobreza (2003)	26,6%	26,6%	27,19%	59,54%

Adaptado de: <http://www.ibge.gov.br/cidadesat/topwindow.htm?1>. Acesso em: 14 set. 2011.

e) O crescimento e a distribuição dos polos regionais de informática pelo território nacional foram responsáveis pela redução dos subempregos, na medida em que se absorveram os desempregados do mercado formal.

7. (UEPB) A queda nas taxas de mortalidade infantil é um bom indicador das melhorias nas condições de vida de uma população.

Taxa de mortalidade infantil – 2010 (‰)

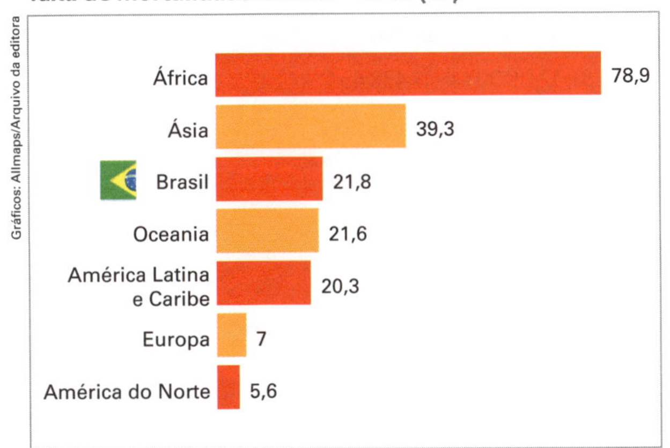

IBGE/ONU.

Com base na análise do gráfico e em seus conhecimentos, podemos concluir:

I. Os primeiros resultados do Censo do IBGE, em 2010, mostram que a taxa de mortalidade infantil continua caindo no Brasil, chegando a 21,8 óbitos para cada mil crianças nascidas vivas. Em 1990, esse número era superior a 40%. Esse avanço é resultado das políticas públicas, voltadas para a saúde da mulher (gestação e parto), como também mudanças no padrão cultural da população de baixa renda em relação ao pré-natal.

II. Apesar dos avanços significativos, o índice brasileiro ainda é elevado se comparado à América Latina, estando muito acima dos verificados na Europa e América do Norte.

III. Uma das metas brasileiras estabelecidas pelo Programa de Desenvolvimento do Milênio é a redução da taxa de mortalidade infantil para 15 óbitos para cada mil crianças nascidas com vida até 2015.

IV. Na região Nordeste, as taxas de mortalidade infantil caíram de tal maneira que superaram as taxas do Rio Grande do Sul.

Estão corretas:

a) Apenas as proposições II e IV.

b) Apenas as proposições I e II.

c) Apenas as proposições I, II e III.

d) Apenas as proposições I e IV.

e) Todas as proposições.

8. (UEPB) O Brasil passa por um momento de profundas mudanças na sua estrutura populacional.

Pirâmide etária – Brasil: 2010

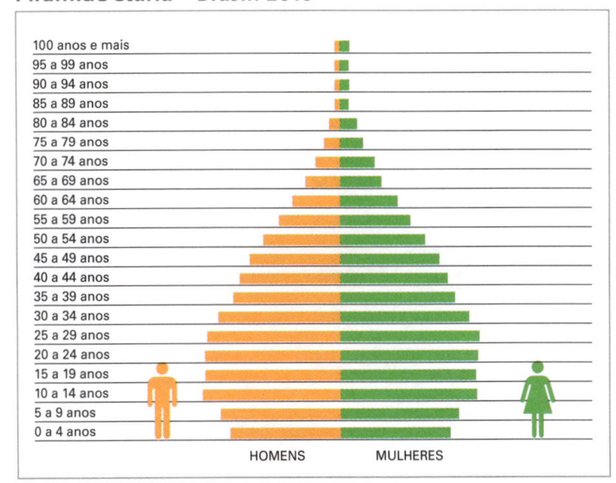

IBGE.

Compreender a dinâmica da população é um caminho para a elaboração de políticas públicas demográficas e econômicas para melhoria da população. Logo, a pirâmide em foco nos leva à reflexão de que:

I. O estreitamento na base revela a redução da quantidade de jovens (0 a 19 anos) no conjunto da população, devido às quedas nas taxas de natalidade. A queda acentuada dessa taxa deu-se a partir da década de 1960. As mudanças no foco econômico da produção, concentração da população nas cidades, mudanças no padrão cultural, da inserção da mulher no mercado de trabalho, dos diversos métodos anticonceptivos, o elevado custo para criação e educação de filhos tem-se tornado um fator econômico inibidor.

II. O alargamento no topo mostra, por sua vez, o aumento da população idosa (60 anos ou mais), consequência de menor taxa de mortalidade e do aumento da expectativa de vida. O aumento da longevidade dos brasileiros acentuou as discussões na reforma da Previdência Social e um novo olhar sobre o mercado de consumo dessa população: academias de ginástica, atividades recreativas, cursos de língua e o setor de turismo. Também percebe-se o predomínio da população adulta na faixa de 20 a 59 anos na força de trabalho produtiva do país.

III. Os primeiros dados do Censo de 2010 divulgados pelo IBGE confirmam a tendência de redução do ritmo de crescimento da população brasileira e que o país se encontra num estágio avançado da sua transição demográfica.

Está(ão) correta(s):

a) Apenas a proposição III.

b) Apenas as proposições I e II.

c) Apenas as proposições II e III.
d) Apenas as proposições I e III.
e) Todas as proposições.

9. (Mack-SP)

De acordo com a charge acima e com os aspectos socioeconômicos do Brasil no período apresentado, considere as afirmativas I, II e III.

I. A ascensão das classes D e E teve um salto a partir do Plano Real, oscilou durante o governo de Fernando Henrique Cardoso e se acentuou no governo Lula, entre 2003 e 2010. Nesse contexto, o Brasil superou totalmente a desigualdade crônica, vivida historicamente.

II. Apesar das oscilações do período 1995-2003 e da grande evolução do período 2004-2010, a melhoria da condição social predominou. No entanto, ainda persistem grandes desigualdades sociais no Brasil.

III. Houve, de um modo geral, uma melhora no padrão de distribuição de renda nacional. Dessa forma, o Brasil hoje atingiu, em relação à concentração de renda, os padrões da Europa Ocidental, hoje em crise.

Dessa forma,

a) apenas I e III estão corretas.
b) apenas I está correta.
c) apenas II está correta.
d) apenas II e III estão corretas.
e) apenas III está correta.

Questão

10. (UFU-MG) A população do Brasil alcançou a marca de 190 755 799 habitantes na data de referência do Censo Demográfico 2010. A série de censos brasileiros mostra que a população experimentou sucessivos aumentos em seu contingente, tendo crescido quase vinte vezes desde o primeiro recenseamento realizado no Brasil, em 1872, quando tinha 9 930 478 habitantes, como representado na tabela abaixo.

População e taxa média geométrica de crescimento anual – Brasil – 1872/2010		
Datas	População residente	Taxa média geométrica de crescimento anual (%)
01/08/1872	9 930 478	2,01
31/12/1890	14 333 915	1,98
31/12/1900	17 438 434	2,91
01/09/1920	30 635 605	1,49
01/09/1940	41 165 289	2,39
01/07/1950	51 941 767	2,99
01/09/1960	70 070 458	2,89
01/09/1970	93 139 037	2,48
01/09/1980	119 002 706	1,93
01/09/1991	146 825 475	1,64
01/08/2000	169 799 170	(*)1,17
01/08/2010	190 755 779	

Recenseamento do Brasil 1872-1920. Rio de Janeiro: Diretoria Geral de Estatística, 1872-1930; e IBGE, Censo Demográfico 1940/2010.

(*) Para obtenção da taxa no período 2000/2010, foram utilizadas as populações residentes em 2000 e 2010, sendo que, para este último ano, foi incluída a população estimada (2,8 milhões de habitantes) para os domicílios fechados.

Sobre o crescimento populacional brasileiro e os dados apresentados pela tabela, explique:

a) Os motivos que levaram às elevadas taxas de crescimento populacional nas décadas de 1940 a 1970.
b) Por que, a partir da década de 1980, o ritmo de crescimento populacional passou a apresentar redução em suas taxas.

MÓDULO 29

Testes

1. (FGV-SP)

Em vez de fila de espera, tapete vermelho. Se depender da equipe formada pela Secretaria de Assuntos Estratégicos da Presidência da República (SAE) para elaborar uma política nacional de imigração, é assim que o governo pretende tratar o profissional estrangeiro altamente qualificado que demonstrar interesse em trabalhar no Brasil. Por outro lado, a fila do visto será mantida para o imigrante sem qualificação, como boa parte dos haitianos que chegaram recentemente pela fronteira norte do país (Acre e Amazonas).

Disponível em: <http://oglobo.globo.com/pais/brasil-quer-facilitar-vistos-para-profissionais-estrangeiros-3671799#ixzz1r746PKYs>. Acesso em: 20 ago. 2014.

Em relação à política nacional de imigração mencionada pela reportagem, assinale a alternativa correta:

a) Reitera os princípios humanitários assumidos pelo Brasil durante a Missão das Nações Unidas para a Estabilização do Haiti (Minustah).

b) Visa conter o fluxo de imigrantes haitianos que, no último decênio, elegeram o Brasil como destino preferencial.

c) Pode ser qualificada como política de imigração seletiva, que prioriza a drenagem de cérebros.

d) Inaugura um precedente na história das políticas migratórias brasileiras, pautadas sempre pelo acolhimento indiscriminado.

e) É coerente com a posição do Brasil enquanto país de emigração.

2. (Unesp-SP) Analise o gráfico.

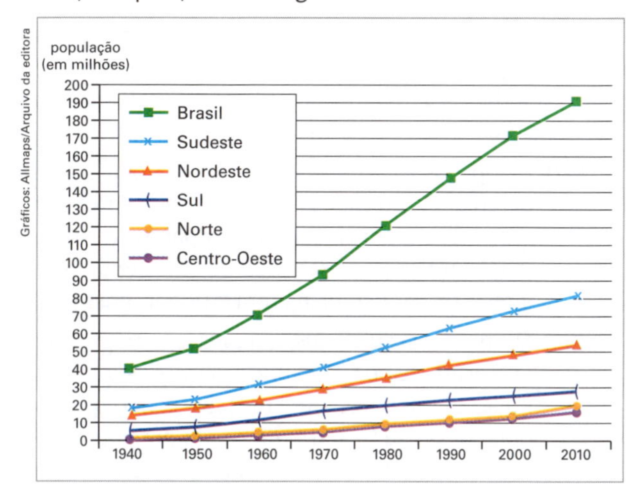

Adaptado de: IBGE.

A partir da análise dos dados apresentados no gráfico e de seus conhecimentos, é correto afirmar que:

a) a curva populacional da região Nordeste apresenta crescimento acentuado a partir da década de 1970, superando a da região Sudeste.

b) a região Sul manteve constantes seus índices de crescimento populacional em todo o período analisado, espelhando um forte fluxo migratório para a região.

c) a curva populacional da região Sudeste, a partir da década de 1980, apresenta um crescimento mais acelerado do que a curva populacional do Brasil.

d) apesar de as regiões Nordeste e Sudeste, na década de 1940, possuírem números populacionais semelhantes, a curva da região Nordeste supera a da região Sudeste a partir da década de 1970.

e) as regiões Norte e Centro-Oeste, em todo o período analisado, apresentaram comportamentos próximos em seus números absolutos de população.

3. (UFPE) Um grupo de vestibulandos realizou um debate sobre o tema "A População Brasileira". Ao final do debate, o redator do grupo apresentou, para o restante da classe, cinco conclusões sobre o tema, transcritas a seguir. Analise-as.

( ) Os fluxos migratórios no país estão mais intensos, nos últimos anos, dentro do estado ou da região de origem. Esse fato reflete a busca de novas oportunidades de trabalho e de condições de vida.

( ) O surgimento de novos polos de atração a fluxos migratórios e o aumento do desemprego na região Sudeste foram fatores que contribuíram bastante para o retorno de migrantes a suas regiões de origem na década passada.

( ) O Censo de 2000 demonstrou que no Brasil a maior parte da população vive nas áreas rurais, sobretudo na Amazônia, e se dedica a atividades econômicas no setor secundário da economia.

( ) Durante o século XX, as regiões Centro-Oeste e Norte aumentaram sua participação no total da população; este fato está fortemente associado a intensos fluxos imigratórios de asiáticos, sobretudo chineses e japoneses, que se instalaram nessas regiões e se dedicaram às atividades agrícolas.

( ) O aumento acentuado do número médio de filhos por mulher é considerado o fator determinante do aumento do crescimento da população brasileira a partir de 1970.

4. (UERJ)

População rural da região Centro-Oeste (2010)

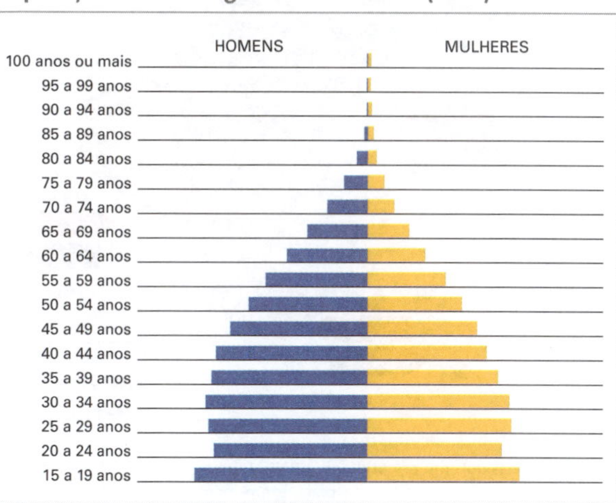

Adaptado de: <http://ibge.gov.br>. Acesso em: 20 ago. 2014.

A proporção de homens e mulheres nesta pirâmide etária é explicada pelo comportamento do indicador demográfico denominado:

a) taxa de migração.

b) expectativa de vida.

c) crescimento vegetativo.

d) sobremortalidade feminina.

5. (UFSJ-MG) Sobre os dados do IBGE em relação aos fluxos migratórios no Brasil obtidos pelo Censo de 2010, é **CORRETO** afirmar que

a) a melhoria das condições de vida nas regiões Norte e Nordeste e o crescimento de cidades médias são fatores que contribuíram para a diminuição das migrações inter-regionais.

b) o deslocamento populacional mais frequente que ocorre do campo para as grandes cidades (metrópoles) é o chamado êxodo rural.

c) na última década, ocorreu uma elevação no volume do fluxo migratório no Brasil com o crescimento do percentual de migrantes que se deslocam para o estado de São Paulo.

d) os migrantes brasileiros têm se deslocado preferencialmente para as capitais dos estados, o que tem contribuído para o enfraquecimento econômico das cidades médias.

6. (FGV-SP) O mapa a seguir apresenta o número de migrantes que entraram em cada uma das regiões brasileiras e os que delas saíram em 2009. Sobre esse fenômeno e suas causas, assinale a alternativa correta:

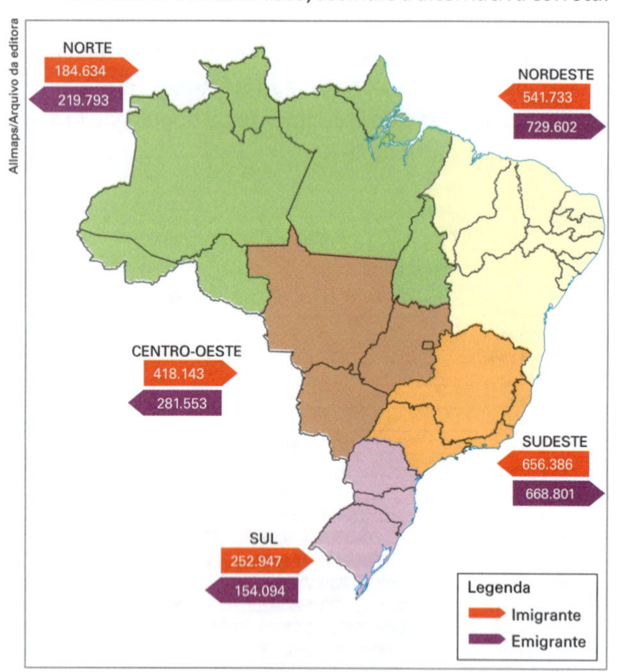

<http://noticias.uol.com.br/cotidiano/2011/07/15/centro-oeste-e-a-regiao-que-mais-retem-imigrantes-aponta-ibge.jhtm>.

a) Uma parcela significativa dos migrantes que chegam à região Nordeste é constituída por nordestinos que haviam migrado para outras regiões em períodos anteriores.

b) O elevado saldo migratório registrado na região Centro-Oeste pode ser explicado pela grande demanda por trabalhadores agrícolas, já que a agricultura da região caracteriza-se pela baixa intensidade tecnológica.

c) A região Sul apresenta saldo migratório positivo, em grande parte resultante da atração exercida pelas metrópoles nacionais que polarizam a região.

d) A região Norte apresenta saldo migratório negativo, reflexo da crise demográfica que se instalou no Amazonas após o fim da Superintendência da Zona Franca de Manaus (SUFRAMA).

e) A região Sudeste deixou de figurar como polo de atração de imigrantes, devido à estagnação dos espaços industriais nela situados.

7. (UEPG-PR) A etnia brasileira teve a contribuição de vários povos, desde os nativos até os que aqui chegaram ao longo do tempo. Com relação ao assunto, assinale o que for correto.

(01) Na época do Brasil Colonial foram trazidos os negros africanos pertencentes aos grupos de sudaneses e bantos, sendo que da miscigenação com o branco resultou o elemento mulato.

(02) Dos povos eslavos destacam-se os poloneses e ucranianos radicados no Paraná e que deixaram suas marcas principalmente na paisagem rural, mas também na paisagem urbana, a exemplo de igrejas típicas ucranianas em Prudentópolis (PR).

(04) Os brancos europeus, através da imigração, destacam-se no Sul do Brasil, dentre os quais os italianos, alemães e holandeses, sendo que os holandeses se fixaram principalmente no Paraná e, em 2011, comemoraram os 100 anos de imigração, festejados com a inauguração de uma vila típica dos primeiros tempos de colonização, no município de Carambeí (PR).

(08) Dos povos amarelos, os japoneses, os coreanos e os chineses não se destacam pela miscigenação com outros povos, mas se fixaram em todo o Brasil, principalmente na área rural de Santa Catarina e do Rio Grande do Sul.

(16) Os povos indígenas nativos não se destacam na miscigenação com os elementos brancos, principalmente com o colonizador português, que sempre se constituiu num inimigo natural.

8. (UERN) O Nordeste passa hoje por um novo processo migratório, criado por pessoas que, por algum erro de avaliação do lugar de destino, tiveram uma frustração das expectativas quanto ao emprego e renda. Esse novo processo migratório denomina-se

a) êxodo rural.

b) transumância.

c) movimento pendular.

d) migração de retorno.

9. (UEPB) Observe as trajetórias estabelecidas no mapa abaixo.

Brasil: migração 1970-1990

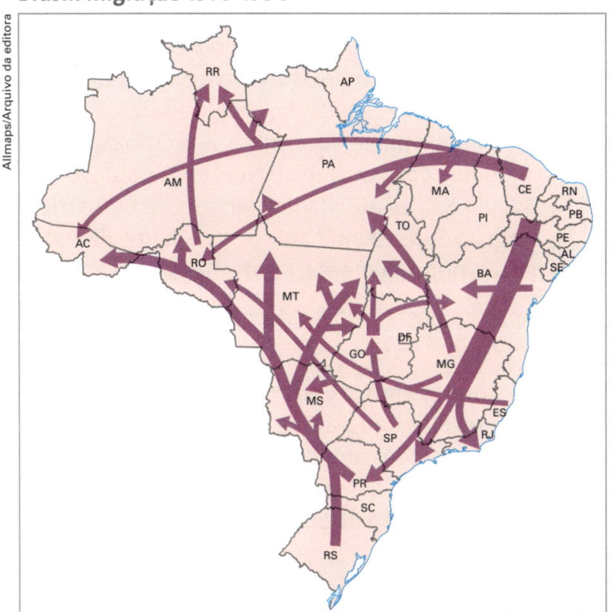

Dois geógrafos se propuseram a analisar os trajetos migratórios internos nas décadas de 1970 a 1990 em várias regiões brasileiras, conforme se apresenta no mapa. A tarefa de ambos era analisar as causas que motivaram os deslocamentos de uma região para outra e apresentar um relatório final dessa investigação.

Relatório do Pesquisador 1

I. Os vetores migratórios em direção à Amazônia se explicam pela abertura de novas fronteiras agropecuárias e projetos de mineração.

II. A desconcentração de atividades econômicas, resultantes dos deslocamentos e da implantação de indústrias em outras áreas, fora dos grandes centros industriais, somadas às dificuldades de habitação, transportes e violência urbana, tem contribuído para uma diminuição dos fluxos migratórios para a região Sudeste.

Relatório do Pesquisador 2

III. A tendência atual do processo migratório é contribuir para uma redistribuição demográfica no país. Nesse caso, as grandes cidades vêm sofrendo uma desconcentração populacional e as cidades médias e pequenas vêm crescendo, passando a oferecer opção de negócios, serviços especializados, centros de cultura e uma vida menos estressante.

Levando-se em consideração seus conhecimentos sobre o assunto em pauta, concluímos que está(ão) correto(s)

a) todos os relatórios.
b) apenas os relatórios I e II.
c) apenas os relatórios I e III.
d) apenas o relatório I.
e) apenas o relatório II.

10. (UFPR) A tabela a seguir apresenta os dados de migração no Brasil entre os anos de 2003 e 2008.

	Norte	Nordeste	Sudeste	Sul	Centro-Oeste	Total de emigrantes por região
Norte	147009	69961	52470	20514	67794	357748
Nordeste	103389	262574	461983	17343	134072	979361
Sudeste	38294	387428	465593	146600	106108	1144023
Sul	11827	17600	121896	191007	51496	393826
Centro-Oeste	52757	73071	116697	58644	151614	452783
Total de imigrantes por região	353276	810634	1218639	434108	511084	3327741

Disponível em: <www.ipea.gov.br/portal/images/stories/PDFs/100817_grafscomuniipea61.pdf>.

Com base nessas informações, assinale a alternativa correta.

a) A diferença existente entre o número de imigrantes e emigrantes no Sudeste caracteriza essa região como de baixa mobilidade populacional.
b) Uma das características da dinâmica apresentada na tabela é que a maioria das regiões apresenta maior índice de migrantes dentro da própria região.
c) O maior deslocamento de pessoas ocorre das regiões com maior densidade demográfica em direção àquelas de menor densidade.
d) Os dados mostram que o Nordeste, região que tradicionalmente deslocava elevado número de migrantes, sobretudo para o Sudeste, agora apresenta o fenômeno inverso, ou seja, o número de migrantes é favorável àquela região.
e) Regiões ainda consideradas como fronteira agrícola têm como característica atrair migrantes cujas atividades estão associadas à agricultura, haja vista a disponibilidade de terras ainda existentes.

11. (Unesp-SP) Cândido Portinari conseguiu retratar em suas obras o dia a dia do brasileiro comum, procurando denunciar os problemas sociais do nosso país. No quadro *Os Retirantes*, produzido em 1944, Portinari expõe o sofrimento dos migrantes, representados por pessoas magérrimas e com expressões que transmitem sentimentos de fome e miséria.

Reprodução autorizada por João Candido Portinari/Imagem do acervo do Projeto Portinari

Sobre o tema desta obra, afirma-se:

I. Essa migração foi provocada pelo baixo índice de mortalidade infantil do Nordeste, associado à boa distribuição de renda na região.

II. Contribuíram para essa migração os problemas de cunho social da região Sul, com altas taxas de mortalidade infantil.

III. Os retirantes fugiram dos problemas provocados pela seca, pela desnutrição e pelos altos índices de mortalidade infantil no Nordeste.

IV. Contribuíram para essa migração a desigualdade social, no Nordeste.

É correto apenas o que se afirma em

a) I.
b) I e II.
c) II, III e IV.
d) III e IV.
e) IV.

12. (Mack-SP)

Reprodução/Prova do Mackenzie

Realidades, como essa da ilustração, sempre foram comuns no Brasil. Os fluxos migratórios internos determinaram a ocupação de grandes extensões de seu território. Nos séculos XVII e XVIII, a procura por metais preciosos levou paulistas e nordestinos a Minas Gerais, Goiás e Mato Grosso. Com a expansão do café pelo interior de São Paulo, chegavam levas de mineiros e nordestinos. No século XIX, o ciclo da borracha ajudou a povoar a região Norte por nordestinos. No século XX, as atividades agrícolas e industriais levaram ao Sudeste milhares de brasileiros de todas as partes, principalmente, nordestinos.

A respeito das migrações internas atuais, é incorreto afirmar que

a) nos últimos anos, o Centro-Oeste foi a região que mais recebeu migrantes devido à expansão do agronegócio da cana-de-açúcar e aos investimentos destinados à implantação industrial, fruto da descentralização do Sudeste.

b) a região Sudeste, grande atrativo de migrantes durante anos, já constata declínio migratório em razão do aumento do desemprego. Em 2005, atinge seu ponto mais alto de perdas, 269 mil moradores, segundo dados do Instituto de Pesquisa Econômica Aplicada (IPEA).

c) os movimentos migratórios estão mais intensos dentro dos próprios estados, com o desenvolvimento de polos industriais dentro e fora das grandes capitais.

d) os fluxos migratórios, muitas vezes, desestabilizam famílias que, sem condições de sobrevivência, abandonam suas regiões de origem sem perspectivas imediatas de satisfazê-las em outras áreas do país.

e) a região Nordeste mantém sua tendência histórica, pois ainda é a principal área de origem dos migrantes no Brasil.

Questões

13. (Unicamp-SP)

O impacto sobre São Paulo dos migrantes nordestinos, que chegaram à cidade no meio do século XX, foi tão grande quanto os efeitos produzidos pelos imigrantes que vieram da Europa, do Oriente Médio e da Ásia em décadas anteriores. Nos dois casos, os que dominavam a cidade incentivaram a vinda desses trabalhadores e suas famílias (...). Entretanto, os efeitos sociais e políticos foram sempre mais difíceis de digerir como demonstram os casos recentes de uma prefeita da cidade e de um presidente da República, nascidos no Nordeste, e objetos em São Paulo de preconceitos nada sutis.

Adaptado de: Paulo Fontes. *Um Nordeste em São Paulo* – Trabalhadores migrantes em São Miguel Paulista (1945-66). Rio de Janeiro: FGV, 2008. p. 13.

a) Qual a maior cidade nordestina **fora** do Nordeste brasileiro? Por que houve o incentivo ao processo imigratório de nordestinos para São Paulo?

b) Quais as principais determinantes sociais e econômicas do processo migratório de nordestinos para São Paulo em meados do século XX?

14. (UFG-GO) Os dados dos últimos censos demográficos do Brasil indicam aumento da migração urbano-urbano e da pendular. Com base nesta afirmação,

a) apresente dois fatores que explicam a relevância atual da migração urbano-urbano;

b) explique uma causa para o aumento atual da migração pendular.

MÓDULO 30

Testes

1. (UEPA) O crescimento precipitado das cidades em decorrência do acelerado desenvolvimento tecnológico da segunda metade do século XX produziu um espaço urbano cada vez mais fragmentado, caracterizado pelas desigualdades e segregação espacial, subemprego e submoradia, violência urbana e graves problemas ambientais. Sobre os problemas socioambientais nos espaços urbano-industriais é correto afirmar que:

a) os resíduos domésticos e industriais aliados aos numerosos espaços marginalizados, problemas de transportes, poluição da água e do solo, bem como os conflitos sociais são grandes desafios das cidades na atualidade.

b) as ações antrópicas, em particular, as atividades ligadas ao desenvolvimento industrial e urbano têm comprometido a qualidade das águas superficiais, sem, contudo, alcançar os depósitos subterrâneos.

c) os conflitos sociais existentes no espaço urbano mundial estão associados à ampliação de políticas públicas para melhoria de infraestrutura que provocou o deslocamento de milhões de pessoas do campo para a cidade.

d) a violência urbana, problema agravado nos últimos anos, está associada à má distribuição de renda, à livre comercialização de armas de fogo e à cultura armamentista existente na maioria dos países europeus.

e) a chuva ácida ocorrida nos países ricos industrializados apresenta como consequências a destruição da cobertura vegetal, alteração das águas, embora favoreça a fertilização dos solos agricultáveis.

2. (Unimontes-MG) Com o crescimento das cidades, desenvolvem-se vários processos socioespaciais. A descentralização comercial é um desses e se caracteriza pelo(a)

a) concentração de atividades econômicas no núcleo político-administrativo da cidade.

b) surgimento de novos espaços comerciais na zona periférica, como os subcentros.

c) aumento de habitações verticalizadas na periferia urbana.

d) desenvolvimento de mecanismos especulativos com a criação de novos loteamentos.

3. (Aman-RJ) A aceleração dos fluxos de informação propiciada pelas inovações no meio técnico-científico-informacional tem repercutido em toda a vida social e econômica e, consequentemente, na organização do espaço geográfico mundial. Dentre essas repercussões, podemos destacar

a) o aprofundamento da divisão técnica do trabalho, a ampliação da escala de produção e a utilização intensiva de energia na atividade industrial.

b) a diminuição da disparidade tecnológica entre países ricos e pobres, pois a difusão da internet e o acesso às redes virtuais têm sido igualmente intensos nos dois grupos de países.

c) a redução dos fluxos migratórios internacionais, uma vez que as inovações tecnológicas contribuem para a criação de novos empregos, especialmente no Setor Primário dos países subdesenvolvidos.

d) o desenvolvimento de uma hierarquia urbana mais complexa, pois as cidades pequenas e médias adquiriram novas possibilidades de acesso aos bens e serviços através do relacionamento direto com as principais metrópoles do seu país.

e) a opção da indústria de alta tecnologia dos EUA e do Japão, por exemplo, de localizar-se junto às aglomerações urbano-industriais mais tradicionais desses países, buscando as vantagens de um amplo mercado consumidor e o fácil acesso às vias de comunicação e transporte.

4. (UEL-PR) Sobre o conceito de cidades globais e megacidades, considere as afirmativas a seguir.

I. As cidades globais possuem grande influência regional, nacional e internacional e, de acordo com a influência que desempenham na esfera global, são classificadas em três grupos: alfa, beta e gama.

II. As megacidades mundiais, a exemplo de Rio de Janeiro, Buenos Aires e Jacarta, também são cidades globais por apresentarem uma grande concentração populacional.

III. O grupo alfa representa cidades de maior influência no cenário global, a exemplo de Londres, Paris,

Frankfurt, Milão (europeias), além de Nova York, Tóquio, Los Angeles, Chicago, Hong Kong e Cingapura.

IV. Tanto as cidades globais como as megacidades recebem seu nome por apresentarem grande concentração de riquezas distribuídas de maneira uniforme entre seus habitantes.

Assinale a alternativa correta.

a) Somente as afirmativas I e II são corretas.
b) Somente as afirmativas I e III são corretas.
c) Somente as afirmativas III e IV são corretas.
d) Somente as afirmativas I, II e IV são corretas.
e) Somente as afirmativas II, III e IV são corretas.

5. (Cefet-MG) Sobre as perspectivas apontadas pela Organização das Nações Unidas (ONU), referente à urbanização mundial nos próximos dez anos, afirma-se que:

I. No mundo desenvolvido, coexistirão cidades médias e megacidades.

II. No sul econômico do globo, haverá um incremento numérico de megacidades.

III. O desenvolvimento socioeconômico será proporcional ao tamanho dos aglomerados humanos.

IV. O controle da natalidade, em alguns países asiáticos, aumentará a densidade demográfica nessa região.

Estão corretas apenas as afirmativas

a) I e II.
b) I e III.
c) II e IV.
d) III e IV.

MÓDULO 31

Testes

1. (Udesc) O Censo de 2010 revelou aspectos importantes da moradia da população de baixa renda no Brasil. Segundo o Instituto Brasileiro de Geografia e Estatística (IBGE), aglomerados subnormais são aqueles conhecidos popularmente como "favelas, invasões, grotas, baixadas, comunidades, vilas, ressacas, mocambos, palafitas, entre outros". Analise as proposições sobre os aglomerados subnormais.

I. A maior parte dos aglomerados subnormais localiza-se nas regiões metropolitanas.

II. Os aglomerados subnormais frequentemente ocupam áreas menos propícias à urbanização, como encostas íngremes no Rio de Janeiro, áreas de praia em Fortaleza, vales profundos em Maceió (localmente conhecidos como grotas), baixadas em Macapá e manguezais em Cubatão.

III. Existem muitos aglomerados subnormais na região Sudeste.

IV. A maioria dos aglomerados subnormais, entretanto, possui rede elétrica e de água.

V. A população que mora nos aglomerados subnormais é considerada de classe média.

Assinale a alternativa correta.

a) Somente as afirmativas I, II e V são verdadeiras.
b) Somente as afirmativas I e V são verdadeiras.
c) Somente as afirmativas I, II, III e IV são verdadeiras.
d) Somente as afirmativas III e IV são verdadeiras.
e) Todas as afirmativas são verdadeiras.

2. (UFG-GO) Considere a tabela a seguir.

Número de municípios nos censos demográficos, segundo as grandes regiões brasileiras

	1980	2010
Região Norte	203	449
Região Nordeste	1375	1794
Região Sudeste	1410	1668
Região Sul	719	1188
Região Centro-Oeste	284	466
BRASIL	3991	5565

BRASIL. IBGE, Censo de 2010.

De acordo com a tabela, no que se refere à dinâmica de criação de municípios, no período de 1980 a 2010, constata-se que o

a) acréscimo de 182 municípios à região Centro-Oeste se explica pela expansão econômica resultante das estratégias do chamado "milagre brasileiro".
b) aumento, na região Norte, de aproximadamente 121% no número de municípios, é resultante da forte corrente migratória e do fluxo de capitais multinacionais para a região.
c) número de municípios, na região Sudeste, em 2010, correspondia a, aproximadamente, 30% do total dos municípios brasileiros, resultante da concentração espacial das atividades econômicas e populacionais.
d) aumento absoluto de 469 municípios, na região Sul, está relacionado ao desenvolvimento da fronteira agrícola e à divisão territorial dos estados.
e) menor aumento absoluto no número de municípios, apresentado pela região Nordeste, é motivado pelo esvaziamento demográfico decorrente de fluxos migratórios em direção às demais regiões brasileiras.

3. (UEPG-PR) Sobre as funções urbanas e polos urbanos brasileiros, assinale o que for correto.

(01) Algumas cidades brasileiras apresentam atrativos muito fortes na parte de serviços culturais, educativos e saúde, comerciais e industriais, o que permite classificá-las como de centralidade máxima quanto as suas influências, a exemplo de São Paulo, Rio de Janeiro, Curitiba, Porto Alegre, Fortaleza, Salvador, Recife, Goiânia e Belo Horizonte.

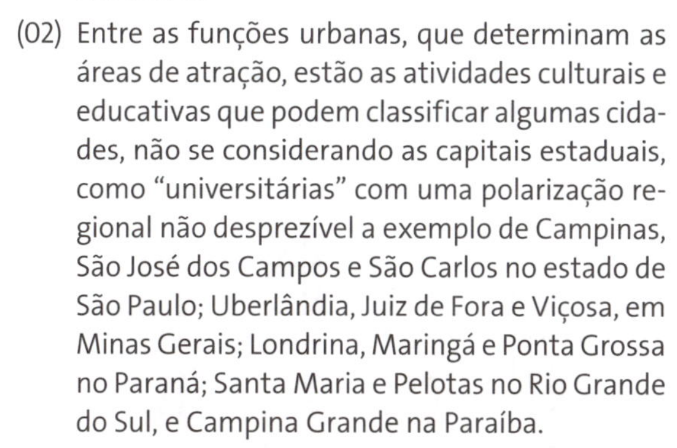

(02) Entre as funções urbanas, que determinam as áreas de atração, estão as atividades culturais e educativas que podem classificar algumas cidades, não se considerando as capitais estaduais, como “universitárias” com uma polarização regional não desprezível a exemplo de Campinas, São José dos Campos e São Carlos no estado de São Paulo; Uberlândia, Juiz de Fora e Viçosa, em Minas Gerais; Londrina, Maringá e Ponta Grossa no Paraná; Santa Maria e Pelotas no Rio Grande do Sul, e Campina Grande na Paraíba.

(04) No Paraná, as áreas de maior atrativo populacional são os novos municípios criados, desmembrados de municípios existentes, sendo que essa fragmentação municipal foi acompanhada da instalação de infraestrutura adequada ao desenvolvimento local.

(08) As áreas de menor crescimento populacional em território paranaense têm sido a da região metropolitana de Curitiba, a da região de Londrina e Maringá, e a da região de Cascavel e Foz do Iguaçu.

(16) A urbanização brasileira ocorreu muito lentamente e, na atualidade, vê-se o caminho inverso, com a população urbana deslocando-se da área urbana para a área rural.

4. (UEPB) Em uma aula de Geografia, o professor apresentou as figuras a seguir. Em seguida, solicitou que dois alunos viessem à frente da turma para falar sobre o tema em pauta. O aluno que demonstrou mais conhecimento sobre o tema escreveu F para as proposições falsas e V para as proposições verdadeiras.

( ) Ao longo da nossa história, não houve necessidade de políticas públicas específicas para o setor de habitação, visto que o processo natural de produção do espaço urbano brasileiro sempre criou oportunidades de ocupação no solo urbano de moradia digna para todos.

( ) As desigualdades espaciais que ocorrem nas cidades denunciam que as populações em cidades de países pobres têm sido submetidas a processo de segregação voluntária, uma vez que são induzidas a deslocamentos para áreas nobres, tendo como consequência a proliferação de doenças endêmicas.

( ) A falta de acesso ao solo urbano apropriado tem aumentado a procura por espaços para habitação em áreas de proteção ambiental pelas populações mais pobres, gerando a disseminação de ocupações irregulares, que coloca a população de baixo poder aquisitivo em efetiva situação de abandono.

( ) A cidade tornou-se palco das diferenças sociais. Uma grande parte das áreas periféricas (aquelas não ocupadas pelos condomínios horizontais fechados) sofre com a falta de infraestrutura e serviços básicos.

( ) Os movimentos sociais que lutam por moradia nas cidades reivindicam um direito que é previsto na Constituição Brasileira.

A alternativa que apresenta a sequência correta é:

a) V – F – V – F – V.
b) V – V – V – F – F.
c) F – F – V – V – V.
d) F – V – F – V – V.
e) F – F – F – F – V.

5. (Ibmec) Apesar da economia em relativo crescimento e maior distribuição da renda, o Brasil tem 11,4 milhões de brasileiros, ou 6% da população do país, vivendo em favelas, os chamados “aglomerados subnormais”, segundo dados do Censo 2010 do IBGE.

Considere as afirmativas relativas à calamidade e clandestinidade habitacional do Brasil, nas últimas décadas:

I. Apesar de políticas públicas integradas, crescente no Brasil, com linhas de crédito e financiamento acessíveis, o aumento do número de pessoas em comunidade irregular denuncia a ineficiência das infraestruturas criadas.

II. Ao longo dos últimos dez anos, os bons indicadores econômicos não foram acompanhados de políticas efetivas de habitação, saneamento e urbanização, justificando o crescimento, em torno de 75%, de moradores em favelas.

III. Mesmo com maior distribuição de renda para as camadas menos favorecidas, sem uma regulação dos preços da terra e dos imóveis urbanos, elas continuarão sem ter acesso à casa própria, e morando em imóveis irregulares.

IV. Por meio de investimentos com dinheiro público, quando o município leva benfeitorias como asfalto, água, esgoto e eletricidade a regiões sem infraestrutura, a valorização do bem vai para o dono do imóvel, não tirando a população de baixa renda da clandestinidade habitacional.

São corretas as seguintes afirmativas:

a) I, II e IV.
b) I, III e IV.
c) II, III e IV.
d) I, II, III e IV.
e) I, II e III.

6. (Unicamp-SP)

O Brasil experimentou, na segunda metade do século 20, uma das mais rápidas transições urbanas da história mundial. Ela transformou rapidamente um país rural e agrícola em um país urbano e metropolitano, no qual grande parte da população passou a morar em cidades grandes. Hoje, quase dois quintos da população total residem em uma cidade de pelo menos um milhão de habitantes.

Adaptado de: George Martine e Gordon McGranahan. "A transição urbana brasileira: trajetória, dificuldades e lições aprendidas". Em Rosana Baeninger (Org.), *População e cidades*: subsídios para o planejamento e para as políticas sociais. Campinas: Nepo; Brasília: UNFPA, 2010, p. 11.

Considerando o trecho acima, assinale a alternativa correta.

a) A partir de 1930, a ocupação das fronteiras agrícolas (na Amazônia, no Centro-Oeste, no Paraná) foi o fator gerador de deslocamentos de população no Brasil.

b) Uma das características mais marcantes da urbanização no período 1930-1980 foi a distribuição da população urbana em cidades de diferentes tamanhos, em especial nas cidades médias.

c) Os últimos censos têm mostrado que as grandes cidades (mais de 500 mil habitantes) têm tido crescimento relativo mais acelerado em comparação com as médias e as pequenas.

d) Com a crise de 1929, o Brasil voltou-se para o desenvolvimento do mercado interno através de uma industrialização por substituição de importações, o que demandou mão de obra urbana numerosa.

7. (Ulbra-RS) Conforme o gráfico abaixo, assinale a alternativa com a(s) afirmativa(s) correta(s) sobre o grau de urbanização segundo as grandes regiões brasileiras.

Grau de urbanização, segundo as grandes regiões

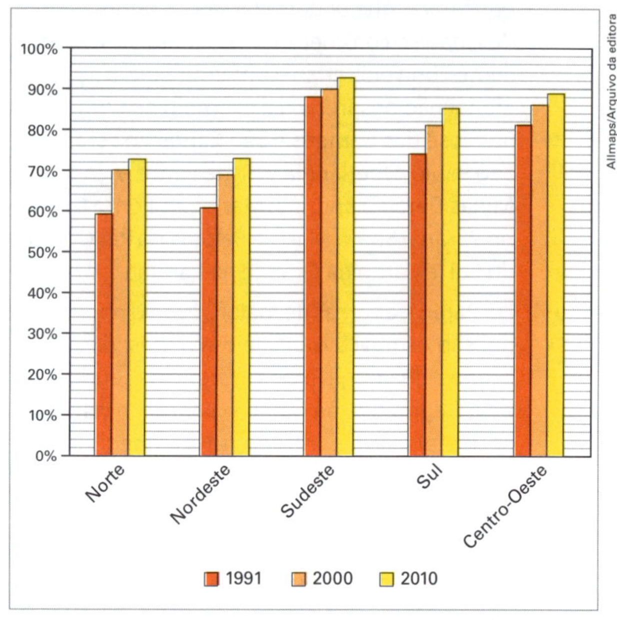

IBGE, Censo Demográfico 1991/2010.

I. Todas as regiões do território brasileiro apresentaram aumento do grau de urbanização em relação aos períodos demonstrados.

II. O incremento do grau de urbanização foi causado pelo crescimento vegetativo nas áreas urbanas além das migrações com destino urbano.

III. As regiões Norte e Nordeste são as menos urbanizadas, com pouco mais de 25% de suas populações vivendo em áreas rurais no ano de 2010.

a) I.
b) I e II.
c) II.
d) III.
e) I, II e III.

8. (UFG-GO) Leia o texto a seguir.

A urbanização vertiginosa, coincidindo com o fim do período de acelerada expansão da economia brasileira, introduziu no território das cidades um novo e dramático significado: mais do que evocar progresso ou desenvolvimento, elas passam a retratar – e reproduzir – de forma paradigmática as injustiças e desigualdades da sociedade.

BRASIL. *Estatuto da cidade*. Brasília: Câmara dos Deputados, 2001. p. 23; 25.

As contradições apontadas no texto são confirmadas pelo Censo Demográfico de 2010, indicando que 84% da população mora nas cidades. Essas contradições podem ser reduzidas com a adoção de um mecanismo que torne mais eficaz a ocupação do espaço urbano. Trata-se do seguinte instrumento:

a) adoção de um sistema de arrecadação municipal baseado no aumento progressivo do imposto territorial urbano.

b) implementação do planejamento urbano por meio de planos diretores e zoneamento que regulem o espaço construído.

c) criação de condições que permitam às empresas ampliar seus negócios e possibilitar a abertura de vagas no mercado de trabalho.

d) contenção do crescimento demográfico, criando alternativas para a população migrante retornar a seus locais de origem.

e) estabelecimento de restrições à expansão urbana como forma de conter a crescente especulação imobiliária.

9. (UnB-DF)

Até 1970, a região metropolitana de São Paulo foi a "Pasárgada" brasileira: ali se instalaram as principais indústrias, com os melhores empregos. Com a crise de 1980 e a interrupção do ciclo de expansão econômica do país, ocorreu uma reestruturação do mercado de trabalho, e o mapa migratório brasileiro começou a apontar para novas direções.

Adaptado de: L. P. Juttel. Rotas migratórias: norte e centro-oeste, novos polos de migração. In: *Ciência e Cultura*, v. 59, n.º 4, 2007.

Com relação ao assunto tratado no texto acima, julgue os itens subsequentes.

( ) Verifica-se, na reestruturação da rede urbana brasileira, motivada por fluxos migratórios, o crescimento de cidades de porte médio que aumentam seu raio de influência.

( ) Apesar de ter representado, no passado, um estímulo à interiorização da população brasileira, o Distrito Federal chegou ao século XXI sem que tivesse sido consolidada uma região metropolitana na região Centro-Oeste.

( ) O fluxo de sulistas em direção à região Norte, em consonância com o avanço da fronteira agrícola, contribuiu para o crescimento da população no campo e, ao mesmo tempo, retardou o processo de urbanização da região.

( ) Em 1973, a crise do petróleo, em decorrência de mais um conflito árabe-israelense, interferiu no ritmo do denominado milagre brasileiro, o que abriu espaço a ação oposicionista mais contundente.

( ) Entre as novas rotas de fluxo populacional, inclui-se a chamada migração de retorno, caracterizada pela saída dos centros urbanos e volta ao campo.

10. (Unesp-SP) Leia o texto.

A cada sopro de modernização das forças produtivas agrícolas e agroindustriais, as cidades das áreas adjacentes se tornam responsáveis pelas demandas crescentes de uma série de novos produtos e serviços, dos híbridos à mão de obra especializada, o que faz crescer a urbanização, o tamanho e o número das cidades. As casas de comércio de implementos agrícolas, sementes, grãos, fertilizantes; os escritórios de marketing*, de consultoria contábil; [...] as empresas de assistência técnica, de transportes; os serviços do especialista em engenharia genética, veterinária, administração [...] se difundiram por todas as partes do Brasil agrícola moderno.*

Maria Adélia de Souza (Org.). *Território Brasileiro*: usos e abusos, 2003.

O texto faz referência a

a) cidades globais.

b) metrópoles nacionais.

c) cidades do agronegócio.

d) cidades planejadas.

e) metrópoles conurbadas.

11. (PUC-RS) Nas economias modernas, o mundo rural é amplamente conectado ao mundo urbano. Critérios para distinguir o urbano do rural precisam ser definidos, nos diferentes países, por normatizações e legislações específicas. Contemplando essa complexidade, afirma-se:

I. No Brasil, são consideradas áreas urbanas as sedes dos municípios ou distritos municipais, independentemente do número de habitantes.

II. Em 2010, pela primeira vez na história, o número de pessoas vivendo em áreas rurais foi igual ao número de pessoas que vivem em áreas urbanas no planeta.

III. O crescimento e o processo de ocupação e organização das cidades é resultado do fenômeno conhecido por êxodo rural, ou seja, da migração urbano-rural.

IV. Muitos países desenvolvidos adotam critérios funcionais para separar o urbano do rural, só definindo como cidades as áreas que possuem infraestrutura e equipamentos coletivos – escolas, postos de saúde, agências bancárias, etc.

Estão corretas apenas as afirmativas

a) I e II.

b) I e IV.

c) II e III.

d) III e IV.

e) II, III e IV.

Questão

12. (Fuvest-SP)

Reprodução/Prova da FUVEST

Reprodução/Prova da FUVEST

As imagens acima ilustram uma contradição característica de médios e grandes centros urbanos no Brasil, destacando-se o fato de que ambas dizem respeito a formas de segregação socioespacial. Considerando as imagens e seus conhecimentos, identifique e explique

a) duas causas socioeconômicas geradoras do tipo de segregação retratado na imagem 1;

b) o tipo de segregação retratado na imagem 2 e uma causa socioeconômica responsável por sua ocorrência.

MÓDULO 32

Testes

1. (UEM-PR) Sobre distribuição e dinâmica da população, assinale o que estiver **correto**.

(01) As cidades são áreas onde se concentram os maiores contingentes populacionais, característica dos países ou das regiões que se industrializaram e mecanizaram as atividades agrícolas.

(02) O crescimento rápido e desordenado das cidades, nos países considerados subdesenvolvidos, provocado pelos deslocamentos populacionais, não é acompanhado no mesmo ritmo pela melhoria da infraestrutura. Por isso, esses espaços são deficientes em redes de água tratada, escolas, habitação, etc.

(04) A reforma agrária foi a solução encontrada pelos países desenvolvidos para, ao mesmo tempo, modernizarem a agricultura, deslocarem as populações dos espaços urbanos para os espaços rurais e acabarem com os problemas ambientais da zona rural.

(08) As atividades agrícolas, ao se modernizarem com a incorporação de avançados recursos tecnológicos, passam a empregar baixa quantidade de mão de obra e contribuem para a expulsão de trabalhadores que se deslocam para os espaços urbanos.

(16) Ao proteger árvores que são símbolos de sobrevivência dos povos da floresta, caso do guaraná e das castanheiras, o novo Código Florestal do Brasil conseguiu acabar com os impactos ambientais e com o esvaziamento populacional das áreas de fronteira, como o Centro-Oeste e a região Amazônica.

2. (UEPB) Preencha corretamente as lacunas do texto:

No século XXI, a necessidade do aumento da produção agrícola vem ocasionando uma verdadeira mudança na arte de __________.

A agricultura __________ é definida como uma prática de produção de alimentos sem o uso de insumos de origem sintética. O manejo agrícola é baseado no respeito ao meio ambiente. O agricultor busca alternativas naturais para adubação, controle das pragas e recomposição do solo.

Os __________ são os vegetais derivados da alteração genética. Esse processo pode alterar o tamanho das plantas, retardar a degradação dos produtos agrícolas após a colheita, ou torná-los mais resistentes às pragas, aos herbicidas e pesticidas.

Os __________ são produtos químicos usados na lavoura, na pecuária e até mesmo no ambiente doméstico. A maioria dos produtores agrícolas utiliza-o para combater pragas e doenças.

A __________ aplicada ao desenvolvimento dos produtos da agricultura moderna é, de todas as novas tecnologias, a que oferece o maior potencial para se elevar a produtividade agrícola.

A __________ tem por objetivo proteger a diversidade e a integridade do patrimônio genético do país, ou seja, a prevenção dos riscos em processos de pesquisa, serviços e atividades econômicas que possam garantir a saúde humana e evitar impactos ao meio ambiente.

A alternativa que preenche corretamente é:

a) organizar / de plantação / transgênicos / agrotóxicos / biotecnologia / biossegurança.

b) plantação / orgânica / transgênicos / agrotóxicos / biossegurança / biotecnologia.

c) plantar / orgânica / transgênicos / biotóxicos / biotecnologia / ambientologia.

d) plantar / orgânica / transgênicos /agrotóxicos / biotecnologia / biossegurança.

e) plantar / orgânica / agrotóxicos / transgênicos / biotecnologia / biossegurança.

3. (PUC-RJ)

A geografia rural tem sido essencialmente uma geografia agrária, aliás, ela tornou-se, sobretudo, uma geografia agrícola ao invés de tornar-se plenamente uma geografia rural, levando em conta o conjunto das populações e das atividades do espaço rural e não mais somente o que tange à agricultura.

In: *La Géographie Agraire et la Géographie Rurale*, Robert Chapuis, 2005, p. 147.

Considerando-se a concepção de geografia rural defendida pelo autor, marque a única opção que indica um tema de estudo do espaço rural que se afasta das temáticas mais frequentes da geografia agrária.

a) Modernização dos Complexos Agroindustriais

b) Urbanização do campo e infraestrutura

c) Biodiversidade na agricultura comercial

d) Geração de energia por biomassa

e) Saúde de populações tradicionais

4. (Fuvest-SP) Observe o mapa, no qual estão assinaladas áreas de plantio de um importante produto agrícola.

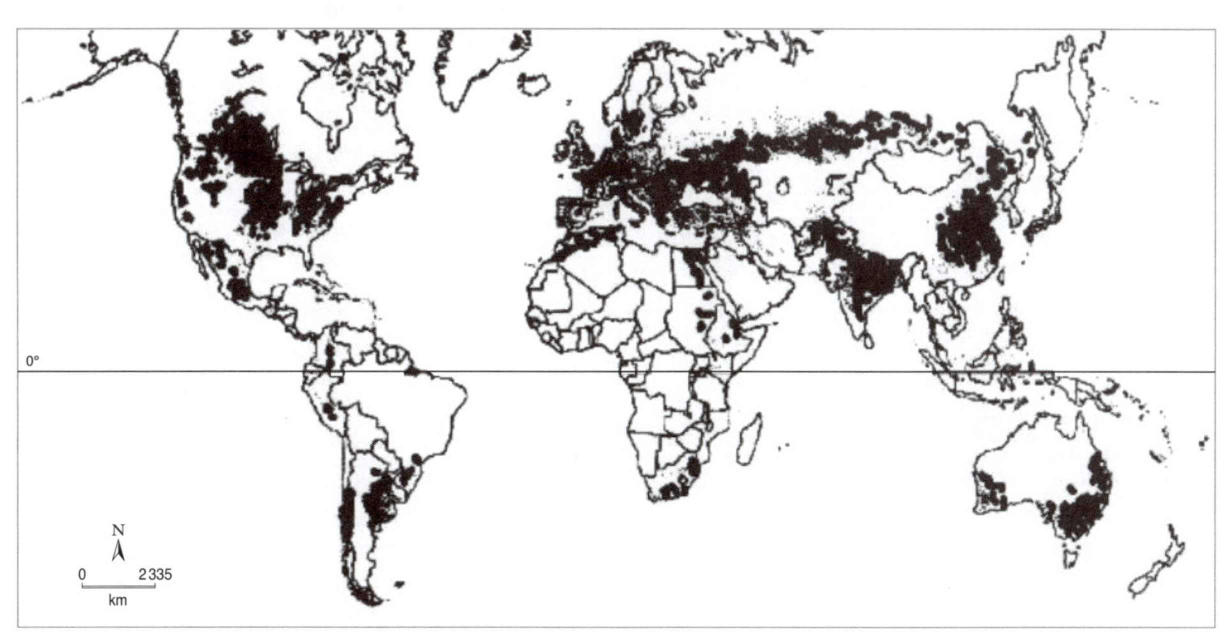

Adaptado de: *Atlas Rand McNally*, 1992 e *De Agostini*, 2010.

Esse produto e características de suas áreas de ocorrência estão corretamente indicados em:

	Produto	Declividade do terreno	Clima
a)	Arroz	muito baixa (<3%)	temperado e subtropical
b)	Soja	variável	equatorial
c)	Cana-de-açúcar	variável	subtropical e tropical
d)	Milho	baixa (até 12%)	tropical úmido
e)	Trigo	baixa (até 12%)	temperado e subtropical

5. (FGV-SP)

No final de 2007 e início de 2008, a provisão de alimentos estava apertada e os preços dos grãos subiram drasticamente. Alguns dos principais produtores reduziram as exportações para manter o custo nacional sob controle. [...] *Foi então que, em 2008, Arábia Saudita, China e Coreia do Sul começaram a comprar ou arrendar terra em outros países, particularmente na África, mas também na América Latina e no Sudeste da Ásia, a fim de produzir alimentos para si.*

Adaptado de: <www.ecodebate.com.br/2011/10/25/nos-limites-da-terra-entrevista-com-lester-brown>.

Sobre o fato descrito no texto, pode-se afirmar que

a) vários países da África, como a Etiópia e o Sudão, proibiram a ocupação de estrangeiros em suas terras, como medida de proteção às suas respectivas populações.

b) essa é uma situação temporária, pois os países com agricultura avançada têm condições de aumentar a produtividade agrícola e suprir os mercados mundiais.

c) o problema dos suprimentos alimentares para muitos países está a cargo da FAO, órgão da ONU voltado para as questões agrícolas.

d) a busca de áreas agricultáveis, em nível internacional, representa o traçado de uma nova geopolítica relacionada à escassez de terras e alimentos.

e) a probabilidade de se atender às necessidades alimentares de toda a população do globo parece cada vez mais próxima devido à expansão das áreas agrícolas.

6. (UFSJ-MG) Leia as informações abaixo.

A lagarta da soja, o besouro-bicudo do algodão, o ácaro dos mamoeiros, o cancro-cítrico dos laranjais e as diversas pragas dos cafezais e dos canaviais são combatidos com uso de agrotóxico, inseticidas e fungicidas químicos prejudiciais à saúde do homem.

O texto descreve diferentes pragas que atingem algumas lavouras brasileiras. As origens dessas pragas são as

a) lavouras destinadas ao mercado interno e à implantação do sistema de rotação de culturas.

b) alterações climáticas globais resultantes da presença do gás carbônico na atmosfera e do efeito estufa.

c) policulturas que inserem vários tipos de cultivos no campo e estimulam a proliferação de pragas.

d) monoculturas que restringem a biodiversidade e a competitividade entre diferentes espécies de um ecossistema.

7. (UFG-GO) A produção agrícola está fundamentada em três elementos básicos – a terra, o capital e o trabalho. O emprego desses elementos varia no tempo e no espaço, em conformidade com o desenvolvimento das forças produtivas.

Transformações se efetivam de forma desigual nos lugares em função dos níveis de capitalização dos produtores, do emprego de mão de obra, de insumos agrícolas e dos recursos naturais incorporados ao processo produtivo. Com base nesse pressuposto, verifica-se que, na agricultura denominada moderna, os fatores predominantes e seus objetivos são:

a) a terra e o trabalho no sistema agroflorestal, visando à mínima alteração dos sistemas naturais, reduzindo os impactos ambientais.

b) a terra e o capital, tendo como base da produção a sustentabilidade social e econômica e o equilíbrio ambiental, visando atender às exigências do mercado mundial.

c) o capital e o trabalho na produção orgânica certificada, utilizando insumos orgânicos e controle biológico de pragas, visando minimizar os impactos ambientais.

d) a terra e o trabalho, com utilização de sementes selecionadas pelos produtores e insumos orgânicos, visando a um modelo de agricultura alternativo.

e) o capital e o trabalho, utilizando insumos industriais, conhecimentos técnico-científicos e tecnologias avançadas, visando ao aumento da produtividade da terra.

8. (UERJ) Uma das questões mais polêmicas da agricultura mundial diz respeito às centenas de bilhões de dólares investidos todos os anos para dar apoio financeiro aos agricultores, principalmente no mundo desenvolvido. Essa ajuda aumenta de modo artificial a competitividade, prejudicando as vendas dos agricultores das nações pobres.

Analise o gráfico abaixo, que apresenta a estimativa de apoio estatal ao produtor rural em percentual do PIB agrícola no ano de 2009:

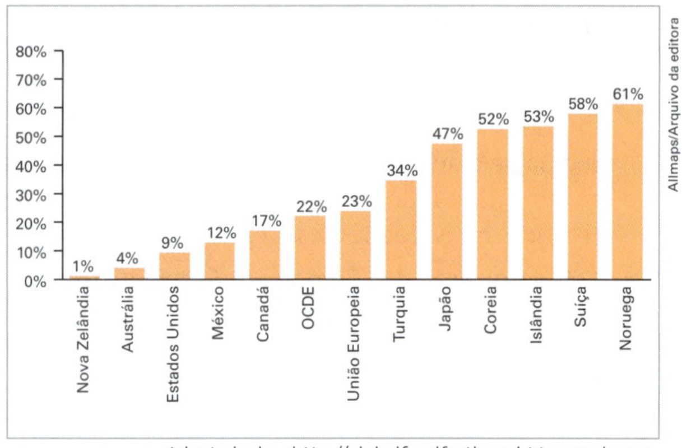

Adaptado de: <http://globalfoodforthought.typepad.com>.

Os cinco países com maior estimativa de dependência de subsídios para a agricultura apresentam em comum as seguintes características:

a) propriedades com área reduzida – elevado custo de produção.

b) atividades de caráter extensivo – baixa produtividade do setor primário.

c) insumos oriundos da importação – grande percentual de terras devolutas.

d) latifúndios voltados para a exportação – pequena população ativa no campo.

9. (UEPA) Ao longo do tempo a humanidade foi aperfeiçoando as formas de explorar a natureza e de intervir no meio ambiente por meio das relações econômicas e culturais. Estas transformações, atreladas ao desenvolvimento tecnológico, por vezes têm provocado problemas fundiários e ambientais. Nesse sentido é verdadeiro afirmar que:

a) dada as condições econômicas e ambientais, a produção agrícola mundial é obtida de forma bastante homogênea, isto é, livre de problemas fundiários e repletos de conflitos de cunho ambiental.

b) o uso de técnicas tradicionais na cultura de irrigação no Sudeste asiático – região das monções –, a exemplo da rizicultura, alia produção para o consumo externo e baixos impactos socioambientais.

c) ao mesmo passo que o Brasil se dinamiza economicamente, destacando-se pelo seu desenvolvimento tecnológico agrícola, em particular na produção de *commodities*, mantém em sua estrutura social características arcaicas, como concentração fundiária e violência no campo.

d) duas grandes paisagens agrícolas da Europa apresentam reduzidos problemas ambientais em decorrência do seu restrito uso de tecnologia e modernização agrária, combinando, por sua vez, a agricultura de seca com a rotação de cultivos.

e) a política de subsídios agrícolas implementada pelos Estados Unidos da América tem como objetivo evitar a concorrência de produtos de importação e viabilizar um novo modelo agrário nacional assentado em pequenas propriedades de uso coletivo da terra.

10. (UEM-PR) Sobre o meio rural e suas transformações, assinale o que for correto.

(01) A partir do século XVIII, no período da revolução industrial, o aperfeiçoamento de instrumentos e técnicas de cultivo, tais como arado de aço e adubos, permitiu o aumento da produtividade agrícola, originando a agricultura moderna.

(02) Ainda que a inovação tecnológica tenha determinado ganhos de produtividade com o crescimento da produção por área e ampliado os limites das áreas agrícolas, o desenvolvimento da produção rural ainda hoje necessita de grandes extensões de terras com condições climáticas e solos favoráveis.

(04) Procedimentos técnicos, como a adubação e a irrigação e drenagem, têm diminuído a dependência da agricultura do meio natural. Entretanto, a difusão dessas inovações pelo espaço mundial é irregular, tornando o meio rural muito diversificado.

(08) Na agropecuária extensiva, são utilizadas pequenas extensões de terras, podendo ser mantidas vastas áreas naturais preservadas. Há o predomínio do capital, uma vez que apresenta grande mecanização e a mão de obra utilizada é bem qualificada.

(16) O *plantation* é um sistema agrícola típico de países desenvolvidos. As suas características atuais são: o minifúndio (pequenas propriedades rurais), policultura (cultivo de vários produtos agrícolas) e mão de obra qualificada.

11. (Unimontes-MG) O Sudeste asiático destaca-se como a região do planeta com a maior produção de arroz. Além do clima favorável, o sistema agrícola adotado é fundamental para se obter alta produtividade do solo. O sistema agrícola utilizado na rizicultura do Sudeste asiático caracteriza-se por

a) usar agrotóxicos e pesticidas para tornar o arroz mais resistente a pragas.

b) apresentar cultivo em grande propriedade, com adoção do sistema de *plantation*.

c) adotar técnicas intensivas, com abundância de trabalho humano e baixa mecanização.

d) empregar rotação de cultura para diminuir o desgaste do solo.

Questão

12. (UFRJ)

A nova fronteira dos investimentos internacionais

Compra de terras agricultáveis no mundo (em milhões de hectares)							
Origem		Principais países de destino por região					
		África		América Latina		Pacífico Sul	
País	Total	País	Total	País	Total	País	Total
China	10,5	Sudão	6,4	Brasil	3,6	Indonésia	3,6
Reino Unido	10,5	Gana	4,1	Argentina	2,6	Filipinas	3,1
Arábia Saudita	9,8	Madagascar	4,1	Paraguai	0,8	Austrália	2,8

Banco Mundial, 2010.

Relatório recente do Banco Mundial calculou em 46,6 milhões de hectares as terras adquiridas por estrangeiros nos países em desenvolvimento entre outubro de 2008 e agosto de 2009 – área superior a toda a região agricultável do Reino Unido, França, Alemanha e Itália.

Folha de S.Paulo. 13/09/2010.

Apresente dois motivos para o interesse de capitais chineses e árabes na compra de terras no Brasil e no mundo.

MÓDULO 33

Testes

1. (UEL-PR) O espaço geográfico é resultante e condicionante da organização social, o que pode ser exemplificado pela apropriação histórica da posse da terra no Brasil e suas implicações socioespaciais.

   Com base nesse processo, assinale a alternativa correta.

   a) A atual estrutura fundiária norte-paranense reproduz as características do processo de colonização iniciado no século XVI.

   b) A concentração da posse da terra no Brasil foi reduzida com a Lei de Terras de 1850, que regulamentou a propriedade da terra.

   c) A manutenção da elevada concentração da posse da terra e a mecanização agrícola no país intensificaram o processo de urbanização a partir de 1950.

   d) A mecanização da agricultura no interior paranaense, a partir de 1930, favoreceu a formação de pequenas propriedades.

   e) As transformações fundiárias no nordeste brasileiro pós-1950 caracterizam-se pela ampliação do número de pequenas propriedades.

2. (UPE) Leia o texto a seguir:

   No Brasil e em boa parte da América Latina, o crescimento da produção agrícola foi baseado na expansão da fronteira, ou seja, o crescimento sempre foi feito a partir da exploração contínua de terras e recursos naturais, que eram percebidos como infinitos. O problema continua até hoje. E a questão fundiária está intimamente ligada a esse processo, em que a terra dá status *e poder, com o decorrente avanço da fronteira da produção agrícola, que rumou para a Amazônia, nos últimos anos.*

   Berta Becker, IPEA, 2012.

   Com base no texto e no conhecimento sobre a expansão da fronteira agrícola no Brasil, é CORRETO afirmar que

   a) a agropecuária modernizada no Brasil priorizou a produção de alimentos em detrimento dos gêneros agrícolas de exportação. Esse fato contribuiu para o avanço das fronteiras agrícolas em parte da Amazônia localizada no Meio-Norte.

   b) houve grande destruição tanto das florestas como da biodiversidade genética, ambas causadas pelas transformações da produção agrícola monocultora, além de complexos impactos socioeconômicos determinados pelo modelo agroexportador.

   c) a maior parte das terras ocupadas no Brasil concentra-se nas mãos de pequeno número de proprietários os quais vêm desenvolvendo mecanismos tecnológicos para evitar os impactos ambientais causados pelo avanço do cinturão verde, sobretudo no sul do Piauí.

   d) as atividades do *agrobusiness* no Brasil, com destaque para a produção de soja, vêm provocando uma rápida expansão agrícola do Rio Grande do Sul até o Vale do São Francisco, sem causarem prejuízo aos seus recursos naturais.

   e) com o aumento da concentração fundiária nas últimas décadas, a expansão das terras cultivadas obteve uma grande retração agropecuária em decorrência das inovações tecnológicas, desenvolvidas no campo brasileiro, apesar dos impactos ambientais.

3. (FGV-SP) Analise o gráfico.

   Cereais, leguminosas e oleaginosas

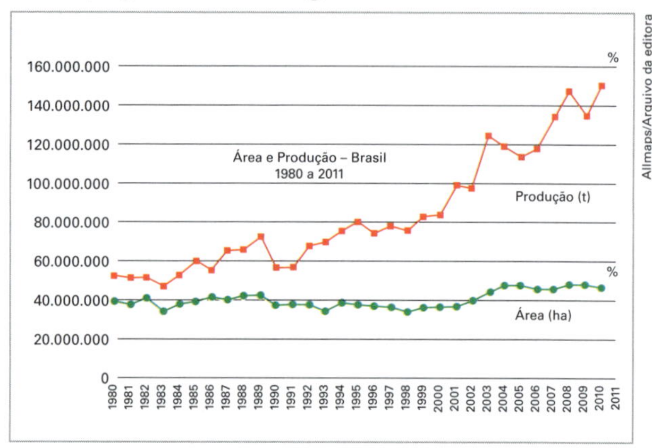

<www.ibge.gov.br/home/estatistica/indicadores/agropecuaria/lspa/lspa_201107comentarios.pdf>.

   A partir da leitura do gráfico e dos conhecimentos sobre a dinâmica territorial da agricultura brasileira, é correto afirmar que, no período analisado,

   a) a produtividade agrícola do país apresentou crescimento significativo.

   b) a maior parte da área cultivada no país destinou-se à produção de cereais.

   c) o fraco aumento da área cultivada indicou o esgotamento da fronteira agrícola.

   d) a instabilidade da produção esteve relacionada aos problemas climáticos.

   e) a região Sudeste é a que apresenta maior área e produção agrícola do país.

4. (UFSJ-MG) De acordo com o IBGE, a previsão da safra de grãos produzidos pelo Brasil entre 2012/2013 apresentará um aumento de 2% em relação à safra anterior. A produção de milho terá um acréscimo de 10,5% em relação a 2011. Enquanto isso, os Estados Unidos sofrem com a seca e apresentará redução de sua safra de milho para 2012/2013.

Produção de grãos nas regiões brasileiras Safra 2012/2013	
Regiões	Produção (toneladas)
Centro-Oeste	69,8 milhões
Sul	56,7 milhões
Sudeste	19,1 milhões
Nordeste	13,2 milhões
Norte	4,5 milhões

IBGE, 2012.

Considerando a produção de grãos brasileira e a demanda do mercado externo, é **CORRETO** afirmar que

a) a estimativa da safra 2012/2013 de grãos no Brasil corresponde a 193 milhões de toneladas.

b) as regiões brasileiras contribuem com a produção de grãos da safra 2012/2013, a qual abastecerá o mercado interno brasileiro e também o mercado externo.

c) as cinco regiões brasileiras são naturalmente agrícolas e capazes de produzir os diferentes tipos de grãos, assim como a região leste dos Estados Unidos.

d) a região norte apresenta a menor produção em relação às demais, devido à falta de incentivo do governo federal no período de expansão da fronteira agrícola brasileira.

5. (FGV-SP) Analise o gráfico para responder à questão.

Grandes regiões

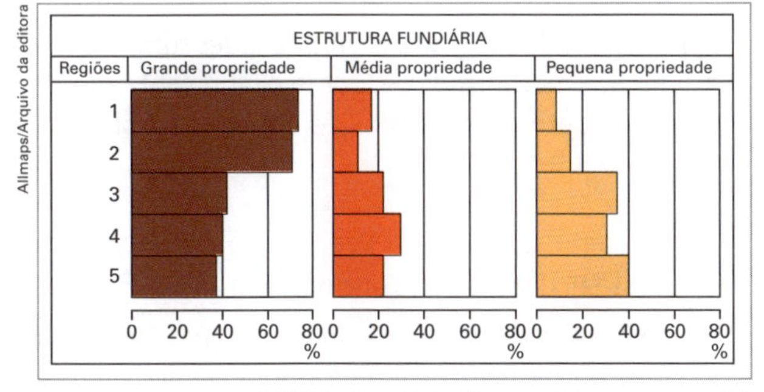

FERREIRA, Graça M. L. *Atlas geográfico*: espaço mundial. São Paulo: Moderna, 2010. p. 143.

A leitura do gráfico permite afirmar que 1

a) e 2 correspondem, respectivamente, ao Centro-Oeste e ao Norte, regiões de ocupação agropecuária mais recente.

b) e 2 apresentam a distribuição das propriedades de terra nas regiões Centro-Oeste e Nordeste, ambas com forte concentração fundiária.

c) identifica a estrutura fundiária do Sul, tradicionalmente a região com maior avanço tecnológico no setor agropecuário.

d) destaca o predomínio das grandes propriedades no Nordeste, historicamente a região com maiores desigualdades sociais.

e) apresenta a distribuição das propriedades no Norte, região com fraca participação da agricultura familiar em pequenas propriedades.

6. (Aman-RJ) Sobre a agricultura familiar no Brasil, pode-se afirmar que

a) por falta de acesso ao crédito rural, não participa das cadeias agroindustriais.

b) é responsável pelo fornecimento da maior parte da alimentação básica dos brasileiros, e, por isso, concentra a maior parte da área cultivada com lavouras e pastagens do País.

c) concentra a maioria do pessoal ocupado nos estabelecimentos rurais brasileiros.

d) por não ser competitiva frente à agricultura patronal, não participa da produção de gêneros de exportação.

e) embora os membros da família participem da produção, a maior parte da mão de obra é contratada e quem comanda a produção não trabalha diretamente na terra.

7. (UFG-GO) O Brasil é um dos maiores exportadores de *commodities* do mundo. O termo *commodities* está associado a produtos primários com baixo valor agregado, sejam eles minerais, sejam agrícolas. São produzidos em larga escala, negociados prioritariamente no mercado internacional e têm os seus valores estabelecidos em bolsas de mercadorias que definem seus preços futuros. São exemplos de *commodities* agrícolas:

a) trigo, feijão, batata, cacau e café.

b) açúcar, soja, milho, algodão e café.

c) soja, arroz, trigo, feijão e banana.

d) milho, mandioca, cacau, açúcar e arroz.

e) café, algodão, feijão, banana e arroz.

8. (UFSJ-MG) Sobre a organização do espaço brasileiro, é **CORRETO** afirmar que o

a) crescimento de áreas agrícolas destinadas ao mercado externo, como as da soja, favoreceu o fortalecimento das lavouras tecnificadas.

b) sistema de transportes predominante no Brasil é multimodal e articula rodovias, ferrovias, hidrovias e portos, fato que reduz o custo da produção brasileira.

c) descobrimento das reservas do Pré-Sal fez a Petrobras abandonar os investimentos em pesquisa para geração de combustíveis alternativos como os biocombustíveis.

d) setor secundário foi o que mais cresceu no Brasil e é hoje responsável pela elevação dos fluxos migratórios do campo para as grandes cidades.

9. (PUC-RS)

Participação da agricultura familiar na produção de alimentos

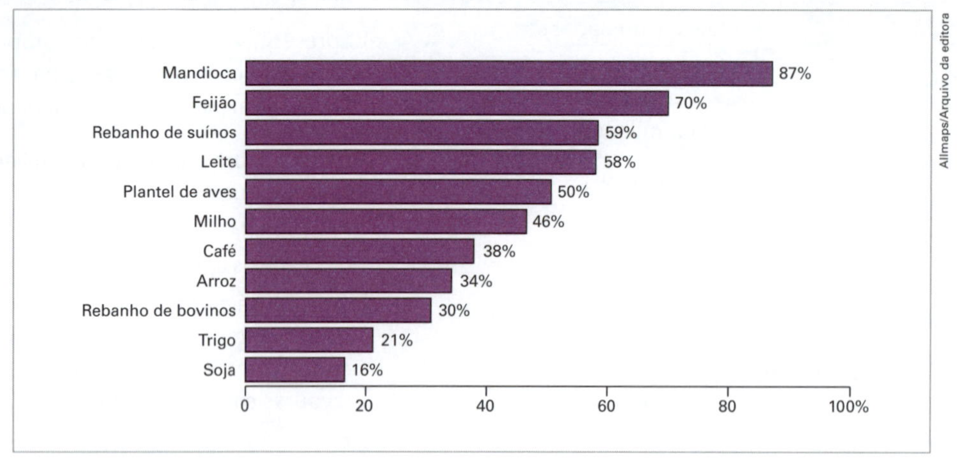

Sobre a agricultura familiar no Brasil, é incorreto afirmar:

a) As unidades de agricultura familiar participam das cadeias agroindustriais, contribuindo para o processo produtivo nacional.

b) Apesar de produzir em áreas menores, a agricultura familiar é responsável pelo fornecimento de boa parte dos alimentos que estão na mesa dos brasileiros.

c) Os cultivos mais significativos da agricultura familiar são também os que se destacam nas exportações primárias do Brasil.

d) A agricultura familiar apresenta, em relação aos dois produtos mais cultivados no país, um quadro característico de consumo cultural.

e) A produção de soja, que exige lavouras altamente mecanizadas, não se destaca em produtividade na agricultura familiar.

10. (UFTM-MG)

EUA proíbem a entrada de suco de laranja concentrado do Brasil

O suco concentrado não mais entrará no mercado daquele país. Doze navios brasileiros com o produto foram barrados, o que causou um prejuízo estimado em 50 milhões de dólares. [...] Os americanos fizeram testes no suco do Brasil e detectaram a presença de um agrotóxico que não é mais usado nos EUA. [...] No campo, as laranjas que serão colhidas em maio já foram pulverizadas com o defensivo banido dos Estados Unidos. Já o que acontecerá com a próxima safra brasileira, ainda é uma incerteza.

Adaptado de: *Tribuna Hoje*, 20.02.2012.

De acordo com o texto e com conhecimentos sobre produção agrícola, é correto afirmar que a produção de laranja no Brasil está

a) voltada ao mercado interno e ao consumo *in natura*, pois as exportações não ocupam lugar de destaque na economia nacional.

b) articulada a processos industriais para produção de suco comercializado no mercado externo e, por isso, possui um rígido controle de qualidade ambiental sem causar danos ao meio ambiente rural.

c) articulada a processos industriais e voltada ao mercado externo, mas que, pelo uso excessivo de defensivos agrícolas, apresenta problemas de contaminação do meio ambiente e dos trabalhadores rurais.

d) organizada em pequenas propriedades rurais, com emprego de mão de obra familiar.

e) organizada em grandes propriedades rurais, totalmente mecanizadas e, por isso, apresenta um rígido controle no uso dos defensivos agrícolas.

Questão

11. (Fuvest-SP) Considere as afirmações **I**, **II** e **III**.

I. Há dois elementos fundamentais na agricultura que a diferem da indústria: o primeiro deles é o tempo da natureza.

II. Em 2009, o Brasil alcançou o primeiro lugar no ranking *mundial de consumo de agrotóxicos.*

III. Ressalte-se que 92% da receita líquida gerada pelas indústrias fabricantes de agrotóxicos em 2010 ficaram com apenas seis grandes empresas de capital estrangeiro.

Adaptado de: Bombardi, 2012. Disponível em: <www.mcpbrasil.org.br>. Acesso em: out. de 2012.

a) Analise a afirmação **II**, considerando a afirmação **I**.

b) Qual o processo a que se refere a afirmação **III**? Explique.

c) Indique dois impactos socioambientais decorrentes do uso de agrotóxicos.

Respostas

Exercícios propostos

MÓDULO 17

Testes

1. E
2. D
3. B
4. E
5. D
6. C

MÓDULO 18

Testes

1. C
2. C. A proposição II é incorreta porque a França é a 5ª maior economia do mundo em termos de PIB e se industrializou de forma mais acelerada no século XIX, após a Revolução Francesa, ocorrida em 1789.
3. B

MÓDULO 19

Testes

1. C
2. D

MÓDULO 20

Testes

1. D
2. C
3. B
4. E
5. E

MÓDULO 21

Testes

1. A
2. A
3. B
4. C

MÓDULO 22

Testes

1. D
2. C
3. A
4. A soma é 19 (1 + 2 + 16).

Questões

5. a) A grande magnitude do comércio interno na Europa, mais especificamente no interior da União Europeia, que é a região registrada no mapa, se deve ao fato de esse bloco comercial ser hoje o maior do mundo. Criado em 1957, com o nome de Comunidade Econômica Europeia, foi se ampliando gradativamente e hoje conta com 28 países-membros, alguns dos quais ex-países socialistas. Os acordos firmados no âmbito desse mercado comum estimularam o comércio entre seus membros. Deve ser lembrado também que a UE é formada apenas por países desenvolvidos, a maioria deles com rendas elevadas; portanto, seus habitantes têm elevado poder de compra, o que estimula o consumo e as trocas comerciais. A proximidade geográfica entre os países e a densa e moderna rede de transportes terrestre e aéreo que os interliga também facilitam muito a troca de mercadorias.

   b) A América do Sul e a América Central são subcontinentes compostos por países em desenvolvimento, a maioria exportadora de produtos primários agrícolas e minerais, com baixo nível de industrialização e reduzida diversificação econômica, o que limita as trocas entre eles e dificulta a expansão de suas exportações para outras regiões do mundo. As economias dessas regiões, incluindo a economia do Brasil, a mais industrializada delas, não têm competitividade para conquistar mercados no mundo. Ultimamente o Brasil vem perdendo mercados para a China na região, até mesmo no Mercosul. Os dois países mais importantes da América do Sul, o Brasil e a Argentina, que formam a espinha dorsal do Mercosul, vivem em atrito comercial, por causa, sobretudo, de recorrentes medidas restritivas impostas aos produtos brasileiros na Argentina, fato que limita uma expansão mais significativa do comercial intrarregional.

6. A União Europeia é o bloco econômico mais antigo (foi criado em 1957 com o nome de Comunidade Econômica Europeia) e também o maior e mais integrado do mundo. Atualmente é um mercado comum composto por 28 países-membros. Destes, 18 países compõem a zona do Euro, que forma uma união econômica e monetária. A UE é composta exclusivamente por países desenvolvidos que apresentam alto desenvolvimento humano, estando seus países entre os primeiros colocados na lista do IDH do PNUD.
   O Mercosul foi criado em 1991 e hoje conta com cinco países, depois da entrada da Venezuela em 2012. É um bloco relativamente pequeno, quando comparado com a UE, e composto exclusivamente por países em desenvolvimento. Apesar do nome, atualmente está no estágio de união aduaneira, ainda assim imperfeita, por causa da longa lista de exceções de produtos na adoção da tarifa externa comum.

MÓDULO 23

Testes

1. B
2. C
3. D

Questão

4. a) Até a década de 1930, o parque industrial brasileiro era amplamente dominado por indústrias de bens de consumo, necessitava importar máquinas e equipamentos industriais, para possibilitar a produção, e as exportações eram principalmente de produtos primários, com destaque para o café; na década de 1950, o país passou a receber investimentos estrangeiros e o ingresso de indústrias de bens de capital e de produção, com consequente incremento na produção de máquinas e equipamentos industriais, o que reduziu a necessidade de importação desses equipamentos. A pauta de exportações passou a contar com vários itens de bens industrializados.

   b) Até a década de 1930, o país tinha uma economia segmentada pelas diversas regiões do país e a integração econômica entre elas era incipiente. Após a década de 1950, com o avanço da industrialização, houve a integração das economias regionais, mas com forte concentração das atividades no Sudeste. Somente a partir da década de 1970, o Estado passou a criar medidas efetivas na busca da descentralização espacial das atividades econômicas pelo território nacional.

MÓDULO 24

Testes

1. A
2. E
3. A
4. A
5. E
6. B

Questão

7. A descentralização do parque industrial brasileiro se iniciou no final da década de 1960 e acelerou a partir dos anos 1990, em razão, principalmente, dos seguintes fatores: as in-

dústrias buscam se instalar em regiões onde os salários são mais baixos e os sindicatos menos atuantes; dispersão espacial da infraestrutura de energia, transportes e comunicações; incentivos fiscais e doação de terrenos praticados por governos estaduais e municipais.

MÓDULO 25

Testes

1. D 2. A 3. B

Questão

4. A bacia Amazônica, indicada pelo número I, possui o maior potencial hidrelétrico disponível do país, mas seu aproveitamento para geração de energia provoca vários impactos socioambientais, como a extinção de espécies endêmicas (que só existem nessa área), inundação de sítios arqueológicos, alteração da dinâmica de erosão e sedimentação, deslocamento de população, que vive em cidades que ficarão submersas, reservas indígenas e comunidades quilombolas, entre outros danos.
A bacia V é a Platina, que é formada pelas bacias dos rios Paraguai, Uruguai e Paraná, sendo que esta última possui o maior potencial hidrelétrico instalado do país, relevo planáltico com grande variação de altitude, rios perenes e caudalosos e regime tropical.

MÓDULO 26

Testes

1. C
2. C
3. A soma é 5 (01 + 04).
4. D

Questão

5. Na **fase 1** o crescimento vegetativo é baixo porque a taxa de mortalidade é muito alta; na **fase 4**, ele também é baixo porque tanto a natalidade quanto a mortalidade passaram por forte redução e se apresentam em patamares reduzidos.
Durante a **fase 2** há forte elevação da taxa de crescimento vegetativo porque a urbanização promove uma série de transformações socioeconômicas: maior acesso a sistemas de saúde, disseminação de campanhas de vacinação, maior cobertura do saneamento básico e outros.

MÓDULO 27

Testes

1. D 2. A

Questão

3. a) Entre 1830 e 1939, a precariedade das condições econômicas e a ocorrência de guerras provocaram grande deslocamento da população em direção a outros continentes. Entre 1945 e 2005, houve uma fase de grande crescimento econômico e melhoria das condições de vida, e o continente passou a receber imigrantes de várias partes do mundo.
b) Atualmente, muitos países europeus passam por crises econômicas com redução dos benefícios sociais e aumento no desemprego e subemprego, o que leva os cidadãos europeus a ver os imigrantes como concorrentes no mercado de trabalho; além do fator econômico, também existe a xenofobia por motivação étnica.

MÓDULO 28

Testes

1. E
2. A soma é 12 (04 + 08).
3. D
4. A

Questão

5. O gráfico mostra que houve grande aumento da participação de crianças no conjunto total da população brasileira entre 1940 e 1991. A partir daí, essa participação vem se reduzindo rapidamente. Já a participação dos idosos cresce de forma constante em todo o período do gráfico.

MÓDULO 29

Testes

1. C 2. B 3. E

Questão

4. a) A colonização da região Sul ao longo do século XIX teve como principal objetivo promover sua ocupação para garantir a integridade do território nacional.
b) A ocupação da região Sul foi estimulada pelo governo imperial por meio da doação de terras a imigrantes europeus que se instalaram em pequenas e médias propriedades, utilizando mão de obra predominantemente familiar e com produção voltada ao abastecimento do mercado interno (policultura).

MÓDULO 30

Testes

1. E 2. C 3. E
4. E 5. B

Questões

6. a) Entre os fatores que impulsionam a urbanização mundial, podem-se destacar os fatores repulsivos, que explicam o êxodo rural: expansão da mecanização agrícola, nas regiões mais modernas, e más condições de vida no campo, fruto dos baixos salários e da concentração fundiária, nas regiões mais atrasadas. Há também os fatores atrativos: o meio urbano, além de oferecer mais oportunidades de empregos, oferece mais opções de estudo e formação, de assistência médica, de lazer e cultura, em razão da maior oferta de bens e serviços. O processo de urbanização estimulou o desenvolvimento do setor de serviços que hoje em dia é o que mais oferece empregos nas cidades. O problema é que nos países menos desenvolvidos essas oportunidades e opções estão muito concentradas em uma ou duas cidades que cresceram desproporcionalmente em relação ao restante da rede urbana e transformaram-se em megacidades.
b) Entre os problemas relacionados à dinâmica do espaço urbano das megacidades, predominantes nos países menos desenvolvidos, podem ser mencionados: a escassez de moradias (milhões vivem em habitações precárias, como favelas), a insuficiência de saneamento básico (água potável, rede de esgotos e coleta de lixo), o aumento da violência urbana (roubos, assassinatos, etc.) e problemas ambientais (poluição da água, do ar, enchentes, etc.).
7. a) A concentração das cidades mais populosas na Europa Ocidental no ano de 1900 está associada ao processo de industrialização/urbanização promovido pela primeira revolução industrial, iniciada na Grã-Bretanha em fins do século XVIII, e especialmente pela segunda revolução industrial, que atingiu diversos países da região no final do século XIX. As planícies e o clima temperado oceânico são fatores naturais que propiciaram maior facilidade de ocupação da Europa Ocidental, concentrando população desde a Idade Média. Vale lembrar também que nos primórdios da revolução industrial a existência de jazidas de carvão mineral e a facilidade de transportes, sobretudo

hidroviário, favoreceram o processo de industrialização/urbanização.

b) A partir da década de 1950, com o avanço da industrialização e da modernização do campo em alguns países em desenvolvimento, ocorreu um acentuado êxodo rural, resultando em acelerada urbanização. Esse processo foi fortemente concentrado em algumas poucas cidades que cresceram rapidamente e com o passar do tempo transformaram-se em megacidades.

MÓDULO 31

Testes

1. E 2. D 3. C
4. B 5. C

Questão

6. a) A partir da segunda metade do século XX, houve grande intensificação dos fluxos migratórios do campo e das pequenas cidades em direção aos grandes centros urbanos do país, o que gerou uma série de problemas, com destaque para as moradias precárias, a falta de saneamento básico, os congestionamentos e a ocupação de várzeas e encostas, problemas ligados à falta de planejamento e investimentos.

b) O Plano Diretor estabelece uma série de diretrizes para regulamentar e organizar o meio urbano, com destaque para a Lei de Uso e Ocupação dos Solos, que cria as zonas de ocupação comercial, industrial, mista, residencial e outras, além do adensamento e verticalização; outra diretriz importante do Plano Diretor é a organização do sistema de transportes coletivos e do sistema viário, para agilizar os fluxos de pessoas e mercadorias no interior das cidades.

MÓDULO 32

Testes

1. C 2. C 3. A
4. A soma é 31 (01 + 02 + 04 + 08 + 16).

Questão

5. Complexos agroindustriais são fazendas onde se obtém a produção agrícola e seu processamento industrial, como é o caso das usinas que cultivam cana-de-açúcar e produzem açúcar e álcool, os das que cultivam soja e produzem óleo, entre outras. O processo de concentração da produção e comercialização de produtos agrícolas em escala mundial acaba com a concorrência e tende a elevar o preço dos produtos para os consumidores, além de levar pequenas e médias propriedades à falência, provocando migração, falta de emprego e renda no campo, causando a substituição da policultura pela monocultura.

MÓDULO 33

Testes

1. C 2. A 3. D 4. C

Exercícios-tarefa

MÓDULO 17

Testes

1. B 2. A
3. 21 (01 + 04 + 16) 4. D
5. A 6. B 7. C

MÓDULO 18

Testes

1. E 2. C 3. C 4. D

MÓDULO 19

Testes

1. C 2. B

MÓDULO 20

1. C 2. C

MÓDULO 21

Testes

1. A 2. A 3. D 4. D

MÓDULO 22

Testes

1. E 2. C 3. D 4. B
5. 13 (1 + 4 + 8)

MÓDULO 23

Testes

1. A 2. C
3. 41 (01 + 08 + 32) 4. B

Questão

5. a) As empresas automobilísticas estrangeiras ingressaram no país a partir do governo Juscelino Kubitschek (1956-1960) e se instalaram na Grande São Paulo, no ABC (Santo André, São Bernardo e São Caetano).

b) A partir desse período, o processo de industrialização brasileiro passou a contar com a entrada de capital estrangeiro nos setores automobilístico, de eletrodomésticos, químico-farmacêutico e de máquinas e equipamentos, atraído pelas vantagens comparativas que o Brasil oferecia: baixos salários aos trabalhadores, infraestrutura industrial montada pelo governo, subsídios fiscais e despreocupação com o meio ambiente.

MÓDULO 24

Testes

1. A 2. E 3. D
4. 23 (01 + 02 + 04 + 16) 5. E
6. E 7. A

Questão

8. A "guerra fiscal" consiste na redução de impostos e doação de terrenos por parte dos governos estaduais e municipais para atração de plantas industriais e outros setores empresariais. Apresenta consequências positivas, como a instalação de empresas estrangeiras que não atuavam no país e a atração de investimentos, tecnologia e geração de empregos, e outras negativas, como a redução na arrecadação potencial de impostos e a possível atração de empresas já instaladas no país, gerando apenas transferência de empregos.

MÓDULO 25

Testes

1. C 2. C 3. B
4. D 5. B

Questões

6. O maior potencial eólico do país está na região Nordeste e seu aproveitamento é vantajoso porque é uma fonte renovável e não poluente de energia.

7. a) Errado. O aumento na produção de etanol deriva do cultivo de cana-de-açúcar em grandes propriedades monocultoras e sua expansão provocou concentração de terras e substituição de cultivos alimentares.

b) Certo. A queima de biocombustíveis e sua mistura na gasolina e no óleo *diesel* reduzem a emissão de gases na atmosfera.

c) Errado. No período colonial o cultivo de cana-de-açúcar servia exclusivamente para produção de açúcar para exportação, com grande concentração dos engenhos na faixa litorânea; nos dias atuais, as usinas produzem açúcar e álcool e as usinas se espalham tanto por regiões próximas ao litoral, com destaque para a Zona da mata nordestina, quanto no interior, como no oeste paulista, sul de Minas Gerais, Mato Grosso do Sul, Mato Grosso e em outras localidades.

MÓDULO 26

Testes

1. B 2. C
3. 27 (01 + 02 + 08 + 16) 4. C

MÓDULO 27

Testes

1. D 2. 18 (02 + 16)
3. A 4. D 5. A
6. V – F – F – F – F

Questão

7. A pirâmide A possui aspecto triangular, o que indica elevado percentual de jovens no conjunto da população; o topo estreito indica baixa expectativa de vida associada a uma pequena participação percentual de idosos no conjunto total da população. Essas são características de países com menor nível de desenvolvimento. Ao contrário, a pirâmide B apresenta certa proporcionalidade da base ao topo, indicando baixa taxa de natalidade e alta expectativa de vida, características de países desenvolvidos e de alguns emergentes.

MÓDULO 28

Testes

1. A 2. A 3. B
4. A 5. B 6. C
7. C 8. E 9. C

Questão

10. a) Entre 1940 e 1970 a queda nas taxas de mortalidade foi muito mais acentuada que a queda das taxas de natalidade, o que provocou aumento no ritmo de crescimento populacional.
b) A partir da década de 1980, o ritmo de queda da taxa de natalidade foi muito superior ao da mortalidade, o que provocou redução no ritmo de crescimento populacional.

MÓDULO 29

Testes

1. C 2. E
3. V – V – F – F – F
4. A 5. A 6. A
7. 07 (01 + 02 + 04)
8. D 9. A 10. B
11. D 12. A

Questões

13. a) São Paulo, onde a partir da segunda metade do século XX o crescimento industrial levou à busca de mão de obra barata.
b) As más condições de vida em seus lugares de origem, com falta de acesso à propriedade rural ou urbana, escassez no abastecimento de água, falta de emprego e renda, e demanda por mão de obra na capital paulista, tanto em atividades industriais quanto nos serviços e na construção.
14. a) A migração urbano-urbano é consequência, principalmente, do maior crescimento e dinamismo de cidades médias que vêm recebendo investimento produtivo na agropecuária, indústria e serviços, associada ao inchaço e à degradação da qualidade de vida nas grandes cidades e à busca de perspectivas de trabalho para moradores das cidades pequenas.
b) A migração pendular ocorre entre municípios que compõem uma região metropolitana. O crescimento das mais antigas e o surgimento de novos aglomerados urbanos aumenta a incidência de pessoas que se deslocam em seu interior por vários motivos: busca de emprego, menor custo de vida em locais periféricos, criação de condomínios fechados para população de maior renda, modernização de rodovias e ferrovias, reduzindo o tempo de deslocamento entre municípios.

MÓDULO 30

Testes

1. A 2. B 3. D
4. B 5. A

MÓDULO 31

Testes

1. C 2. C
3. 03 (01 + 02)
4. C 5. C 6. D
7. E 8. B
9. V – F – F – V – F
10. C 11. B

Questão

12. a) Em razão, principalmente, da falta de investimentos do poder público e da baixa remuneração, as camadas mais pobres da população não conseguem ter acesso à moradia em bairros que possuem infraestrutura urbana (transportes, saneamento, coleta de lixo etc.) e criam áreas de ocupação em situações precárias como a da imagem 1.
b) Na imagem 2 vemos um condomínio fechado, local de moradia de população de alta renda, em que a entrada e saída de pessoas é controlada por seguranças, e que ficam segregadas do entorno. Esse tipo de ocupação vem se expandindo bastante em cidades de todos os portes por causa, principalmente, da preocupação com as condições de segurança.

MÓDULO 32

Testes

1. 11 (01 + 02 + 08)
2. D 3. E 4. E
5. D 6. D 7. E
8. A 9. C
10. 07 (01 + 02 + 04)
11. C

Questão

12. Embora apresentem grandes diferenças, China e Arábia Saudita possuem escassez de terras agricultáveis e população numerosa, o que os leva a adquirir terras em outros países para garantir a segurança alimentar e reduzir a dependência e a suscetibilidade a turbulências no mercado mundial.

MÓDULO 33

Testes

1. C 2. B 3. A 4. B
5. A 6. C 7. B 8. A
9. C 10. C

Questão

11. a) O uso de agrotóxicos aumenta a produtividade agrícola, afastando-a do tempo da natureza.
b) À formação de oligopólio em escala mundial na fabricação e distribuição de agrotóxicos; a concentração da fabricação e distribuição do produto permite que as empresas restabeleçam estratégias de controle e aumento de preços, prejudicando os produtores rurais e os consumidores finais, que são obrigados a pagar um preço maior pelos alimentos que consomem.
c) Os agrotóxicos provocam contaminação do solo, dos aquíferos e cursos d´água, seu uso em excesso pode intoxicar os trabalhadores e consumidores e há alteração ecológica por causa da eliminação de insetos.